U0096554

比較英國與法國核武戰略

人類發現原子能的力量已經超過了半個世紀，它同時帶給人類便利和恐懼。如何正確使用核武變成了一門藝術，最後也衍生出一套戰略，但核武並沒有讓人類得到絕對的安全，而是引發了諸多的問題與討論。

誠摯推薦
淡江大學國際事務與戰略研究所教授 林中斌
國家安全會議副研究員 鄭大誠

郭奕圻◎著

推薦序一

您手上這本書是三個特殊因素交會下的產物。

本書是作者的碩士論文，而指導教授鄭大成在英國赫爾大學的博士論文就是英國和法國核子戰略地比較。鄭教授是國內少有對作軍事研究深入而廣泛的學者。此其一。

作者曾修過本人的中共軍事課程，而個人在美國喬治城大學博士論文是《中共核武戰略》，也和此書專題相呼應。此其二。

作者是當今國內學習風氣散慢薄弱中難得的例外。他勤奮、聰穎、好問、踏實。此其三。

核子武器在冷戰的超強對立中扮演了重要的角色，各核武大國皆以手中的大規模核武作為相互嚇阻的王牌。但 1990 年冷戰結束之後，國際安全局勢從高張力的軍事強權對立，轉變為擴散危機、核子恐怖主義與區域性衝突。在部分地區，傳統核武議題也隨局勢潮流而逐漸失焦。但擁有核武及其能力的國家仍對全球戰略局勢有所影響，尤其傳統核武國家並沒有放棄擁核能力，有更多的國家或團體也企圖獲得核技術。在許多國外的學術研究中，任何核武國家的政策動向和軍備數量仍受到相當地關注，然而，核武在台灣成了論述空間有限的議題，這點甚為可惜。

由於當前的作戰型態不再是冷戰時代所構想的大規模核戰，戰略發展也重新洗盤，經濟、社會、環境與外交等複雜莫測的局勢，使核武研究受到了程度上之壓縮。不過現實上，世界核武的數量仍居高不下，因此，擁有最大核武庫的美俄兩國仍為眾所觀察的目標。而本書卻特以世人較少矚目的英國與法國為研究對象，以外國文獻為基礎，著力於從早期至今的許多政策脈動，藉此突顯兩者的國家地位與政治價值。在國際關係與戰略研究中，本書除了提供了重要的學術價值之外，也能讓讀者對英法兩個大國有更多的了解與認識。

林中斌

淡江大學國際事務與戰略研究所教授

推薦序二

冷戰結束後，許多人以為核武戰略已是一個不再重要之議題（dead issue）。不過這 20 年的發展卻讓世人跌破了眼鏡。擁核大國不僅沒有放棄核武，而且還有不少國家搶著要加入「核子俱樂部」。

在「核子五強」中，英、法和中共往往被歸於「中等核武國家」（medium nuclear powers）。雖然在彈藥庫的規模上都難以與美、蘇等超強相比擬，但渠等所擁有的「最低嚇阻能力」（minimum deterrence）卻足以作為國家安全的最後一道防線（last resort）。不過由於國情、政府體制、以及戰略文化上的差異，三者所發展出的「最低嚇阻能力」與核武態勢（nuclear posture）都有所不同，值得加以比較與探討。

本書鎖定的研究對象為英法兩個同質性較高，但卻各自擁有戰略特色的國家：前者重視與美國和北約的同盟關係，雖然強調核武自主，但其發展卻始終與美國的「特殊關係」（Special Relationship）結合在一起；後者由於不願委身在美國之羽翼下，因此毅然決然地脫離北約體系，企圖建立起獨立性較高的核武戰略與態勢。

在內容上，本書就英法兩國的核武發展、準則建立、與大國與北約間之關係，提出了全面且深入之分析。尤其甚者，在歷史回顧之外，作者亦能探討後冷戰時期的一些新興核武議題及挑戰。在深度與廣度上，本書都是此領域之難得傑作，值得對於核武發展有興趣之讀者一閱。

國家安全會議　副研究員

致謝詞

從大學到研究所的七年歲月，淡江大學和淡水成了我學習生涯中最久、也最多回憶之地。尤其在研究所的過程當中，是我領悟與成長成果豐碩的時光，要離開這裡時的心情真是五味雜陳。

就讀法文系的記憶彷彿像是昨天般的事情，而且感覺只有一個學期那麼快；但研究所卻如同半輩子那麼長久，這才思考到原來自己在研究所當中真的改變了許多，不再將任何事情用短視近利或敷衍了事的心態來面對，而是了解如何多思考、努力、判斷和反省，擁有這些成果真的需要感謝每一位幫助過我的人。起初進入國際事務與戰略研究所，只憑著股熱愛國際政治和軍事的興趣就讀，但這過程當中卻讓我更感受到，現在可以帶走的不僅是書本上的知識、一張文憑或一本論文，而是獲得了更多生命的價值。

首先必須要感謝的是我的父親郭啟榮、母親林寶柷，以及胞弟郭亦瑋和小妹郭芷瑜。生為家中長子，我由衷感謝父母的教育和撫養之恩與弟妹之間的包容，讓我在求學過程中順利得到今日之成果，也希望在未來更長遠的人生旅途中，我能再讓家人們感受到更一次的驕傲；其次，我要感謝所上一路教育我的所有師長們。林中斌老師、許智偉老師、翁明賢老師、沈明室老師、施正權老師、王高成老師、張京育老師、李大中老師和鄭大誠老師。謝謝幾位老師們的指導，讓我從一個懵懵懂懂的大學畢業生，變成一位可以戰略所為榮的碩士生。受到諸位師長們批評和指導後，現在自己擁有了更多的自信和內涵。尤其先感謝林中斌老師的教誨，在一學年的時光中，我從老師身上學到了作學問應有的勤奮和堅持，也發覺老師是位極具休養和內涵的超級學者，不僅是課業的上指導，老師也促使我發現自己的人生具有更多的意義、啟發和目標，在此由衷感謝這位貴人，也希望未來能繼續向老師多學習；鄭大誠老師是我另外一位生命中的恩師，因老師所帶有的神祕氣息，總是讓學生不知如何和老師更加親近，但反而使我更對老師的才智與勤奮充滿了崇敬之心，期盼這份研究成果能讓老師感到些許的欣慰，對老師的恩情僅能以此書作為報答之謝禮，謝謝您！

接著我要感謝一起在這段求學過程中奮鬥的許多學長與同學們，因為有大家的提醒、切磋和支持，我才能在最後領悟到自己存在的本質，並尋找到人生的目標。首先感謝穎佑、知銘、育宏、育寬、照棠、柏彥學長們的協助和照顧，讓我在研究的過程中克服了許多障礙；再感謝戰略所96屆的同學們，崴得、永翰、引珊、曉雲、祈廷、尹婷、孟瑩、王珺、宜燈、子超、建惟、世鈞、肇威、禮冠和光宇；以及97屆的正健、翼鈞和詩涵等人，由衷謝謝你們的扶持和包容，讓我在這段過程中感受到友情的溫暖，也充滿了歡樂的回憶，對你們的感謝僅能以文字表達，但我仍會珍惜與大家相處的這段緣分；還有從大學一路互相扶持到現在的威堅、東榮和育典三位知心好友。感謝法文系讓我認識你們這群這輩子最佳的手足之情，因為以真心和理性來和彼此相處，所以希望我們這份友誼能夠天長地久。

最後，我要感謝如蕙。謝謝妳一路的支持、容忍和體恤，尤其在論文寫作的過程中，我需要獨處和思考時，妳都能適時配合到我的需要。雖說寫論文必須面對許多孤獨和寂寞，但妳的支持始終都是我最大的精神糧食，讓我從未有過那種空虛感，反而是一次又一次的進步和感動。完成畢業並出書，妳的背後協助可謂功不可沒，這份感情我會銘記在心。

接下的路相信不會一路順遂，而是會有更多的波折與挑戰等我去突破，因此我會很懷念這段學習生涯，儘管辛苦又疲累，但將來回想起來，我必定會想念這種品嘗書香的時光。在此祝福各位也都能擁有快樂與充實的人生。

目　次

表目次

圖目次

第一章　緒論

人類發現原子能的力量已經超過了半個世紀，它同時帶給人類便利和恐懼。人類將原子能的力量運用在生活，創造了高度的文明進步，例如核能發電和輻射治療；但將之運用在戰爭科技上，人們引以自豪的文明生活便因這項科技，必須無時無刻都存活在毀滅的陰影之下。從質子、電子、中子、同位素、放射性衰變、核分裂到核融合等原子現象。人類為了政治目的最後將原子能運用在軍事用途上，最初的目的為了要求得自我保障與安全感，也是為了要應付無法預知的外來威脅，如何正確使用核武變成了一門藝術，最後也衍生出一套戰略。但核武並沒有讓人類得到絕對的安全，而是引發了諸多的問題與討論。

第一節　研究動機與目的

一、研究動機

（一）欲了解兩國核武戰略意涵

在冷戰期間，英法核戰略的意涵很明顯，除了對抗潛在敵人之外，也是追求國家力量的一種表現方式，其歷史洪流可謂相當精采；冷戰結束後，蘇聯的瓦解改變了國際政治與核武戰略的發展框架。核武的存在、質量和數量雖然在國際體系中仍扮演關鍵角色，但意義卻有所不同。核武能夠創造或增強一個國家的關係，如過去美蘇兩強之間將核武作為政治戰略性的工具，導致許多中等強權也隨之效法，因核武可以帶來國家在國際地位的提升，同時也是行使外交手段的有利工具。從過去、現在到未來，無論兩極或是多極體系，英、法和中國三個中等核武國家（Second-tier Nuclear States or Medium Nuclear States）的重要性都未減少。美蘇兩強所建構出來的核武裁減機制並沒有完全得到三國的認同。相對的，對倫敦、巴黎和北京而言，核武依舊是維持國家基本安全的必需品。尤其英法兩個中等核武國家對於限武或裁軍機制都有自己的見解，以保障其「最低核子嚇阻能力」（minimum deterrence）[1]，不讓美蘇兩國的談判結果來影響到自身核

---

[1] 最低嚇阻能力會依各個國家的需要，而有不同之詮釋。以美國之觀點，該能力所指之其意義是以小規模核武庫自居，在遭受敵國到第一波核子攻擊（nuclear first strike）之後，受到攻擊的國家仍具有生存能力（survival capability），儘管只擁有相對少數量的核子武器，但仍能夠實施第二波核報復攻擊（nuclear second strike）的能力。參見：Jeffery G. Lewis, "Minimum Deterrence",http://www.newamerica.net/publications/articles/2008/minimum_deterrence_7552 (accessed May 11 2009)

最低嚇阻能力除了可以使弱國家嚇阻強國家無法輕舉妄動之外，一旦強國家發動攻擊，就必須承受弱國家所反制的報復攻擊，這種理論同時也可以使核武國家不必投入過多的國防經費，過度地發費大量的核武資源。該理論除了中小型國家之外，也可適用於美蘇兩個核武超強國家，只需要少量且精準的核武，便能夠達成對方重大損害。但是最低嚇阻原則也有政治與軍事上的缺陷：

一、性度（Credibility）的問題。因為核武數量有限，通常必須較犧牲「反軍事」目標（Counterforce）的能力，把攻擊能力著重在第二次核報復能力，這就表示核武必須經常以對方的大城市作為人質，也就以「反城市」目標（Countercity）為主。但這樣也就表示，如果己方的城市遭受攻擊後，而第二擊核報復的能力仍然存在時，報復的行動便可以達成。但若是在己方的反抗能力也在第一次核攻擊後被摧毀或遭受到破壞時，是否能夠報復的能力便無法的得到有效保證。

二、人也具備有第二擊能力時，而且擁有更強大的武力，如機動性核武載具或是彈道飛彈潛艦等，可以在國土受到攻擊後仍然繼續生存下來的殘存力量，較弱的己方隨時也會遭受第二度的毀滅。

三、技術層面存在許多不對稱，現階段的第二次核武報復可能過了一段時間

武庫之增減。不過，後冷戰的核武擴散和911事件等國際恐怖主義的重大議題，又讓核武國家重新認知到核武問題的嚴重性，也不得不重新檢視或參與防擴散的必要[2]。由於美俄主導未來核武發展的潮流，儘管歐洲國家本身經常探討該議題，但台灣本土的研究與資訊更新並不在多數，該動機乃本書所預期的研究貢獻。

（二）英法的戰略文化特質明顯

英國與法國因屬於中型強國，因此，國防思想和核武戰略都不同於美蘇兩個超強國家，此為本書欲說明和研究之理由。英、法與中國這些中型核武國家不但也具備核嚇阻能力，同時也擁有一定數量的核武庫、自主的核武器、可奉行之戰略準則與武器控管方式。對該國家而言，核武是國家地位之象徵和國際事務中獨立外交政策的重要工具。然而，這些國家受限於武器技術、財政狀況、國內情勢和國際環境等因素，核武力量皆無法達到美國與蘇聯兩個超強國家之標準，導致三個國家選擇走向不同的路線。美蘇所運作的政軍觀念與選擇目標便不完全適用於這些中等核武國家的戰略準則上[3]。

後便會遭到對手國家的突破，技術不斷在更新的同時，所謂的第二次核報復能力有許多技術上的爭議。

四、政治上的選項受限制。採用最低嚇阻原則無疑會影響到大戰略的走向，不論是正面或負面，對國家整體戰略而言都會有所衝擊，並非所有國家皆呈正面獲益。

無論這項理論的優劣之處為何，採用這種作法者依然會尋求最有利於自己安全與生存的方式，並且避免曝露過多之缺陷。參見：A.J. C. Edwards, “Nuclear Weapons, The Balance of Terror, The Quest for Peace”, New York: State University, 1986, pp.99-101.

[2] John C.Hopkins and Weixing Hu (eds.), “Strategic Views from the Second Tiers”, New Brunswick, NJ: Tansaction, 1995, pp.4-7.

[3] Ibid., p.6.

英國核武戰略以維持基本國防需求為骨幹。因傳統兵力遠不及蘇聯的規模，因此發展核武是基於安全上的迫切，再加上美國軍事援助的不確定性，導致英國與法國有類似的發展動機，亦即要求安全上的獨立自主[4]。但是又有別於法國的戰略走向，英國與美國合作頻率較法國高許多。英國的傳統武力受到了預算壓縮、戰略型態改變後，部份發展動機也與法國相似。但受到美國的影響後，和法國相比之下產生許多不同之處，特別是在 1960 年代後，英國有效地利用與美國的「特殊關係」（Special Relationship）發展出自己的核戰略[5]；法國自二戰結束後得到國際地位上的提升，使之躋身為世界軍事大國，在冷戰初期與美國、英國和西德等西方國家為了共同對抗蘇聯而決定開發核武，之後與美國在「北大西洋公約組織」（North Atlantic Treaty Organization, NATO，以下簡稱北約或北約組織）主導權議題上發生衝突，也較不信任美國的核武保護傘之承諾，進而堅持自行研發獨立的核武戰略[6]。冷戰時期戴高樂（Charles de Gaulle）總統的國家政策使得法國走向國防自主、國家地位的提升，除了能嚇阻敵對國家侵略意圖，更將其地位建構於美、蘇勢力外的權力領域，戴高樂主義（Gaullism）也成為了歷屆法國領導者所遵循之外交與國防傳統[7]。

台灣因為經常受到中國導彈的威脅，導致國內對於中國核武和二砲部隊的研究不在少數。但原本英法本國較受矚目的核武議題，在台

---

4 Lawrence Freedman, “The Evolution of Nuclear Strategy”, London: Macmillan, 2003, p.311.

5 Beatrice Heuser, “NATO, Britain, France and the FRG, 1949-2000”, London: Macmillan, 1997, p.74.

6 Avery Goldstein, “Deterrence and Security in the 21st century”, Stanford: Stanford University Press, 2000, p.191-192.

7 吳圳義，《戴高樂與現代法國》，（台北：台灣商務，1989），頁 182。

灣卻較少針對該兩國擁有核武之特性做深入的研究。核武乃英法與其他歐洲國家，在國防議題上最具差異性的條件，其發展態勢實值得研究者深入鑽研與探討[8]。

二、研究目的

本書之研究目的主要在於彰顯英法核戰略的特殊存在與價值，並藉之檢討英法對新國際戰略格局之影響。

取得核子武器對於許多國家而言，乃是獲得更大的國防優勢。以目前的情勢分析，雖然從冷戰至今，美、俄、法、中和英國五個核武大國間已經達成許多核武管制的協議，例如美俄的「限制戰略武器談判」（Strategic Arms Limitation Talks, SALT）、「戰略武器削減談判」（Strategic Arms Reduction Talks, START）、「禁止核武擴散條約」（Non-Proliferation Treaty, NPT）和世界眾多國家所重視的「全面禁止核試爆條約」（Comprehensive Test Ban Treaty, CTBT）等諸如此類的核武控管機制，但是核武所帶來的安全性與影響，仍是其他國家願冒險並極力發展的動機[9]。

除了核武五強外，國際尚有其他中小型核武國家，如印度、巴基斯坦和以色列也都擁有核子武器，但無論是數量和投射能力皆有所侷限；前蘇聯加盟國，如哈薩克和烏克蘭等國過去雖曾部署蘇聯的核武器，但是本國沒有發展核武的計畫；其他有潛在核武能力的

---

8 Yves Boyer, “French and British Nuclear Forces in an Era of Uncertainty”, Nuclear Weapons in the Changing World: Perspectives from Europe, Asia, and North America, Now York: Plenum Press, p.121.

9 Bruce Larkin, Nuclear Design: Great Britain, France, & China in the Global Governance of Nuclear Age, New Jersey: Transaction Publishers, 1996, New Jersey: Transaction, 1996, p.9.

國家如：日本、德國、南非、巴西、阿根廷等無明確意圖或誘因研發核武[10]；而較受爭議的伊朗和已經取得原子彈的北韓，經常造成該地區情勢不安定。諸多現象都顯示，當今的核武戰略格局並非絕對的穩定。

英、法、中國三個國家所擁有的核武庫在國際政治環境中扮演的角色不容忽視。兩國的戰略思想擁有相同的出發點，在冷戰時期雙方純粹以面對蘇聯與華沙公約組織（Warsaw Treaty Organization）的軍事威脅為動機，組建出自我的防衛力量和嚇阻戰力；而後冷戰時期也產生出相同的危機意識，歷經波斯灣戰爭之後，兩國也都宣示，會在理論上保留打擊擁有大規模毀滅性武器（Weapons of Massive Destruction, WMD）國家的權力。雙方領導人皆認為國際環境的不安全性，導致必須以核武力量作為國防的安全保障。嚇阻的功能性在現階段的國際情勢中並未喪失，相對的，面對新興核武國家或像是恐怖組織等非國家行為者，仍可以維持足夠的優勢，因此，有彈性且最低核嚇阻仍可以發揮其政治效益[11]。

不過，英法核嚇阻之特質並非如巴基斯坦、印度或北韓一般具有較高的爭議性，對大多數國家而言，前者獲取核武能力最大之目的，乃是以軍事力量平衡為基礎，並介於美俄之間來確保其自身利益，國際合法性也較高；後者雖然也以國防安全為動機，但確實常隱藏不穩定因素，例如在道德層面上皆引發過較大政治反彈，其他非核武國家對於這些國家也具有較多負面之感觀[12]。除此之外，美俄所主導的限

---

[10] Ibid., p.9-10.

[11] Simone Wisotzki, "Nuclear Weapons Policy in Britain and France: Strategic Thinking and Disarmament", Nuclear Weapons into 21st Century, Berlin: Peter Lang AG, 2001, p.117.

[12] Lawrence Freedman, "The Small Nuclear Powers", Washington D.C.: Ballistic Missile Defense, Booking Institution Press, 1984, p.251-252.

武談判並不完全會使此三個國家一併買帳。這些國家始終具有自我的立場與利益考量。在後冷戰時期，中等核武國家對戰略或核武器控管皆有不同於美國與俄羅斯的看法，其態度也有相當足夠的影響力[13]。本文會以英國與法國作為最主要論述對象，其目的之一乃探討出兩國所施行的相關政策和兵力態勢。

最後，現階段所形塑的的安全態勢對英國首相布朗（Gordon Brown）與法國總統薩克奇（Nicolas Sarkozy）的國家核戰略有不小程度的啟發與改變，更呈現出目前西歐核武國家主要的安全思維，而本研究最後所要探討的，便是當前兩國的核武態勢。

第二節　研究方法與途徑

研究方法之選擇是國際關係與戰略研究之工具與技術，以幫助研究者達到研究之目的。國際關係研究中所應學習的研究方法也具有系統與綜合性，因此，對於不同的議題所使用的研究方法也會有所不同[14]。

本書為一比較類型之研究，主要採用比較分析法，探討兩個中等核武國家的異同處；因過程所需，同時也藉由文獻分析法和演化研究法來描述英法兩國發展核武的過程與歷史，進而逐步介紹其演變與情勢之更動。

---

[13] Ibid., p.11-12.

[14] 閻學通、孫學峰，《國際關係研究實用方法》，（北京：人民，2007），20-21。

一、文獻分析法

文獻分析法為系統化的客觀界定、評鑑與綜合證明之方法，目的是為了要了解過去事件的發展與真實性。藉由文獻分析法，研究者可知曉歷史演變之流程。又由於該研究方法的本質屬於一種因果推論，因此文獻分析法也稱為歷史文獻法[15]。西文部份乃閱讀或參考過去學者所撰寫的文件與書籍等，作為本書論述之基礎架構。從這些書籍中可學習並了解冷戰時代核武戰略的發展，而英國與法國的相關中文著作在國內十分有限，相對起美國與蘇聯、甚至是中國的核武戰略，兩國的相關著作並不多。因此，以英文為主之出版書籍與文獻為本書最重要之參考對象。而國外的智庫也有諸多核武戰略或英法國防政策之研究，不論戰略思想演進、軍事準則改變、政策取向選擇或武器裝備更新等也都相當具有參考或引用之價值；至於較新之核武戰略則由最新的官方文件、國防白皮書、新聞資料與智庫報告等來加以追蹤。

二、比較分析法

比較分析乃本書撰寫之重點，用以分析此兩個中等核武國家的相同與相異之處。在軍事研究領域之中，比較分析法經常使用在戰略思想、政策比較、戰爭決策或兵力結構等諸多面向[16]。

英法兩國皆有相似的核武發展動機，但是過程卻各有不同的發展，本書以定性的比較分析法來比較這兩個中等核武國家的異同點，尋找文獻上中的共同因素，並加以比對，最後再比較結果之差異程度。

---

15 陳偉華，《軍事研究方法論》，(台北：國防大學，2003)，頁 143。
16 同上註，頁 153。

本書將比較之重點放在戰略演進、政策發展、財政或思想與核武實力等面向。先研究過去冷戰時代與後冷戰時代的英法國防外交與核武之變革，針對不一樣的時代背景來探討其轉移；再比較兩國政策之異同，從內部與外部因素作研究；另外也比照兩國之間的經濟狀況和武器載具，以檢視英國與法國在發展「核武三元」力量上之異同點。

二、演化研究法

由於本書之研究內容由冷戰持續到後冷戰時期，因此採用演化研究方法作為重要的議題分析方式之一。該方法以主觀的發展方法（development approach）為主，是以「動機目的」和「動態政治」觀點為出發，來探討政策體系與戰略選擇之轉變或變遷[17]。本書將先從過去的英法國家戰略思想作出發，以兩國如何成為核子俱樂部成員為基礎來研究。此二西方國家也共同面對蘇聯之威脅近半世紀之久，這當中所有的戰略演進皆具有相當長遠之歷程。雖然共同面臨蘇聯之軍事威脅，但因應的方式卻有所不同。英國的特殊地理環境與國際政治經驗，導致她與傳統歐陸國家有許多不同的戰略思維；而法國作為重要的傳統歐陸強權，對於自我的戰略需求與政策制訂也和其他國家不同。隨著時間不斷的演進、盟國與對手的進步，兩國皆產生出不一樣的發展模式與政策取向。自蘇聯解體以來，兩極體系瓦解使西方國家的核武戰略產生了許多改變，國與國之間核子嚇阻的重要性下降，而未來將會如何演變，也是此採取研究途徑所欲觀察與探討之焦點。

---

[17] 朱浤源，《撰寫博碩士論文時實戰手冊》，（台北：正中，2005），頁 184。

第三節　研究範圍與限制

除了研究範圍之外，不可否認地，本書在研究上仍有不少侷限之處，以下先以範圍作討論；再陳述有關研究核武戰略所可能遭遇之限制性。

一、研究範圍

（一）研究時間

本研究所設定之時間為過去、現在與可預見的未來三大部分。過去的部分，是歐洲兩大核武國家發展核武之歷程，從二次大戰後開始建立的獨立思想，影響了英法的核武部隊建軍，到第一枚原子彈與氫彈的試爆成功、載具研發完成、核武戰略與政策的演進；現在的部分，是探討冷戰之後，英法之核嚇阻具備了何種地位與意義，從這項過程來比較時間前後差距和影響；最後未來的部分，乃檢討現任的英國與法國政府所釋出的宣示和資訊，進而研判以後可能的發展趨勢。

整體而言，冷戰時期是兩國核武戰略及能力建立最重要的過程。英國核武戰略的研究時間是以 1945 年為起點，由於邱吉爾（Winston Churchill）大力主張英國發展核武所致，該國早期受到獨立思維與財政狀況不佳等影響，導致英國在 1950 年代更重視核武能力，並於 1960 年代獲得海基核武打擊能力。此後，英國以海基力量為主軸的嚇阻力量一直發展到今日；而 1990 年後，英國的核武部隊因蘇聯威脅消失而縮編，直到 21 世紀，也就是現階段的施政與發展重點皆集中於防止核武擴散等安全議題，而不再只有探討戰力和嚇阻的部分；最後，以布朗政府時期為終結，本研究也將研判英國的核武態勢之走向，作為未來可能的預測。

法國自二戰前便開始研究核子科技，進入冷戰後乃本研究之開端。1950 年代開始的第四共和政府為法國核武歷程奠定了基礎；1960 年代為該國核武建軍最重要的突破，第五共和政府的第一任總統戴高樂上任後，不僅極力主張發展自主的核武戰力，更塑造了法國外交與國防獨立之傳統。為了核武的獨立性，戴高樂更不惜退出北約的軍事架構，該動作被視為法國政治史上重要之指標。該原則後來也成為法國各任總統的國防及外交之政策指南。爾後，歷經 1970 和 1980 年代，其他總統雖做過部分不同的調整，但基本上從未脫離這個架構。冷戰結束後，法國的核武態勢也做了大幅度的變動，除了配合裁軍潮流外，也放棄了進行多年的核試爆。從席哈克（Jacques Chirac）至薩克奇，法國的核武力量不斷改變，除了規模縮減之外，過去不願遵守的限武、裁軍、防擴散和禁止核試爆等規範都逐漸被接受[18]。最後，由目前的薩克奇政府之政策，來進一步研究將來法國可能採取的行為，針對「可預見的未來」作預測。

（二）議題範圍

本書所含括的議題是先以核子武器的基本運作方式為基礎，再以核武戰略的形式作為論述。1945 年核子武器被研發出來之後，人類對這項武器了解不深，也因此原子彈被草率的運用在二次大戰

[18] Yves Boyer, Pierre Lellouche, and John Roper, “Franco-British Defence Co-operation：A New entente cordinal?”, London: Routledge, 1989, p.36.

中，當新的核武國家不斷誕生，以及核武載具不斷被研發後，擁核國家開始意識到必須研究出一套有系統性的政策指南、武器研發、財政運用、使用方法與準則[19]。本書以英法為基礎，試論以下幾項重要的議題：

（一）核子武器的功能與影響、部份理論與名詞之界定。
（二）從冷戰到後冷戰雙方的核武研發過程，以及未來可能的兵力態勢。
（三）雙方政策的變遷，其動機與思想的起源為何。
（四）武器裝備的演變與功能等。
（五）部分時間點上的財政狀況。
（六）英法從冷戰至今的核武準則、打擊方式和恐怖主義的影響。
（七）對於限武裁軍、核武存廢和防止核武擴散的觀點。

由於兩國擁有核武已有 50 年之久，其政治情勢與國防戰略結構也改變甚多，但以核武為基礎的嚇阻力量依然是不可改變之戰略，又受到國際限武、裁軍與對抗恐怖主義等非傳統安全之潮流，兩國對於核武戰略之取向仍不斷在修正與變動，世界潮流的改變不僅影響上述議題的發展，也是以尋求國家利益與國際環境之間的相互作用。

二、研究限制

研究軍事戰略本身便具有相當多層面的侷限，尤其核武不但是極具毀滅性的武器，同時在政治上亦有相當高的敏感性。本書所受到的限制首先來自於核武「技術層面存在機密問題」；且這項議題除了歐美之外，其他地區的國家，包括台灣皆面臨「受到的重視程度較低」

---

[19] Andre Beaufre 著，鈕先鍾譯，《戰略緒論》，（台北：麥田，1998），頁 242-244。

的問題；最後，社會科學研究最容易發現的問題為「質化分析的限制」，也是本書所面臨的一項重要限制。

（一）技術層面機密與受限

核武乃高危險性的大規模毀滅性武器，各國對其管理極為嚴密，相關戰略及能力往往被列為國家最高機密，其中核彈頭更被譽為皇冠上的珍珠[20]，一般民間學者即使有足夠的管道或方法去認識核武，但基本上難以接觸或涉獵到核武技術面的研究；而能夠參與到政府核武的決策或設計者，也有遵守國家保密法令上的考量或限制。因此，研究核武議題多能從多國的書籍、雜誌、論文以及報章來得知相關資訊，未必能完全對應真實的情況。

（二）受到的重視程度偏低

台灣雖然曾經企圖發展過核武，但由於諸多政治因素的改變，最後這項計畫胎死腹中，而從未來情勢來看，台灣也幾乎不可能再研發核武[21]。發展核武不僅原料的來源獲取不易、技術層面有諸多問題難以突破，甚至政策的行使或決策也相當的複雜，擁核國家都有相當嚴謹的核武使用程序，且國際建制或國際組織的規範和制裁方式也大大制約了許多國家發展核武的可能性。尤其進入後冷戰時代，吾人可以發現戰爭的形態已有極大改變；冷戰時代的大規模核武對峙已經不復存在，取而代之的是小規模的區域衝突和戰爭。21 世紀又受到了非

---

[20] 鄭大誠，〈東風起・巨浪升——中國核武發展現況〉，《科學人雜誌》，NO.70（2007 年 12 月），頁 44。

[21] 鍾堅，《爆心零時——兩岸邁向核武歷程》，（台北：麥田，2004 年），頁 203-213。

傳統安全議題的影響，核武所受到的重視由戰爭與嚇阻層面轉為國際間如何合作管理的議題，幾乎不在探討戰爭的作用。對台海的政治情勢而言，核武的使用可能性較低，因此，我國的政治與學術界對這項議題的重視程度也較許多國家低，導致這方面的資料蒐集有許多途徑上的限制。

（三）質化分析的限制

核武戰略之調查或政策研究過程都會因資料的蒐集，受限而出現於許多高度的爭議性問題，且當中所涉及的議題也相當廣泛，無法從獨立面向或單一領導者口中，便得知一個國家真正的選擇與整體思想是否皆為全體共識。除此之外，核子武器的存在不僅涉獵政治、軍事、經濟層面，甚至環境議題也有其論述之空間，學者論述與官方政策所產生的落差，導致各領域政策的觀點是否有所符合，存在了許多值得商榷之處。尤其英國與法國都是屬於民主國家，許多出版的書籍或文章皆以大方向的發展為論述與推測，難以針對每項問題作深入之探討，因此，本書將重點置於戰略思想、政策選擇、經濟條件與兵力發展上來論述。此外，國際環境的因素也會左右國家的政治發展，進而產生出無法預測準確的結果，因此，使用各種來源資料時，筆者將之斟酌並採用較為眾多學者所接受的觀點。

由於時間前後發展所致，部分研究資料會因官方檔案解密後，而導致先前研究內容發生錯誤或衝突之情況，此乃非學術研究所能控制之範圍，也是政治或軍事研究最常見的缺陷之一。

綜觀這些面向，吾人可以發現研究核武戰略是具有較廣泛的特質，但仍然可以從歷史書籍的描述或官方發表的資訊來加以整匯，本文也會以蒐集相關文獻和資訊來呈現出英、法核武戰略之發展與特色。

第四節　重要文獻之回顧

本書的主要研究方法與結構較集中於文獻分析法，因此文獻是最重要的資料來源。對於社會科學而言，文獻回顧亦是不可或缺之環節，研究人員必須先閱讀許多具有成果性和成熟之相關資料，始能成為其研究之論述基礎[22]。尤其吾人必須檢視英國與法國冷戰時期之核武戰略，特別是外文相關書籍作研究，以此了解相關歷史發展。也可以直接從美國、英國與法國人之觀點來做分別，以前人之觀點作為本書之研究基本架構，再蒐集更多更新的資料，以提出進一步之分析。

一、重要西文文獻

（一）有對英法核武作統整研究之書籍

由於戰略思想為本文所的研究之重點之一，由 Lawrence Freedman 所著的 The Evolution of Nuclear Strategy 一書，針對核武戰略作出了全面性的論述。核戰略思想可謂核武政治圈中的軟體，該書為美、俄、

---

[22] 閻學通、孫學峰，《國際關係研究實用方法》，（北京：人民，2007），頁 54。

英、法和中國五個核武主要國家評述了其發展背景和依據，研究核武戰略也必須先以此書作最基本的觀念建立。本文會在第五章中的第一節的部分，各別統整出該書針對英國與法國核武思想所作的評論。

大部份針對中等核武國家的議題研究集中於後冷戰時期居多。Avery Goldstein 在 Deterrence and Security in the 21st Century: China, Britain, France, and Enduring Legacy of the Nuclear Revolution 書中，以新現實主義（Neo-realism）與戰略理論結合，並解釋英、法與中三國發展核武的動機與偏好，尤其在動機的部份有深入的著墨。其獨特之處在於這三國因自身國防安全之考量，導致並不期望依賴他國的保護，進而藉由加入核武俱樂部的方式，獲得政治與軍事力量的提升。

探討完思想與動機之後，政策的選擇與發展乃本文下一個論述的重點，Beatrice Heuser 所著的 NATO, Britain, France, and the FRG: Nuclear Strategic and Forces for Europe, 1949-2000 書中，偏重於分析北約、英國、法國與西德國防政策，前三者的核武政策更是該書之重心，可藉此比較北約組織或各國對於安全問題的觀點。

此外，Bruce Larkins 也在 Nuclear Design: Great Britain, France, and China in the Global Governance of Nuclear Arms 書中專為英、法和中國三個中等核武國家的主觀認知來敘述。對於財政支出、核武規模與政治觀點等面向作部份量化之統計，並以 1990 年代的情勢為主題。該書是一本較少見之著作，且以數據為呈現方式可為其論點提供相當足夠的佐證。

專為中等核武國家所分析之專書尚有 John C. Hopkins 和 Weixing Hu 所主編的 Strategic Views from the Second Tiers: The Nuclear Weapons Policies of France, Britain , and China 一書，其中除了整匯三個主要核武國家的發展過程外，包括了防止核擴散與後冷戰時期所面臨的相關問題，也是該書所論述之重點。

除了英美學者所著之書籍與文章，以歐洲觀點導入之著述也具有重要之參考價值。Panayiotis Ifestos 在 Nuclear Strategy and European Security Dilemmas 一書當中即針對英法兩國在安全防務上的觀點作探討，深入描述冷戰時期英法國防政策與核武思想的演變，作者特別以歐陸國家的主觀意識，來突顯傳統歐陸國家與英美觀點的差異。

（二）針對英國核武戰略研究的書籍

國外為英國的核武發展所描述之著作眾多，且多數都將核武議題納入整體國防發展和外交政策中的一部分。由 Roger Ruston 所寫的 A Say in the End of World: Morals and British Nuclear Weapons Policy, 1941-1987 一書中，則可看出作者是單由核武發展為主題，完整紀錄了英國自二戰到冷戰結束以來的核武發展歷程，為英國於冷戰時期的核武發展態勢有全面性的介紹。

結束冷戰時期的發展後，Jeremy Stocker 為「國際戰略研究所」（International Institute for Strategic Studies, IISS）所著的 The United Kingdom and Nuclear Deterrence 報告書中，不僅以重點方式介紹英國核武於冷戰時期的過程，更著墨於後冷戰時期與二十一世紀後英國的核武發展，以及分析未來的可能走向和趨勢。

（三）針對法國核武戰略研究的報告

為法國核武所撰寫的相關西文研究也不在少數，且集中於冷戰時期之研究也相當多元，大部分會先以戴高樂思想為主體，來進一步解析其政策對日後法國國防與核武發展的影響。David S. Yost 於 1984

年為「國際戰略研究所」出版的 France's Deterrence Posture and Security in Europe 報告書中，深入描述了長期法國核武的思想、準則、政策發展與兵力態勢，以及預測當時密特朗政府（François Mitterrand，任期 1981-1988 年）主要的施政方向。

Bruno Tertrais 為主要研究法國核武政策之學者，出版許多著作與相關刊文，對於法國核武的議題有相當深入的了解。在 1996 年為「蘭德公司」（RAND）所作的研究報告 The French Nuclear Deterrence after the Cold War 當中，將席哈克政府（Jacques Chirac，任期 1995-2007 年）所面臨的核試爆問題、核武規模裁減與對外關係等議題統整為許多重點，此報告書為一本關於後冷戰時期法國核武發展相當重要的參考文獻。

二、相關中文資料

中文部份儘管數量較缺乏，但無論深淺層面，仍有國內學者進行研究。台大政治學系陳世民教授於民國八十一年所撰的碩士論文，《中共核武戰略的形成與轉變——1986-1989 年——》除了專注於中共核子戰略研究外，第一章的「比較核武戰略」有針對中型核武國家作明確且扼要之介紹，其中英法核戰略在該章節中有詳細的論述。英國的部分，鄭大誠博士為該國國防與核戰略之專業學者，其博士論文 A Comparative Study of British and Chinese Nuclear Strategies and Force Postures 及諸多文章，如國防雜誌內的專文《英國核武戰略－儀具發展演變與美國政策影響》、空軍學術雙月刊中的《英國核武政策》與國防雜誌雙月刊中發表的《英美核武關係》皆有詳盡之論述，對於英國核戰略之研究者有極高的參考價值；有關法國核武的詳細著作則較為稀少。較早有民國 65 年，淡江大學歐洲研究所張士良所撰寫《法國核子政策之研究》的碩士論文，該本碩士論文時間相當久遠，但能提供讀者了解早期法國核武戰略與發展動機，並提升研究之基礎；近期則有東海大學政治所林俊雄所發表的《論法國核武戰略形成與轉變（1960-2001）》碩士論文，其內容較集中核武理論之研究，以及席哈克時期的核武或國防政策，內容偏重於理論形式居多，適合為該議題進行深入研究者參考。

第五節　章節安排與架構

本書共分為八大章，其章節之安排如下：

第一章緒論，以五節來分別說明，先說明本書研究之動機與目的；接著再列舉本書所需要的研究方法與途徑；透過回顧重要文獻，並為本文提供論述之參考之後；下一節則說明研究的範圍與相關限制；最後再安排論文章節與架構。

第二章將在第一節中先簡單介紹核子武器的基本原理與相關知識，核武為重大的大規模毀滅性武器眾所皆知，探討其運作原理作為本研究對核子武器認知上的重要依據；第二節將會探討重要的核武戰略概念，相關理論會以中等核武國家的「最低嚇阻原則」為主，但這項原則因為各國國情之不同，戰略發展的過程與結果也會有所差距。本書不採用部分國際關係或戰略理論，將核武戰略理論以通則化之方式來論述，而是以歷史變遷的方式來描述，進而提出兩國在戰略思想上之異同點；第三節則探討恐怖主義和大規模毀滅性武器之影響，並在最後做簡短的檢討。

第三章為英法的核武政策與思想。第一節研究英法兩國獨立思想之起源，以代表性思想作比較；第二節是比較兩國早期發展核武的動機；第三節則為兩國核武政策的變遷，當中包含最重要的獨立思想和戰略，以顯示兩國的國防特色。

第四章將以英國為主體。第一節是介紹冷戰時期的發展過程，從英國試爆第一枚原子彈與氫彈開始，邁向核武國家，進而發展核武戰略與核子武器和載具的研發。而英國核武在發展之過程也面臨過許多問題，由於經濟因素與英美同盟關係，過程當中政策選擇之結果，讓英國最後選擇擁抱美國的「特殊關係」[23]。本節將以時間為分類，檢視冷戰前後英國的核戰略思想與戰略演進；第二節將時間點邁入後冷戰時期，探討政策之改變。由於英國的核政策與態勢有大幅度的變動，同時也檢討防止核武擴散與核武存廢等問題，進而研究目前的國防政策和兵力態勢、並研判未來可能之走向；第三節為現階段的武裝與戰力，以輔助上一節的論述。

第五章介紹法國的核武戰略，目前西歐國家核武以英法兩國為重心，其核武戰略擁有較高的相似度，但因國情與安全需求之不同，兩國不論發展歷程、未來政策與武器之選擇皆有不小之差異性。第一節將與前一章之形式相同，先研究法國冷戰時期核武發展過程，並間接探討何以法國會以高度獨立、大國自主之原則為基礎，致使其走向如此特殊的核態勢。過程中會因政治目的和軍事需求而產生與英國的諸多差異。由於前總統戴高樂決議自 1960 年代開始，法國應該脫離與美英共同合作發展核武的架構，獨立尋求能夠符合自己的國家安全利益[24]。這種堅強的立場導致法國最後退出北約，作為對美國過度干涉歐洲防務與避免依賴美國核子保護傘之抗議，該傳

[23] Beatrice Heuser, op. cit., p.84.
[24] Lawrence Freeman, op. cit., p.321.

統也成為第五共和的政治圭臬，法國成為一個具有高度自主性的核武國家；第二節也以法國後冷戰時期的核武政策與兵力態勢作介紹，回顧 1990 年後歷任政府的決定和變化；第三節，也是以輔助方式介紹該國現階段的武裝與戰力。

在經過第三與第四章研究之後，第六章將進一步比較與統整兩國之戰略特質。第一節以政策的行使、兵力的態勢和財政的狀況來闡述英法「最低嚇阻」之不同；第二節是兩國與北約的相互關係，內容包括政治關係、核武戰略、指揮及打擊計畫的比較，以了解該組織對於兩國的影響；第三節則是英法關於「不首先使用」（Non-First Use, NFU）、「消極安全保證」（Negative Security Assurances, NSA）和如何因應恐怖威脅等問題上的看法，從論述當中比較其異同點。

第七章著重於其它議題之研究。第一節是以英法的核武技術合作來探討，描述過去到現在的歷史發展，以顯示兩國對核武利益的看法；第二節則是目前受到國際重視的防擴散、裁軍限武和核武存廢的問題，該節將逐步檢討英法對於這些議題的看法和未來的走向；第三節為反彈道飛彈系統對核武戰略的影響；第四節則為探討目前歐巴馬（Barack Obama）政府無核武理想，對俄羅斯、英國和法國的影響。

第六章為本書最後之總結論。將探討筆者對於本研究之最終心得，並提出筆者的研究發現，再檢討核武於當今國際政治中存在的地位、用途與意涵，是否帶來穩定，亦或是混亂？提出相關問題之後，吾人將逐一分析，並回溯本書之研究價值，最後再提出建言。

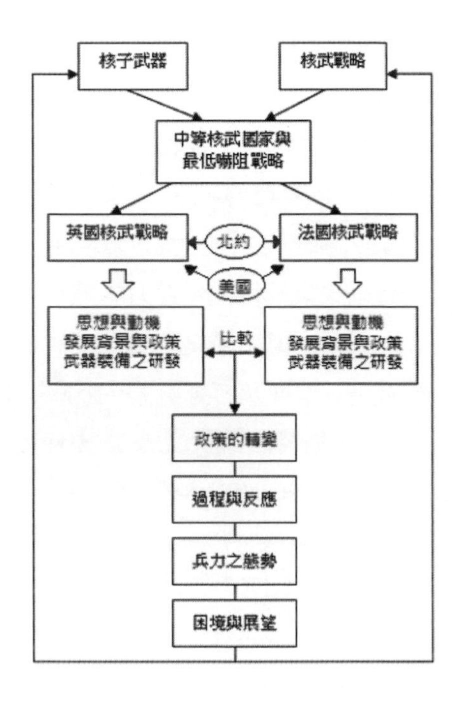

圖 1-1　研究架構圖

資料來源：筆者自繪

第二章　核子武器與嚇阻戰略

介紹英國與法國之核武戰略以前，本章節採用解說核子武器之基本原理與運作的方式，以了解核子武器的基本結構，首節將介紹核武的原理與效應；下一節則淺略論述核武戰略、理論與部份名詞之界定；最後再提出本章之結語。

第一節　核子武器原理與效應

在探討核武戰略的發展之前，首先必須先了解核子武器之功能與運作的方式。本章節先以（1）核分裂與原子彈與（2）核融合與氫彈作分類，最後再繼續論述（3）核爆的效應與影響，以揭櫫核子武器對環境所造成之衝擊。

目前最受矚目的核武國家分別為美國、俄羅斯、中國、法國與英國，這五個核武國家具備較早開發、且較高科技能力的基礎，在核分裂（Nuclear Fission）與核融合（Nuclear Fusion）兩種技術上都有顯著的優勢。一般而言，前者的技術障礙較容易突破，目前所有的核武國家皆以先獲得核分裂技術的方式，才得以進一步研發出核融合技術，後者能夠反應出更強大的爆炸力。以色列以及 2006 年加入核武俱樂部的北韓研判目前僅擁有核分裂技術[1]。

---

[1] Robert Nelson, "Nuclear Weapon: How they works", Union Concerned Scientists, July 2007, p.1.

打造一枚核彈需要核子反應爐作為提供生產、能量與研發核彈的基礎來源，還需要加工裝置或是製造濃縮鈾的設備等，更要有鈾 235（Uranium-235）與鈽 239（Plutoniom-239）兩種最基本的原料。

通常一個國家要擁有快速獲得核彈的途徑，是採取鈽 239 並進行核分裂的方式來獲得原子彈，由於該物質比高濃度的鈾 235 更容易分裂，因此基本上，只要能夠獲得鈽 239 的製造方法和原料來源，要製成原子彈並非難事。無論是鈾 234、鈾 235 或是鈾 238，每一種混合鈾元素的中子數並不相同，但是唯有鈾 235 和鈾 238 可以滿足核彈所需要之能量，鈾 234 並不足夠。然而，鈾 238 又無法提供快速核分裂時所需要的中子量，相對的，透過同樣的撞擊與連鎖反應，鈾 235 有能力達成這種條件，一公克的鈾 235 可以產生出 2300 萬瓦特的電力，具有相當足夠的能量。

而鈽 239 可以藉由鈾 238 原子核慢速吸收中子、鈾 239 原子核也無法進行分裂時，再運用放射性衰變方式轉換取得。鈾 239 會在衰變期間像子彈般從原子核中釋出電能，這種變化稱為「貝塔衰變」(beta decay)。一個放射性原子核內的中子轉變為質子也稱「貝塔衰變」，可導致一個原子核生成一個新的質子，當鈾 239 經衰變後，一個擁有 39 個原子核的新元素誕生，此乃錼 23（neptunium-239），再將錼 239 進行一次貝塔衰變便可以得到鈽 239，鈽 239 與鈾 235 一樣，可以在分裂過程中保持穩定，該兩種物質為製造核子武器的最佳材質[2]。

---

2 Franck C. Barnaby, “How Sates Can Go “Nuclear?”, Annals of the American Academy of Political and Social Science, Vol. 430, Nuclear Proliferation: Prospects, Problems, and Proposals (Mar., 1977), p.30-31.

一、核分裂與原子彈

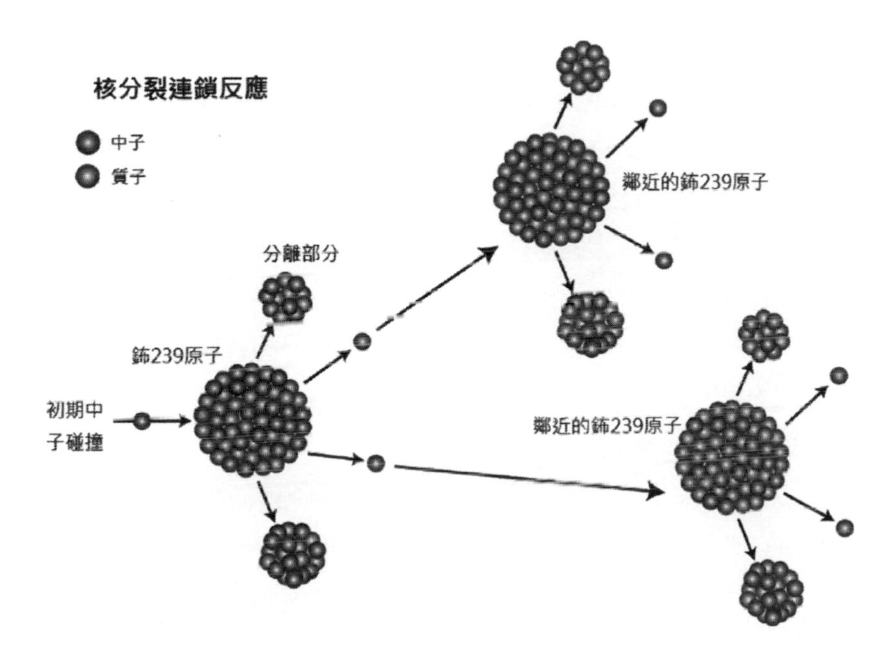

圖 2-1　核分裂連鎖反應圖

資料來源：Robert Nelson, "Nuclear Weapon: How they works", Union Concerned Scientists, July 2007, p.1.

原子核分為兩部分：帶電的質子與不帶電的中子。每一種元素的原子都擁有相同數量的質子，但中子的數量會依照元素種類而不同，若受到中子不斷地摩擦或是碰撞之後，部份具有放射性質的元素便會產生分離或是分裂的情況。而分裂的過程會讓原始原子核產生出兩種較輕的附帶原子核、一個或更多的自由中子，伴隨分裂的還有熱能與光能。

部份具有放射性的同位素（中子數量不同，但會產生同樣的反應作用的元素）像是鈽 239 與鈾 235 進行分裂之後都會放射出兩個中子，而這兩個中子會持續撞擊其他原子核，造成其他原子核也分裂出兩個中子，而不斷撞擊與分裂之後便會產生大量的連鎖反應。只要在百萬分之一秒內，核分裂的連鎖反應便可以製造出當量相當於數千噸（Kiloton, KT）黃色炸藥（Trinitrotoluene, TNT）所釋放出的威力。不過，核彈要製造巨大的爆炸效果並不需要像傳統炸彈一般用到大量的化學物質。以廣島原子彈為例，該枚被稱為「小男孩」（Little Boy）的原子彈只使用了 64 公斤的鈾 235，若以今日的技術來做一顆原子彈，大約只需要 25 公斤的鈾 235 元素便可以完成，其外觀就如同一顆瓜類水果般的大小[3]。

由核分裂所製造出的武器便稱之為原子彈（atomic bomb or A-bomb），美軍於 1945 年先後投擲在日本的廣島與長崎兩座城市，並等造成同於 1 萬 5000 噸與 2 萬噸的黃色炸藥威力，瞬間導致兩座城市的毀滅。核分裂除了運用在武器上之外，一般民用的核電廠反應爐也是採用核分裂的原理來發電，但當中所使用的反應比起核武來說是非常小，且容易受到控制的[4]。

---

[3] Joseph Cirincione, “Bomb Scare: The History and Future of Nuclear Weapons”, New York: Columbia University Press, 2007, p.10-11.

[4] Otto Berzins 著，林國雄譯，《核子武器》，（台北：台灣中華書局，1972），頁 17-19

二、核融合與氫彈

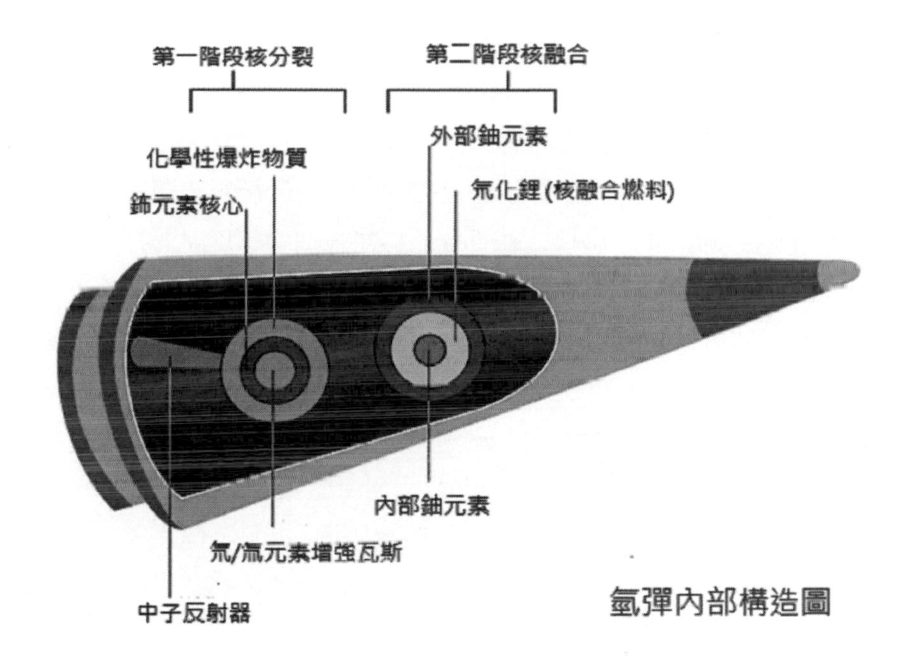

圖 2-2　氫彈內部構造圖

資料來源：Robert Nelson, "Nuclear Weapon: How they works", Union Concerned Scientists, July 2007, p.2.

氫彈（hydrogen Bomb or H-bomb）又稱為熱核武器（thermonuclear weapon），它可以製造出比原子彈更強大的破壞力，太陽或其他星系的恆星也是以核融合方式引發光與熱，言下之意，製造氫彈爆炸便如同一顆小型太陽在地球上釋放能量[5]。氫彈之運作過程更為複雜。歷史上第一枚試爆的氫彈威力大約為一千萬噸黃色炸藥（10

5　Robert Nelson, op. cit., p.1-2.

megatons, MT）的威力[6]，相比之下，美國目前所使用的熱核彈頭大部分當量都控制在數十萬噸之間，足以顯示核融合反應具彈性且巨大威力之特性。核融合反應主要分為兩個步驟、三個爆炸過程：(1)圍繞在一個中空的鈽 239 周邊的化學物質先產生爆炸，由爆炸所產生的力量會向內壓迫空心球體，再導致原子大量聚集，這個鈽空心球體會藉由連鎖反應而累積相當足夠的能量，最後的時期稱之為超臨界（supercritical)。達成此條件後，再將一個中子反射器打入正在連鎖反應的原子核當中，此時由化學物質和鈽空心球的第一階段核分裂便可以大功告成，然而，第一階段核分裂過程時會遇到一種較困難的情形發生，純鈽空心球會在第一階段分裂與反應時耗盡鈽239的原料，需要一種增強技術（boosted）來彌補鈽元素的消失，該物質使用氚（tritium）與氘（deuterium）元素所組成的氫瓦斯（hydrogen gas)，兩種物質與氫一樣擁有一或兩個中子，以及一個質子。氫瓦斯會置入鈽元素空心球之中，當鈽元素在進行核分裂時提供更高的熱能，讓原子核釋放出更多的中子，強化爆炸的威力；(2）第一階段所製造出的大量高溫與壓力，連帶供給了第二階段核融合所需要的能量，在進入核融核階段時，整個過程已經準備產生第三次的爆炸。在過程當中，兩個或更多的原子核會融入一個較重的原子核當中，結果會產生更大的能量。反應燃料為固態氘化鋰，核融合裝置的內部是一個由鈽 239 或鈾 235 所製造的核分裂「火星塞」(spark plug)，當第一階段爆炸完畢並從外部觸發核融合反應後，火星塞則成為增強物質並開始分裂，從內部提供更高的溫度來完成核融合反應，最後當內部的核融合反應完畢之後，最外層的鈾元素也會因內

---

6 Ryukichi Imai, “Weapons of Massive Destruction: Major Wars, Regional Conficts, and Terrorism” , Asia-Pacific Review, Vol. 9, No. 1, 2002, p.90.

部所試放的中子而進行連鎖分裂，可以為氫彈的原始爆炸力量多增加一半的威力[7]。

熱核武器所需要的原料皆為氫的同位素，因此這類武器通常被稱為氫彈。真正核融合過程實際比文字上的敘述更為複雜，這也是導致熱核器技術目前僅掌握於少數大國手中的理由。除了上述的主要運作結構，一枚氫彈所需的裝置還包括了數千件的非核能部份，主要的目的是為了保障核能部分的安全性，以及確保核武是經過嚴謹之授權所使用的，設計這些前置作業也是為了要將引爆核武的過程得到足夠的準確性[8]。

由於核融合反應沒有所謂的臨界質量（supercritical mass），導致理論上熱核武器之威力沒有上限。例如 1962 年蘇聯在極地新地島（Novaya Zemlya）曾試爆過一枚當量約 5000 萬噸的氫彈，威力相當於 3000 枚長崎原子彈，足以摧毀地球上的任何一座城市[9]。

三、核爆效應與影響

核彈引爆之後的即時效應可以包括電磁脈衝、火球、震波和輻射能；而事後殘留物質所產生的延遲效應，則以放射性落塵的傷害最為嚴重。

---

7 Mary Bellis, "Atomic Bomb and Hydogen Bomb: The Science Behind Nuclear Fission &Nuclear Fusion", http://inventors.about.com/od/nstartinventions/a/Nuclear_Fission.htm （accessed Mar 30 2010）

8 Robert Nelson, op. cit., p.2.

9 Frank Barnaby 著，高嘉玲譯，《怎樣製造一顆核子彈》，（台北：商周，2004），頁 25-26。

（一）電磁脈衝

核爆炸之後所產生的電磁脈衝（Electromagnetic Pulse, EMP）會以高伏特的電壓破壞電子迴路或是電器設備，造成該設施受到無法承受之衝擊。核爆所產生之伽瑪射線會以光速由爆炸中心向四處放設，並與空氣中的氧、氮原子撞擊，導致帶負電之電子生成，進而產生極強之電磁場。其延展範圍是以一公尺所產生的電壓（volt/meter）為計算；而攻擊強度以赫茲（Hertz【Hz】）為單位。瞬間所產生的威力會依照核爆的威力大小而調整。

電磁脈衝對電子設備之影響，輕者擾電路系統，重者燒毀零件，在核爆之影響範圍內，每一公尺都會受到一萬伏特的電磁脈衝影響，無論是普通的電池或是高機密的軍事雷達，都將全數癱瘓。儘管電磁脈衝對人體的傷害甚微，但在戰爭中破壞機械與電子裝置的威力，及足以產生扭轉戰局的能力，使其功能也受到許多研究者的重視[10]。

（二）火球

核爆後的第一反應為瞬間所產生的巨大火球，火球會向四周擴散超過數百公尺，並夾帶攝氏千或萬度以上的高溫，將爆炸中心的可燃物或生物燃燒殆盡，並造成其擴散區域內的物體起火，危險範圍內的生物則會受到嚴重灼燒；爆炸所散發出的強光也是太陽的千百倍，距離過近直視也有導致失明的危險。若是在缺氧的外太空中引爆，會有七成的能量會以游離輻射的方式釋出[11]。

---

[10] 鍾堅，《爆心零時：兩岸邁向核武歷程》，（台北：麥田，2004 年），頁 31-32。
[11] Frank Barnaby，《怎樣製造一顆核子彈》，頁 33-34。

（三）震波

爆炸產生之後，除了火球向外擴散之外，連帶也會引起巨大的壓力從爆炸中心釋放，約85%的能量釋放後，在範圍30公里的致命區域內，所有的建築物和設備都會嚴重傾倒或粉碎[12]，致命距離外的物體則會受到大小不等的損害。由於也需要媒介來進行傳播，因此，在外太空引爆核彈也會因沒有空氣，導致震波能量轉變為游離輻射釋出[13]。

（四）瞬間輻射

核彈最大之威脅處並不在於火球或是震波的影響，不同於一般炸藥，核爆最致命之處乃爆炸後所釋放的輻射能量，輻射不僅會在瞬間造成致命性的傷害，更會對爆炸事後所生還的生物產生長期性的病變。在核子輻射衰變的過程中，一種或更多下列三種型態的輻射物被放射出來：（1）阿爾發粒子（α-particles）；（2）貝塔粒子（β-particles）；（3）珈瑪射線（γ-ray），其中以第三者的破壞性最強[14]。爆炸後所包含大量致命性中子、X光和伽瑪射線等輻射能會在短時間內向四周釋放，高速中子會在空氣中飛行達數公里之遠；X光和珈瑪射線則可穿透數百公尺厚的水泥牆[15]，並維持致命性的強度。生物體對於幅射能的受害情況也會因距離而產生不同的影響，輕者引發幅射病變，重者

---

12 L. W. McNaught, "Nuclear Weapons and their effects", London: Brassey's Publishers, 1984, p.73.

13 鍾堅，《爆心零時：兩岸邁向核武歷程》，頁35。

14 Otto Berzins，《核子武器》，頁5-6。

15 祝康彥，《核能、生物及化學武器》，（台北：黎明，1986），頁108。

會立即死亡，死亡後的軀體也可以成為幅射源，繼續汙染環境或感染其他生物體[16]。

（五）放射性落塵

核彈爆炸時，高溫火球會夾帶碎片、中子誘發物和氣化後的核元素快速向上竄升，形成一朵蕈狀雲。雲頂的汙染物質會飄進數千公尺高的大氣層中，含有致命性的幅射能進入空氣，受到地心引力而落下後，便形成也具有汙染性的放射性落塵。隨著季風流動或地球自轉之後，這些放射性落塵可不分國界隨處飄移，且無色無味的特性，易對生物造成無法事前預防之傷害，因此，核爆的毀滅性不光只是當下所造成的瞬間破壞，之後的傷害會隨放射性落塵的飄動與汙染，而引發無法想像的後果[17]。

第二節　淺論核武戰略與理論

由於核武戰略的探討議題極為廣泛，其理論模式並非本書之研究重點，因此本章節以重點式敘述為基礎，探討核武戰略中的幾項目標，並區分成：（1）中等核武國家之特質、（2）核武戰略之形式及（3）嚇阻與大規模毀滅性武器作論述。

---

[16] L. W. McNaught, op. cit., p.49.

[17] Joseph Rotblat, “Radiation Casualties in a Nuclear War”, Nuclear Weapons and Nuclear War: A Source Book for Health Professionals, New York: Praeger Publishers, 1984, p.198.

一、中等核武國家之特質

有關中等核武國家之戰略特性事實上是較難以準確定義的，許多情況是學術界或甚至國家政府單位也無法臆測精確，諸多政策行使之風險更是不容易預料。如何將危險的核子武器，轉變為便能獲取利益的工具、避免核子武器可能造成的危險、核武存廢的問題，甚至是核子戰爭是否必定危害全人類存亡等諸多相關議題至今仍有許多討論上的分歧，同時也缺乏全面共識。無可避免的是，政治環境所塑造的複雜性，使嘗試去解釋和定義核子武器在戰爭中之作用變得更加複雜，自從美國率先擁有核子武器開始，這個議題便不斷被世人所討論著，但吾人仍難以傳統戰略思想的方式，來說明核武戰略的發展和未來，自核子時代來臨後，許多的政治情況都變得更複雜難料。

西方的核武戰略在基礎上乃以美國為先驅。傳統上，大多數國家也是隨著美國的決策作創新與變革，許多國家的戰略走向也因此而受到了限制，造成這種趨勢之主因是冷戰時期的大多數國家認知到，自己無法獨自面對兩極體系中可能爆發的超強衝突，因而採取了依靠陣營與聯盟來互相保護。而這種方式最後導致自從 1945 年原子彈問世以來，真正的核子戰爭皆不曾爆發過，許多曾有過的建議與理論也都無法得到證實。核武戰略的描述與規範、理論與倡議、宣示目標與政策實行方向等諸多對等關係也都無法用行動來實踐，與其他嚇阻模式比較起來，核子嚇阻要如何運作仍是個爭議不斷的議題[18]。

中等核武國家在建立核武力量時，乃是以較有限的資源、財力與技術，組織符合該國所需的核武規模，其戰力無法比擬超強，但卻可

---

[18] Peter Nailor and Jonathan Alford, "The Future of Britain's Deterrent Force", England: McCorquodale (Newton) Ltd., 1980, p.5.

以發揮有效程度之戰力，更勝過許多只有傳統軍事力量的國家[19]；其安全思維也容易形成相似的認知，受到威脅後的反應便以發展核武的方式為依靠，許多軍事強權自冷戰兩極體系中跳脫出傳統美國或蘇聯戰略思維模式，獨立發展出核子武器，成為了第三股勢力的核武強權。近年來，這些中等核武國家於多極體系的環境下，也常與非軍事大國之間作比較。很明顯地，即使美俄兩大核武強權擁有極強大的核武力量，卻也在許多地區逐漸喪失了原本的優勢，尤其是歐洲與中東國家。然而，有許多中等強國，如中國已經逐漸取代這些地區的重要性。此外，對英法而言，過去兩極體系並沒有影響到他們追求權力與地位的欲望，直到了現代，面對國際無政府狀態與多極態勢的影響下，兩國仍將核武視為重要的地位象徵或外交工具[20]。

二、核武戰略之形式與特性

核嚇阻是從二次大戰後所建立的理論，主要的目的是要影響敵方的思考和動向，在雙方都能夠接受嚇阻的情況下使用。該理論兼具心理學與物理學的成份，前者是要讓對方了解，不照做的後果將得到嚴厲的懲罰，需要強大政治與外交力量為基礎；後者則強調發展有效的嚇阻工具，無論是轟炸機、彈道飛彈或潛艦，一個欲成為核武國家之一的領導者，勢必投入可觀的技術與資源，以發展所需的核武能力含載具。

[19] 陳世民，《中共核武戰略的形成與轉變 1964-1989 年》，（碩士論文，台灣大學，1992 年），頁 23。

[20] Gregory Giles, Christine Cleary,and Michèle Ledgerwood, “Minimum Nuclear Deterrence Research”, USA: SAIC Strategic Groups, May 15 2003, p.I-4-I-5.

1987 年柴契爾首相（Margaret Thatcher，任期 1979-1990 年）與蘇聯總書記戈巴契夫（Mikhail Gorbachev，任期 1985-1991 年）會面時表示：「我們雙方都知道，過去 40 年來讓歐洲免於大戰的不是傳統武器，而是核子武器。」其想法也獲得許多認同，儘管核武的嚇阻效用難用數據統計，但由於雙方陣營皆害怕核武大戰所造成不可收拾的局面，導致冷戰時期歐洲大多處於安全且穩定狀態。福特總統的國防部長史列辛格（James Schlesinger）也表示，美國從 1940 年代末期建立至今的核嚇阻確實發揮過有效的功能，成功地避免蘇聯發動入侵，另外他也指出，核嚇阻之核心在於使用核武的可信度（credibility），一旦失去，嚇阻便可能失敗[21]。

（一）核嚇阻的戰略條件或特性

由於核武的大規模毀滅性質，核嚇阻便具有更強大的毀滅能力。在使用該嚇阻手段時，必須先塑造幾項基本的假設：首先，潛在的威脅對手必須相信，侵略或挑釁的作為會遭受到無法承受之打擊；其次，要讓潛在的威脅對象認知到，我方有使用核武的意願（will）[22]。

然而，使用核嚇阻要成功，也有幾項必須要具備的條件：

1. 嚇阻戰略中的各國領導者必須是理性的，不能草率地使用核武打擊。成功的領導者會使用各種手段來壓迫對方施行其不願做的行為。蒙巴頓（Louise Mounnbatten）曾言：「一旦核戰爆發，人類不會再有機會、不會有生還者，一切意志皆化為烏有。」

[21] Charles W. Durr Jr., “Nuclear Deterrence in the Third Millennium”, Strategy Research Project, 9 April 2002, p.2-3.

[22] Eugene F. Carroll, “Nuclear Weapons and Deterrence”, The Nuclear Crisis Reader, New York: A Division of Random Jouse, 1984, p.4.

製造敵方恐懼，乃嚇阻戰略最大的用意，若戰爭爆發，嚇阻便宣告失敗。

2. 侵略或挑釁方不得錯估對方的底限或利益，若超越了嚇阻範圍的門檻，可能引發對方激烈的反應，讓前者的作為得不償失。以法國為例，法國的生存利益（vital interest）乃國家至高無上的原則。一旦侵略者錯誤判斷並觸犯了其底線，即有可能造成核嚇阻的失敗。因此，維持通訊與資訊管道的暢通，乃各國施行嚇阻的先決條件。
3. 嚇阻過程中不應出現意外，例如其中一方誤用核武、通訊或熱線（hot line）管道失靈，造成無法解釋或彌補的結果。若發生以上情況，另一方可能認為戰爭條件已經達成，並以激烈的方式回應，如此嚇阻的結果也就失敗[23]。

（二）核武首先使用與事後報復

核武攻擊的形式經由上述之歸類後，在主動與被動攻擊兩種方式中，最常被要求的能力為核武「首先使用」（first use）與「事後報復」（retaliation）的力量。

原子彈發明之後，對於一個國家發動侵略的可行性製造了更佳的機會，歷經二次大戰德國閃電戰術，純粹以軍事層面而論，核武國家發現，結合該戰術並運用核武發動第一波攻擊使軍事行動充滿了優勢，可以充分發揮原子彈的價值[24]。

---

[23] Ibid, p.5.

[24] Lawrence Freedman, “The Evolution of Nuclear Strategy”, London: Macmillan, 2003, p.32-33.

「首先使用」能力的涵義在於核武國家會以這種強力武器進行先發制人攻擊，並對敵國造成無法報復或反擊的能力；而「事後報復」能力意指核武國家遭受攻擊核武之後，仍具備一定程度上的反擊力量，並對攻擊方所發動的報復能力。

「首先使用」能力對於敵方所產生的心理壓力，在於使敵方相信我方的核武力量具備較高的精準度和毀滅性，得以在第一波核攻擊後將敵方目標摧毀殆盡。換言之，若敵國得知我方已具有對其進行毀滅性核打擊之能力時，便不敢貿然發動攻擊，這種方式會因該國家獲得「獨立多目彈頭重返大氣層載具」（Multiple Independently Targetable Reentry Vehicle, MIRV）之技術後，更突顯其打擊上的優勢。且首先打擊通常也有「先制打擊」（Pre-emptive Attack）和「預防打擊」（Preventive Attack）的功能。其含義在於，藉由情報獲知敵方可能發動攻擊前，先以核武攻擊對方，並造成敵國的軍事力量大量損失，藉此途徑來達成我方的優勢[25]。然而，「首先使用」必須確定敵方的核設施已在攻擊中全數消弭殆盡，否則可能在發動攻擊後，敵方的高機動性核武仍可啟動第二波核攻擊，如此便喪失了首先打擊的意義。

「事後報復」的條件是要在第一波攻擊過後生存下來，並具備反擊的能力，這也是使用該手段唯一的目的。探討該能力首要具備的條件是生存性，先確保能夠在敵方發動第一波核打擊之後我方的核武能力仍存在，即使敵方目標非常堅固，我方的報復力量也足夠持續造成對方的損害，攻擊目標有多種選擇，無論是軍事或城市目標，只要能夠發揮絕對的報復力量，便可算是具備事後反擊的能力。

---

[25] Edwina Moreton, “Untying the Nuclear Knot”, Nuclear War and Nuclear Peace, London: Macmillan, 1983, p.69.

一般較常用來執行報復的核武是機動型陸基彈道飛彈及彈道飛彈潛艦。這兩種武器所具備的隱匿性較能躲過第一波核攻擊，在可以持續運作的優勢下，於攻擊過後再對敵方發動報復。使用該方法可發揮極大的心理作用，若讓敵方相信我方具有此種能力，便不敢輕易主動發動攻擊。嚇阻戰略也極為強調「事後報復」的能力，不僅重視軍事能力，更可以發揮政治嚇阻的效果，迫使敵方會考慮或放棄首先打擊。然而，使用「事後報復」也並非毫無缺陷，一般而言，倘若雙方都具備該能力，不斷彼此發動攻擊，最後必淪為互相毀滅之後果；且敵我雙方會因為強調更高的反擊能力，大量投資發展突穿與生存能力更強、機動或隱匿性更高的核武裝備，最後導致一場勞民傷財又無休止境的軍備競賽，勢必也會對國家經濟和社會發展造成傷害[26]。

（三）打擊目標之擇選

1.「反城市」目標（countercity）

二次大戰是原子彈使用的首次紀錄，而這次投擲對象乃是以城市為目標，核武國家以此次經驗為基礎，發展出「反城市」之目標選擇。不過美國當時使用核武是為了迫使日本投降，尚未思考到打擊城市的意義。然而，戰後的蘇聯以強大的傳統兵力為優勢，對西方國家構成極大的威脅，部分西方人士遂以此為鑒，將核武力量的投射目標瞄準蘇聯的大城市，以嚇阻蘇聯或華約部隊之進犯[27]。「反城市」也可歸屬

---

[26] Hans M. Kristensen, Robert S. Norris, and Ivan Oelrich, “From Counterforce to Minimum Deterrence: A New Nuclear Policy to Path Toward Eliminating Nuclear Weapons”, Federation of American Scientists & National Resources Defense Council Occasional Paper No.7, April 2009, p.25.

[27] George H. Quester, “Nuclear First Strike: Consequences of Broken Taboo”,

於「反價值性」目標（countervalue）之一類，後者將其攻擊對象擴大，除了人口密集處之外，也包括工業中心、原料或能源加工處、運輸通訊及農業生產地等。而這些經濟基礎設施通常也集中於大城市內。因此，這些目標對於國家而言皆具有高價值性，一旦遭受嚴重攻擊，勢必對國力與戰力造成負面的影響，受到核武威脅的國家便容易在緊張對立之情勢下退讓[28]。

使用「反價值性」目標有相當的嚇阻作用，尤其針對城市為目標無須執行精準打擊，只要能夠擊中敵國城市的任何位置，以較簡易的載具投擲原子彈或氫彈，並藉由其強大的核爆威力，仍可以導致敵方無法承受的損失。然而，針對城市打擊最容易引發之問題，乃在於道德性爭議。運用核武攻擊人口密集的中心必然造成嚴重傷亡，發動核攻擊的國家也容易會受到不同方式的政治抨擊，若對於一個重視政治形象與外交關係的國家而言，不得不考慮使用該方式可能引起的負面反應[29]。

2.反軍事目標（counterforce）

和「反城市」目標相對的打擊方式為「反軍事」目標，亦即以有限打擊的方式，選擇敵國的軍事目標與相關設施為攻擊對象，其中包括了武裝力量、指揮體系及相關工業生產地等，最終目的是為了消弭敵國的軍事力量。若敵國也擁有核武，打擊的目標也就包括了該國的核子武力，導致敵國喪失發動第二擊的報復能力。強調這種方式是為

Baltimore: The Johns Hopkins University Press, 2006, p.18-19.

[28] Geoffrey Kemp, “Nuclear Forces for Medium Powers: Part I: Target and Weapons Systems”, Nuclear Warfare and Deterrence, New York: Routledge, 2006, p.164-165.

[29] William A, Stewart, “Counterforce, Damage-Limiting, and Deterrence”, Washington D.C.: RAND, July 1967, p.16.

了避開城市，以及規避道德性問題之外，將核武擊中打擊對方的核武目標，也可降低了敵方反擊的效果[30]。

不過，該打擊方式也有眾多缺失。萬一無法在第一擊後全數摧毀敵軍的核武設施，例如提供配載核武之軍機起降用的機場，或是陸上的彈道飛彈投射平台等，便有可能使敵方擁有發動第二擊報復的機會。因此，欲使用這種方式，便必須發展精準度高的投射能力並確保資訊與情報準確，始能達到最高的效率；再者，許多國家的軍事設施往往位在大城市之中。若該基地或設施設置於城市內部或附近郊區，或是有軍民兩用的特性，打擊目標時便容易遭遇難以識別與模糊不清的困境。

而戰略潛艦技術的進步也會是使用「反軍事」目標可能喪失機會的主因，潛艦在水下具有較高的機動與隱密性，潛航過程中不易受偵查或發現，發射過程也不需要浮出水面，一旦國土遭受攻擊後，更可以在第一時間對發動攻擊的國家使用核武報復，且受到衛星技術進步之助長，潛艦發射的彈道飛彈通常也具有高精準度，因此，使用「反軍事」目標的方式勢必受到許多考驗[31]。

由於前兩種途徑皆使用核武為嚇阻工具，因而出現第三種稱為「反力量」目標（counterpower）之選擇方案，「反力量」也是針對軍事目標做打擊，但攻擊目標是設定為敵方的傳統軍事目標或有防禦用途的軍事設施。其用意是為了避免雙方凡事皆訴諸於核武打擊，所造成的互相毀滅性結果。攻擊目標只針對敵方傳統有作戰能力的傳統軍事目標，例如軍事基地、港口、儲存軍用物資的倉庫和能源發電通訊

---

[30] Federation of American Scientists, “Chapter II: Employment of Forces”, http://www.fas.org/spp/military/docops/defense/jp3-12/3-12ch2.htm (accessed Mar 31 2010)

[31] Lawrence Freedman, op. cit., p226.

設施進行報復，如此可以避免大規模人員傷亡，並限制雙方損害的程度，得以讓雙方領導者止戰並進行和平談判[32]。

「反城市」與「反軍事」目標是戰略執行時所應探討的兩項重要議題，但由於該問題經常引發爭議，每個國家的認知皆不相同，對於目標區的判斷也有極大的落差。如何分辨城市與軍事目標之差異便長期困擾著各核武國家的領導者，因此，大部分的核武國家皆重視兩者作用，其打擊計畫通常會隨軍事技術或政治思想而改變。以西方國家為例，由於美英法三國皆以莫斯科為首要打擊目標，這可能造成目標攻擊計劃過度重複的問題，這導致美國在冷戰時期曾擬定出「統一作戰行動計畫」（Single Integrated Operational Plan, SIOP），其中便包括聯合各軍種中的各式核武器，針對打擊目標與攻擊方式作細部的探討與分類，除了避免上述的無法有效識別之情形發生外，同時進行「反城市」與「反軍事」目標也是較為有利的一種作戰方式[33]。

（四）核武性質與類別

為了區別核武的性質與類型，以下分別介紹幾種常見的概念，包括「核武三元」和戰略與戰術型核武的分別。

---

[32] Harold Feiveson, ed., The Nuclear Turning Point: A Blueprint for Deep Cuts and De-alertingof Nuclear Weapons, Washington, D.C.: The Brookings Institution, 1999, p.6.

[33] William M. Arkin and Hans Kristensen, "The Post Cold War SIOP and Nuclear Warfare Planning: A Glossary, Abbreviations, and Acronyms", Washing D.C.: Natural Resources Defense Council, 2005, p.1.

1.核武三元（Triad）

(1) 戰略轟炸機（strategic bombers）

戰略轟炸機是最早的戰略核武載具。由於有航程與籌載量高的特性，戰略轟炸機可攜帶飛彈或炸彈等多種方式，穿透敵方的防空網，進行第一擊或第二擊的戰略攻擊。最大優勢在於，轟炸機是有人駕駛的載具，可依照資訊的更新或命令的修正，取消或更改任務，其任務彈性度最高。但缺點也不在少數，首先，轟炸機需要較大型的基地與跑道，其目標區容易被偵測或發現，進而導致轟炸機受到先制攻擊的機會很高；此外，和彈道飛彈相比，轟炸機通常通有速度較慢的缺失，遭攔截的機率亦不低[34]；最後，轟炸機所籌載的武裝可以是核彈頭，亦或是傳統彈頭。因此，敵方可能在難以區別的情況下，皆以核武報復或反擊，造成的政治問題較為複雜[35]。

(2) 洲際彈道飛彈（ICBM）

自從火箭技術獲得突破之後，洲際彈道飛彈便成為比轟炸機更效的突穿武器，具有短時間跨洲打擊的能力之外，攜帶核彈頭的飛彈在重返大氣層時可以達到反彈道飛彈（ABM）難以攔截的超音速能力。且彈道飛彈比起轟炸機或潛艦有較低廉成本的優勢，是引發許多國家致力發展該投射技術的主因，同時也是目前美俄兩國數量最多的核子武器。其最大缺陷在於，儘管陸基彈道飛彈能夠隱藏在地下發射井

---

[34] Douglas P. Lackey, “Moral principles and nuclear weapons”, New Jersey: Rowman & Allanheld Publishers, 1984, p.220.

[35] Kingston Reif and Travis Sharp, “Pruning the Nuclear Triad? Pros and Cons of Bombers, Missiles, and Submarines”, The Center for Arms Control and Non-Proliferation, http://www.armscontrocenter.org/policy/nuclearweapons/articles/120309_nuclear_triad_pros_cons/ (accessed May 9 2010)

中，仍可以透過衛星或偵查機等方式獲知發射點，一旦被發現後也很難迅速改變位置。因此，通常受到第一波「反軍事」目標打擊的損害程度最大（vulnerability）[36]。該原因也可用來解釋後來法國放棄陸基飛彈的理由。

(3) 戰略潛艦與潛射飛彈（SSBN / SLBM）

核動力的戰略潛艦被認為是一種效率極高的嚇阻武器。由於可以長時間潛航，兼具生存、隱匿與機動性，得以讓敵方難以搜索，不僅可發動第一擊，即使國家本土遭受攻擊失去了反擊能力，潛艦更可攜帶潛射彈道飛彈執行第二擊報復，眾多優點使潛艦被視為冷戰時期最令東西陣營恐懼的嚇阻利器。但發展戰略潛艦及潛射彈道飛彈需要極龐大之成本與高科技，乃至於該技術至今仍掌握在少數國家手上，其中包括著名的美國「俄亥俄級」（Ohio）、俄羅斯的「颱風級」（Typhoon）、英國「先鋒級」（Vanguard）、法國的「凱旋級」（Le Triomphant）和中國的「094 晉級」（Jin）等戰略潛艦。潛艦最大的問題在於數量上的限制，除了艦體本身造價昂貴、無法量產之外，彈頭數量也難和陸基飛彈或轟炸機相比，戰力上受到較大的影響，少有國家得以維持多數戰力[37]。以技術面而言，噸位龐大的潛艦在水下也會受地形而影響其活動範圍，為了避免意外，一般戰略潛艦都會行駛在固定航道上，其行蹤並非完全無法掌握[38]。此外，潛艦必須長時間潛

---

36 Albert Carnesale and Charles Glaser, "ICBM Vulnerability: The Cures are Worse Than the Disease", International Security, Vol. 7, No. 1 (Summer, 1982), p.70-71.

37 David S.C. Chu and Richard H. Davison, "The US Sea-Based Strategic Force", before the Committee on Armed Services Subcommittee on Research and Development United States Senate April 2, 1980, p.2-3.

38 Scott C. Truver, "The Strait of Gibraltar and the Mediterranean", Netherland: Sihthoff & Noordhoff Internatuional Publishers BV, 1980, p.86.

航於水下，接收資訊的速度也比上述兩者緩慢，導致容易發生目標區錯估或命令來不及更新等狀況[39]。

(4) 舊核武三元與新戰略三元（Nuclear Triad and New Triad）

在冷戰時期，美國、蘇聯與法國等核武國家以發展戰略轟炸機、洲際彈道飛彈與彈道飛彈潛艇為其「核武三元」，此概念已經延用了40年之久；直到小布希政府（George W. Bush，任期2001-2009年）發表了「新三元」(New Traid)，該定義得到了一種更廣義的解釋，其論述是要以「攻勢打擊」(如核武以及傳統武力)，「主、被動防禦」（反飛彈系統等防禦武器），以及「國防反應基礎架構」(核武研發、製造及測試的能力)，來構成護衛美國安全的三項基礎。發表新戰略的目的，主要是面對來自大規模毀滅性武器及恐怖組織之威脅，美國所做的一種較多元或彈性的反應方式[40]。然而，該思維似乎並沒有被歐巴馬政府所繼續採用。

---

[39] Kingston Reif and Travis Sharp, "Pruning the Nuclear Triad? Pros and Cons of Bombers, Missiles, and Submarines", The Center for Arms Control and Non-Proliferation,http://www.armscontrocenter.org/policy/nuclearweapons/articles/120309_nuclear_triad_pros_cons/ (accessed May 9 2010)

[40] Kurt Guthe, "The Nuclear Posture Review: How is the "New Triad" New?", Washington D.C.: Center for Strategic and Budgetary Assessment, 2002, p.7.

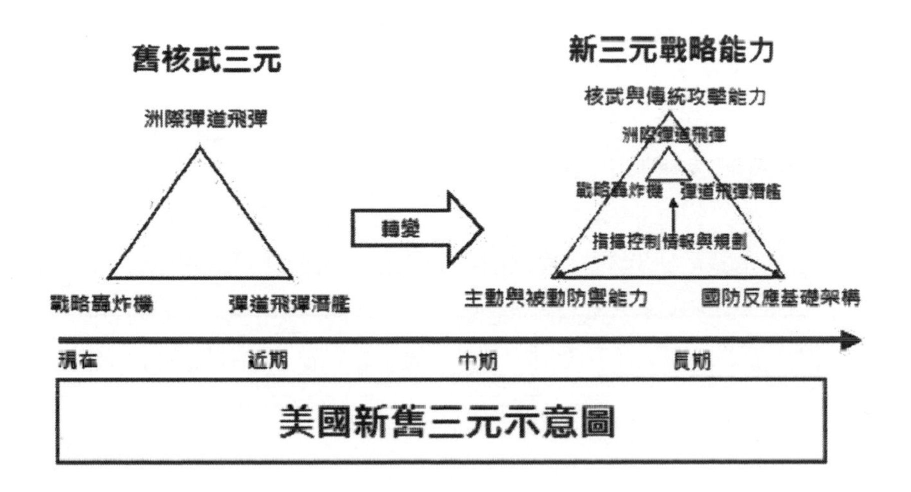

圖 2-3　美國新舊三元示意圖

資料來源：Hans M. Kristensen, Robert S. Norris, and Ivan Oelrich, “From Counterforce to Minimum Deterrence: A New Nuclear Policy to Path Toward Eliminating Nuclear Weapons”, Federation of American Scientists & National Resources Defense Council Occasional Paper No.7, April 2009, p.16.

2.戰略與戰術型核武（strategic and tactical nuclear weapons）

核子武器本身可由使用目的而區別。根據美國國防軍事字典中（Department of Defense Dictionary of Military）之定義，一般來說，戰略與戰術核彈的差異不在於武器威力的大小（有時戰略核武的爆炸當量比戰術型低），而是依作戰任務的不同來區分。前者的目的是破壞或削弱敵方的作戰能力，針對重要的目標，包括加工設備、必需品生產地、電力設施、存放軍用物資的倉庫、交通或運輸系統等相關作戰設施打擊；而後者所指的目標是對敵方軍事力量，如陸、海、空三軍部隊進行戰力上的打擊，使其喪失立即的作戰能力[41]。

三、嚇阻與大規模毀滅性武器

現階段經常研究的核武議題多為恐怖主義與核武之關係。本段落將先探討大規模毀滅性武器與恐怖主義結合後，如何影響傳統國與國之間嚇阻的效應；其次，核子恐怖主義更是目前的全球安全威脅，不能再以國家行為者為主的方式探討，以下將論述其特殊處。

（一）嚇阻功能受阻

嚇阻的最大目的，是以迫使敵方從事其不願行使的作為，而該作為是嚇阻方所想要預防的情況。在國際關係中，嚇阻的存在並非核武出現後才擁有，嚇阻的途徑有許多種，核武並非唯一的手段，無論是軍事或外交手段，只要能迫使敵方就範，嚇阻的結果便算是成功[42]。嚇阻必須藉由暢通的傳輸管道，讓被嚇阻方獲得資訊，了解自己正處於劣勢，被嚇阻的對象包括公眾與可信度高的機構等，受到威脅後便會向官方表達其感受，而導致後者產生極大的壓力，也害怕不退讓或遵守便會遭到懲戒。但是嚇阻的程序通常也非常複雜，不僅要有明確的作業過程，還需要暢通傳達途徑，以及有效的

---

41 Amy F. Woolf, "Non Strategic Nuclear Weapons", CRS Report for Congress, January 14 2010, p.4.

42 John Finnis, Joseph Boyle, and Germain Grisez, "Nuclear Deterrence, Morality, and Realism", New York: Oxford University Press, 1987, p.1.

嚇阻武器，更重要的是，需要讓潛在衝突對手理解，嚇阻方是擁有絕對會使用武力的決心[43]。

蘇聯與東歐共產國家相繼垮台之後，核武的態勢走向了所謂的「第二核武時代」（The Second Nuclear Age），對西方國家而言，威脅的對象從蘇聯轉為擁有大規模毀滅性武器的「流氓國家」（Rouge States），這些國家成為國際安全問題的潛在威脅後，在國際趨勢走向全球化和經濟互賴的前景之下，該國家常被懷疑會以非理性的方式破壞和平，儘管使用武力的國家易成為眾矢之的，但有些國家並不見得會理會國際的制裁或壓力。現實主義（realism）所強調國家會以自身利益為優先考量之說法，在後冷戰時期面臨了新的挑戰。國際間對於禁止大規模毀滅性武器的擴散逐漸形成共識，最主要的原因，是在於畏懼非理性行為者濫用該武器的危險，因而強調應該以更嚴謹的規範性機制，來約束核武等大規模毀滅性的使用與擴散[44]。

所謂大規模毀滅性武器是指核子、生物、化學武器，其共同點都在於該武器能造成大規模傷亡。冷戰結束之後，此類武器也引發了急遽擴散的危機，當前世界科技與資訊蓬勃發展，時空距離瞬時縮短，不對稱作戰思維與毀滅性恐怖攻擊模式，可能帶來人類大量傷亡的災難。在全球大規模毀滅性武器擴散問題躍升為國際安全關注的焦點後，面對相關材料與技術監督管制的漏洞，以及伴隨軍備競賽所引發的擴散威脅，促使聯合國與國際社會正視大規模毀滅性武器擴散的問題，尤其是恐怖主義份子可能使用此些武器所構成的威脅。不同於傳統國家嚇阻行為的是，國際關係定義國家行為者皆在理性的基礎上使用嚇阻，但國際恐怖主義是以不法途徑獲取高科技技術，其活動模式

---

[43] Roger Speed, “Strategic Deterrence in the 1980s”, Stanford: Hoover Institution Press, 1979, p.7.

[44] Lawrence Freedman, op. cit., p.435-436.

活動逐漸由傳統的暗殺、爆炸、綁架、劫機和施毒等手段，轉化為大規模毀滅性武器與資訊網路攻擊，不僅恐怖活動暴力性與破壞能量將會增強，對人類環境與安全危害更是無法估量。

恐怖份子經常抱持著必死的決心發動自殺式攻擊，不受他國威脅或嚇阻、也不在乎敵我的死傷，最終目的要構成災難性的傷害，若能以大規模毀滅性武器來強化襲擊能力，其帶來的破壞力與深遠的影響不僅可導致大量死亡和破壞，而且可能使世界經濟重創癱瘓，使千百萬人陷入赤貧。911 事件後，國際政治領袖持續警告大規模毀滅性武器的危險性，尤其面臨恐怖主義非理性的攻擊方式，使核生化武器成為全世界面臨的最嚴重威脅。美英等國宣稱的流氓國家成員，也被指控運用核生化武器與恐怖組織掛勾、發展計劃或部署、進行安全威脅或政治勒索，並危及全球和平與安全。相對於主權國家對核生化武器擴散的威脅，恐怖主義組織團體獲取此類武器後，在其選定的時間、地點、方式以及對象進行恐怖攻擊，此種非對稱性、非傳統性和非理性的核生化恐怖攻擊模式，將戰爭與核嚇阻的態勢帶入不同以往的形式，也弱化了傳統嚇阻的功效[45]。

（二）核子恐怖主義

2001 年 9 月 11 日，蓋達組織（Al-Qaeda）打響了 21 世紀恐怖活動的第一槍，以劫機方式衝撞了紐約雙子星大樓與華府的五角大廈，除了重創了美國之外，也給西方世界帶來無比的震撼，恐怖主義的捲土重來讓現今的國際政治焦點時常圍繞在這議題上討論。延續冷戰時代的模式，這種更強調以不對稱又非倫理道德的方式打擊對手，被稱

[45] Jeremy Stocker, "The United Kingdom and Nuclear Deterrence", London: Routledge, 2007, p.46-47.

之為新恐怖主義（New Terrorism）。與舊的恐怖主義（Old Terrorism）相比，過去恐怖組織是以分裂主義（Separatism）與民族主義（Nationalism）為主，政治意識形態是集中於極右派或極左派的團體，例如日本的奧姆真理教（Aum Shinrikyo）或是北愛爾蘭共和軍（Irish Republican Army, IRA），這些組織通常是以單一的政治訴求為基礎，並以個人方式實行恐怖行動；近代的恐怖主義則以宗教基本教義者（religious fundamentalists）為主，最常見的例如伊斯蘭教激進組織（Islamic fundamentalism）或是美國的基督教白種人至上主義（Christian white supremacism）等團體。前後最大的差別在於，後者比往常更重視以最小之代價來達成最大的恐怖效果，且經常會用不分紅皂白的暴力方式來訴諸其目的或需求，這種非道德手段容易造成極為嚴重的傷亡與社會恐慌[46]。無論是在冷戰或後冷戰時期，除了繼續運用綁架、炸彈、劫機等傳統途徑外，恐怖份子的選擇經常會將目光放在大規模毀滅性武器上，核生化武器是恐怖份子最渴望獲取的工具，國際間雖然建立了許多機制來控制或避免大規模毀滅性武器落入恐怖份子手中，但卻難以達到滴水不漏的標準[47]。

若以核武為探討對象，一般而言，恐怖份子會採取多種途徑並設法獲取核分裂原料。無論是利用偷竊或搶奪，只要能獲得相關技術或原料，付出任何代價都是值得的。即使做出來的武器技術水準無法使其發揮出真正的爆性力，但只要能夠造成環境嚴重的核污染，一樣可以達到恐怖效果；此外，運用傳統的恐怖攻擊方式摧毀核設施或破壞核子反應爐也可以達到受害國家事後難以收拾的結果。而恐怖組織最

---

[46] Frank Barnaby, “Nuclear Terrorism: Today’s Nuclear Threat”, The British Nuclear Weapons Programme 1952-2002, London: Frank Cass Publishers, 2003, pp.122-124.

[47] Amitai Etzioni, “Pe-emptive Nuclear Terrorism in a New Global World”, UK: The Foreign Policy Centre, 2004, p.7.

容易獲取的管道是透過民用核子設施所蘊藏的核原料，以偷竊或非法購買的方式下手[48]。2008年估計從全世界各地的核設施當中，已經累積了有500噸可以轉移或發展成核子武器的鈽元素，這些都可能是恐怖份子垂涎的目標；另外，更容易獲得的是全球共累積有1700噸的濃縮鈾，光是俄、美、法與英四國國就各占了903、645、30、與16.4噸[49]，且大部份高濃度濃縮鈾（Highly-enriched uranium, HEU）都用於軍事用途，比較幸運的是，這些可以用來發展核武的高濃度鈾原料通常受到軍方較為嚴密的控管，要竊取並不容易；而提供民生發電用的低濃度濃縮鈾（Low-enriched uranium, LEU）的核反應能量有限，無法達到核爆的效果，不過經過其他方式轉變後，依然有能力造成核汙染[50]。

目前世界各國皆害怕恐怖組織獲得核武，一旦獲得該武力，一般國家反而成為被威脅的對象，其威脅程度不得不重視，也迫使當今國際社會都以防止核武擴散視為議題探討的焦點。

（三）檢討

原子彈、氫彈、彈道飛彈、長程轟炸機和戰略潛艦出現後，使核武於國際關係領域中所引申之意涵在於，其爆炸威力、輻射感染之特性與載具的投射能力遠超越了以往所有的武器，造成一種全新的運作程序和思維模式出現。核武戰略本身包含了許多關於軍事、經濟、心

---

48 Frank Barnaby, op. cit. p.124.

49 Zia Mian, Arend Meerburg, and Frank Von Hippel, “Scope and Verification of a Fissile Materail (Cut) Treaty”, Interational Panel on Fissile Materails Conference on Disarmament, Geneva, 21August 2009.

50 Frank Barnaby, op. cit. p.124.

理等因素存在，甚至如何找尋適當防禦的能力也是極為深入的問題，諸如此類的面向加深了該理論之複雜性[51]。

因核武戰略難以定義一個明確的行為準則，不過探討中等核武國家的情形時，仍可以從中整匯出共同的發展主軸，英法兩國發展核武的戰略目標，都強調獨立防務的能力，藉由核武表達國家主權與安全不可侵犯性。從冷戰時期將蘇聯視為主要打擊對象的傳統，轉變為後冷戰時期尋求自保的一種途徑，不以特定對象為假想敵，但以運用核武來嚇阻潛在威脅對象，持續傳達發動攻擊將面臨無法承受損害之訊息，仍然是英法所使用核嚇阻的基本動機[52]。國際無政府狀態（anarchy）所形塑的不穩定態勢，導致中等核武國家有其現實考量，為符合國家的安全利益，以及不完全信任集體安全的合作機制，塑造出中等核武國家發展核武並擁有其打擊方式的關鍵動機，且無論是在兩極亦或是多極體系，此等原則並未受到本質上的變動，真正造成影響的仍是不明確的國際社會，擁有大規模毀滅力量的核武，反而是國家獲得真正和平與穩定之憑藉[53]。

---

51 Andre Beaufre，《戰略緒論》，頁 97-99。

52 Geoffrey Kemp, "Nuclear Forces for Medium Powers: Part II and III: Strategic Requirements and Options", Nuclear Warfare and Deterrence, New York: Routledge, 2006,, p.226.

53 Avery Goldstein, "Deterrence and Security in the 21st century", Stanford: Stanford University Press, 2000, p.24.

第三章　英法核武政策與戰略思想

在論述英法核武發展知沿革以前，先探討一個國家的戰略思想、發展動機或政策是必要的，此舉可解釋該國的戰略文化與核武發展的相互關係。第一節先論述與核武相關的重要思想；第二節為發展核武之動機；最後第三節則研究核武政策的轉變與變遷。

第一節　核武的重要思想

英國與法國在發展核武前都有重要的內部推力，雙方皆有重要核武思想的推動者。本節以英國與法國的重要思想作各別論述。

一、英國的主體觀點

邱吉爾首相是英國早期核武發展的重要啟蒙者。邱氏於大戰期間便已致力於與美國發展雙邊關係，尤其大戰如火如荼進行中，深怕原子彈技術會由德國搶先獲取[1]，便於 1942 年 6 月前往華府，與羅斯福（Franklin D. Roosevelt，任期 1933-1945 年）商研兩國合作開發原子彈的議題。要求內容包括資訊與技術互享，也提及興建核設施等方案，但這次會面沒有簽署任何文件或協議，面談結果也未能讓邱吉爾

---

[1] George Giles, The Evolution of British Nuclear Strategy, Doctrine, and Force Posture, "Minimum Nuclear Deterrence Research", USA: SAIC Strategic Groups, May 15 2003, p.II-4.

達成此行最重要之目的。儘管如此，面對原子彈開發的議題，英國始終保持較積極的態度，甚至讓美國人對英國人的動機感到懷疑，認為英國人如此熱衷原子彈，是因為它可以讓英國於戰後再度登上強國之林。而事實上邱吉爾也認為有了核武，英國要涉入一些國際事務便不再需要事事都看美國人臉色[2]。因此，在未放棄促動英美合作關係的堅持下，隔年邱吉爾再度派遣代表赴美，最後達成了著名的「魁北克協議」(Quebec Agreement)。協議當中兩國針對不會互相使用原子彈，或必須經由雙方同意始能對第三國使用原子彈等諸多條件達成共識後，1943 年 8 月邱吉爾正式簽署了這項協議，雖然日後美國又斷然否定了「魁北克協議」，抹煞了英國之貢獻與研究，但這些努力依舊奠定了英美密不可分的發展關係與基礎[3]。

二戰結束後短短五年後，又在亞洲爆發了為時三年的韓戰。該戰役給了西方國家相當大的衝擊，共產國家所展現的作戰能力給了英美等國一記當頭棒喝，也讓英國深怕未來會再遭遇一場東西陣營的大規模衝突。自從蘇聯擁有核武之後，歐洲再武裝與裝配核子武器之動作顯得更加緊迫。1951 年邱吉爾二度獲選為首相，該政府立刻面臨到國防經費不足的問題，國力正在恢復的英國，必須將更多的財力投注在重建經濟與社會層面。但他也明確表示，核武發展是勢在必行之舉，且有未雨綢繆的作用。對西方盟國來說，核武是相當重要的。同時也召集了參謀首長與三軍將領，議論國際情勢與核武發展的實用性。會議的結論是，核子武器與戰略空軍的發展將是抵抗大規模傳統武力的最佳途徑。為了要抗蘇聯，西方國家必須要讓蘇聯認知到，入

2 Ibid, p.II-9.
3 Los Alamos: Britain and the Bomb, "Why did the British, who originally devised the concept of an atomic bomb, opt out of the project?", http://stewy6.tripod.com/atomic/britain.htm (accessed Dec 21 2009).

侵西歐之結果將導致不但會被擊退，且必定會遭受核武報復。1952 年，邱吉爾遂宣布將核武計畫列為國防之首，並降低傳統武力經費上的開支。他也強調：「人類走向自我毀滅之路將不會停止，這就是現在的安全局勢。」政府雖然針對兩個超強國家可能因使用該武器，而造成互相毀滅的結果感到恐懼，但英國仍認為，發展核武是為了避免戰爭，是一種嚇阻的作用，並非要自取滅亡[4]。

原子彈尚未問世以前的二次大戰期間，羅斯福總統任內未曾思考到原子彈在戰爭中的實用性，而是以外交用途作為未來發展之焦點。不過，不同於後來的情勢發展，羅斯福並沒有將蘇聯或共產黨視為未來的假想敵，而是與一次大戰後的威爾遜總統（Woodrow Wilson，任期 1913-1921 年）一樣，希望戰後的美蘇能維持盟友關係，並建立新的國際組織，讓兩國重整新的國際秩序或和平。但無論如何，羅斯福都未能來得及實現他的理想或探討原子彈在戰後的功能便與世長辭。相反的是，邱吉爾構思較為保守，他極為重視原子彈之功用，不僅主張將原子彈投擲於日本、以迅速終結這場漫長的大戰外；也曾建議羅斯福總統，核子武器將會是英美兩國於戰後對抗蘇聯的重要利器，這種觀點不僅與羅斯福大相逕庭，更促成了日後英美之間長久合作之開端。此外，邱吉爾也相信，軍事力量的提升將會是戰後一項重要且必須要面對的議題[5]。自核融合技術問世後，1954 年 7 月邱吉爾又於國會中積極說服眾人支持發展這項更為強大的武器，他表示：「除非獲取這項新的技術，否則我們不能期待自己繼續維持世界強國的影

[4] Tom Milne, British Nuclear Policy, “The British Nuclear Weapons Programme 1952-2002”, London: Frank Cass Publishers, 2003, p.14.

[5] Martin J. Sherwin, “The Atomic Bomb and the Origins of the Cold War”, http://coursesa.matrix.msu.edu/~hst203/readings/sherwin.html (accessed Dec 21 2009).

響力[6]。」邱吉爾並非英美走入核武俱樂部的唯一提倡者，但這當中的意義在於，他不僅是英美原子彈產生過程中重要且積極的關鍵者之一，同時也具備了長遠的戰略眼光。

二、法國的代表思想

依據英國學者費里德曼（Lawrence Freedman）於「核戰略的演變」（The Evolution of Nuclear Strategy）一書中之研究，冷戰時期引起法國萌生核武獨立思維者有三位重要人物，分別為加盧瓦（Pierre Gallois）、薄富爾（André Beaufre）與戴高樂。三者各別提出過重要的觀點，包括「發展比列嚇阻能力」、「建立多邊和力量」和「獨立自主和大國原則」。

（一）發展比嚇阻阻能力

該思想的提倡者是加盧瓦將軍。其認為，擁核國家的好處在於，只要我方的核報復力量能免於敵方的摧毀情況下，一個擁有核武的國家便能達成「自我保護」（self-protection）的效果；而不具備核武的國家便只能依靠擁核國家的保護而加入聯盟。1956 年，加盧瓦便堅定地認為西歐國家的傳統武力是很脆弱的，他憂心民主國家緩慢的決策程序將會拖延了反擊的時機，因此，盟國應該要展現出壯士斷腕的決心，使用核子武器來報復侵略者是刻不容緩的。1960 年，加盧瓦出書質疑當時北約核嚇阻能力的可信度。內容表示，美國不僅使用核武報復的可能性降低，更批判西方國家使用核子武器的意

6　George Giles, op. cit., p.II-8.

志不夠堅定[7]，儘管可信度之議題本身有許多爭議性存在，但在沒有真正爆發核戰的前例可循之下。加盧瓦強調，核嚇阻的政治效應該大於它的實用性[8]，北約必須展現更強硬的立場來維護自己的安全，如此便能夠解決所有的軍事問題。

雖然單一民族國家比起聯盟而言有較高度的自主性，可以避開繁雜的決策程序。但是基於力量較弱小之故，要如何給予潛在侵略者足夠的恐懼感？加盧瓦提出了「比例嚇阻理論」（Proportional Deterrence）。理論的涵義是：「要讓熱核武器與它所保護的利益價值成比例」[9]。言下之意，就是要使強大對手在侵略後所得到的報復與損失，超過了它所能承受的範圍，此乃以小博大的概念。對中等國家而言，最有效的工具便是核子武器[10]。「比例嚇阻原則」的精隨信念在於：「點強大對手的穴」（la dissuasion du faible au fort）。舉例而言，1966 年法國空軍具備了幻象 VI 式戰機與空中加油機，使法國空軍的核打擊範圍可以超過上千公里，核武器的威力也可達到相當於 150 枚廣島原子彈之威力，足夠對蘇聯造成相當程度上之損害，雖然無法達到同等於美蘇兩國的強大破壞力，但也足以嚇阻潛在侵略者不可輕舉妄動[11]。該理論後來也衍生為法國的「以弱擊強嚇阻戰略」（deterrence of the strong by the weak）。

---

7 Lawrence Freedman, "The Evolution of Nuclear Strategy", London: macmillan, 2003, p.299-300.

8 Lawrence Freedman, "The Rational Medium-Sized Deterrecne Forces", London: Royal Institute of International Affairs, 1980, p.48.

9 Lawrence Freedman, "The Evolution of Nuclear Strategy", op. cit., p.301-302.

10 Panayiotis Ifestos, "Nuclear Strategy and European Security Dilemmas: towards an autonomous European defence system", USA: Avebury, 1988, p.276.

11 David S. Yost, "France's Deterrent Posture and Security in Europe Part I: Capabilities and Doctrine", London: International Institute of Strategic Studies, 1984, p.14.

加盧瓦曾批判，美國將歐洲的安全列為次要利益，因此必要的時候可能會犧牲歐洲，但是西歐民主國家則將此利益列為首要，若美國不願提供核報復之絕對保證，歐洲僅能自求多福或是依靠自己的能力。為此，他也提出了分散歐洲國家核武的建議，要迫使蘇聯的入侵行動必須冒著極大的風險來進行。該想法獲得了當時西德的強力支持，因為西德是冷戰時期最可能在東西衝突中首當其衝的目標。但這種建言因 1954 年巴黎協議（Paris Agreement）西德加入北約、接受重新武裝、英美的軍備限制，以及兩次大戰負面的形象等因素而不告而終[12]。

（二）建立多邊核武力量

同時期的薄富爾未支持加盧瓦的「比例嚇阻理論」，也沒有直接主張是否應該發展核武，但對於分散核子武力、「建立多邊核武力量」（Multilateral Force）的理論，他也提出了類似或間接的看法。事實上，薄富爾在核戰略理論中占有重要的一席之地，他提供了許多核武戰略的特殊見解。以預防性的攻擊為例，薄富爾認為，法國不具有和蘇聯相同質量或數量的核子武器，若以小規模方式打擊對手，便需要先獲得足夠情資，得知對手將要發動攻擊，我方便在以先發制人（preemptive）的方式使敵方承受慘重的損失。雖然這種形式的戰略也充滿缺失。例如無法事先獲知敵國之動機，或是能否有效消滅所有的軍事目標都充滿了疑問[13]。不過該項思維也為法國使用核武的準則提供了重要的參考。薄富爾認為，事實上，核子武器的質

---

[12] Lawrence Freedman, “The Rational Medium-Sized Deterrecne Forces”, op. cit., p.48.

[13] André Baufre 著，鈕先鍾譯，《戰略緒論》，（台北：麥田，1996），頁 102。

量與數量都不及對政治或心理影響來得重要，核武的使用方式總是充滿缺陷，無論如何運用都無法盡善其美，其真正影響力乃在於政治效應。核武讓雙邊國家都該認知到，貿然發動戰爭可能引發無法挽救之危險。同時，薄富爾認為聯盟之作用在於強化核嚇阻的力量，「多邊核力量」確實可以讓敵對國家產生更多的疑慮與恐懼，也讓我方陣營可得以分散風險，應該採用這種方法來讓敵人感到我方決策難以捉摸。因此，為了要能夠建立多種嚇阻力量，就必須要建立較多的決策中心。

基於這種理論，薄富爾認為，北約欲達到有效安全環境，就必須增強內部的團結，多讓幾個國家也具有核武打擊能力，進而達到多邊嚇阻的效力[14]。而該想法也促成了法國或其他歐洲國家開始追求核武。

（三）獨立自主與大國原則

該說法是由戴高樂所提出，也是當今法國政治傳統之精隨。受到生長環境與家庭影響，使戴高樂除了有自負與專權的特性之外，更有一股強烈的愛國心，其思想於法國政治史上有著極為重要且不可取代之地位，該政治主張也成為了法國第五共和總統重要的政策指標，至今仍未受到改變或其他立場的挑戰。戴高樂主義也是法國核武政策的重要方針，歷任的政府無不以他的思想與認知為奉行的圭臬。其主體包括：首先，戴高樂不斷強調，法國擁有輝煌之過去與光榮的歷史地位，她有獨特之特質可以發揚至全世界。戴高樂所塑造的政治環境，使法國被視為一個民族國家，藉由這種強調傳統與民族信心的方式，

[14] Lawrence Freeman, “The Evolution of Nuclear Strategy”, op. cit., pp.302-304.

進而團結了內部的向心力，可促成國家內部產生出特有的政治文化，進而達到國家整體社會，對於某種利益之追求有著高度的認同感與共識；其次，法國也可以藉由其所謂偉大的大國地位，向其他國家擴展其價值觀，更可建立其國際威望；其三，戴高樂並不認同冷戰兩極體系的國際環境中，國家必須選邊依靠的情況，也懷疑聯盟可以維護國家安全或利益之可信度。因此，戴高樂執政時不贊成法國加入「歐洲經濟共同體」；最後，他認為法國在美蘇之間是扮演著平衡者（equalizer）的角色，無論是共產主義或資本主義世界，法國皆不主張以任何陣營為假想敵[15]。法國的外交政策是以國家本身的利益與地位為考量，不需要依靠任何國家或陣營，而支持戴高樂主義所需之重要工具，便是問世不久、具有強大毀滅力量的核子武器。事實上，法國的核武戰略思想比核武出現的時間要更早，是先以核武戰略發展出所需的武器系統，並非武器系統造就了核武戰略，該現象也和戴高樂有極大的關係。

1930年代，戴高樂已構思出原子彈出現後所具備的效應。1934年他出版「邁向現代化軍隊」（Vers l'armee de métier）一書，內容發表了法國應發展出所謂的「打擊武力」（Force de Frappe），目的除了協助盟國快速打擊敵軍之外，更可在遭受攻擊後抵抗外侮，並主張未來法國需要這種武器，但受到財政吃緊之影響，戴高樂口中的超級武器未能立即實現[16]。但該名詞後來由法國人引用為現代的核武部隊之總稱。1958年掌權後，戴高樂便有機會將加盧瓦等人之觀點付諸於行動[17]。他執政後便開始主張，法國要獲得世界大國應有的

---

[15] Andrian Treacher, “French Interventionism”, England: Ashgate Publishing Limited, 2003, p.26-27.

[16] Jolyon Howorth & Patricia Chilton, “Defence and Dissent in Contemporary France”, New York: St. Martins Press, 2001, p.30.

[17] Beatrice Heuser, “NATO, Britain, France and the FRG: Nuclear Strategies and

地位與尊重，同時也要求共享主導北約決策的權利，雖然最終遭到英美兩國的同時拒絕，也為法國與英美之間埋下了許多衝突點。對此，戴高樂轉向強化法國在第三世界中的影響力，尤其是過去從法屬殖民地獨立的非洲國家。此外，在東西政治局勢陷入僵局的冷戰時代，戴高樂也積極地增加法國在東歐國家之影響力，其政治理想是使歐洲大陸成為美蘇以外的第三極勢力，而法國就是歐洲國家中的「大戰略發言者」(supreme strategic spokesman)。同時，法國也否決了美國所謂的「多邊核力量」思維，不願意使用美國人的核武，以及拒絕讓英國成為「歐洲共同體」(European Community, EC) 成員國，因為戴高樂視英國為美國介入西歐事務的橋樑。種種的作為皆使戴高樂與其思想追隨者皆相信，不論國家的力量大或小，只要擁有核子武器便能夠突破國家傳統力量上的不平衡，更甚者，核子武器被視為國家民族的榮耀與大國地位之象徵，有了它，甚至要挑戰超級強權也不再是個問題。因此，戴高樂重掌政權之後，法國的核發展進程也隨之加速。

當法國的核武研發成功後，戴高樂也主張，這是法國人歷經千辛萬苦所發展出來的超級武器，為了維護法國的主權獨立與民族尊嚴，「核打擊武力」所配備的核子武器不能受控於北約其他國家之控管、指揮與分享。除了不認同美國所主導的北約核戰略之外，更無法接受北約核武器的指揮權由美國人所支配，法國人認為，這已經是嚴重觸犯到國家利益，法國寧願選擇退出北約體系，也不願喪失其國家主權的獨立性，對於美國所提供的核保護傘更感到嗤之以鼻。1966 年法國退出北約後，戴高樂對於批評他的聲浪作出了解釋，表示法國退出北約非激進主義之行徑，並提出說明：「什麼是獨立？

Forces for Europe 1949-2000", London: The Ipswich Book Company Ltd, 1997, p.100-101.

當然不是追求孤立主義或是狹隘的民族主義，一個國家仍可以是聯盟中的一員，像是加入大西洋聯盟那樣……，追求獨立的意義在於，國家對外的態度不能總是抱持著悲天憫人之心。」以顯示法國寧願退出，也不願認同北約當時的核武政策[18]。戴高樂所沿襲下來的政策主張，當中充滿了反美霸權主義與法國自身民族風氣，日後的法國領導者雖然沒有每位都如同戴高樂般的激進，以往法美兩國關係也有許多變化，但戴高樂主義依舊是近代法國領導者所遵守的重要方針[19]。

第二節　發展核武的動機

經過上一節探討兩國內部的重要思想後，英法發展核武的動機還包括其他外部環境的促使。本節也以英國和法國所遇到的困境作區別，以示當時國際環境所造成的影響。

一、英國的動機

除了邱吉爾及其他科學家的極力推動之外，英國早期發展核武的動機也可歸納為兩點：避免戰後遭國際孤立與依賴他國，以及追求國家政治與經濟利益。

---

[18] Marcus R. Young, “France, De Gaulle and NATO: The Pardox of French Security Policy” (Dr. Mary Hampton. Air Command and Staff Collage Air University, 2006), p.6.

[19] Panayiotis Ifestos, op. cit., pp.275-279.

（一）避免孤立或依賴

英國人對北約組織的集體安全作用抱持著正面的態度，但也對於一個新的國際局勢感到不安。兩極體系加深了英國人對美國可能再度回到孤立政策（policy of isolation）路線之疑慮，害怕美國會再度棄歐洲於不顧、並讓蘇聯大軍長驅直入。二戰後的美國終止了對盟國的租借法案，結束對日本的軍事行動後，美軍更將歐陸上的美軍逐步撤回本土或轉往日本進行軍事占領。此起彼時，蘇聯逐漸無視雅爾達與波茨坦會議中之承諾，將其勢力範圍擴展至東歐地區。邱吉爾於 1946 年 3 月 5 日訪問美國期間，於密蘇里州的富爾頓（Fulton）發表了著名的鐵幕（Iron Curtain）演說，表現出英國憂心蘇聯正逐漸壯大的危險性。同年秋天的美國總統大選由杜魯門當選，共和黨也獲得 52 個國會席次，主張美國應從歐洲撤軍的聲浪再度出現。英國自此認知到不能過度依靠盟國提供保護的決心，而加快了鈽元素研究與核工程的腳步[20]。

英國人對歐洲政治事務的傳統是以光榮孤立（splendid isolation）為原則，在蘇聯核威脅的時代裡，維持大規模傳統兵力不再符合英國的利益，原因在於，蘇聯一旦入侵西歐，傳統武力僅能應付較小或突發的狀況，英國最有可能被攻擊的方式是以彈道飛彈或空中攻擊，而非陸軍或海軍。對英國來說，要阻止侵略的方法無不是倚靠核武作為最後的屏障。但是這項思維與美國背道而馳，英國發展核武初期美國既不希望歐洲有核武國家出現，甚至進入北約體系之中，美國依舊要求歐洲國家發展較具規模的傳統武力以應變不同層級的威脅[21]；英國

---

[20] Ashton B. Carter & David N. Schwartz, “Ballistic Missile Defense”, Washington D.C: The Bookings Institution press 1984, p.45-46.

[21] Avery Goldstein. “Deterrence and Security in the 21st Century: China, Britain,

在參與美國的「統一作戰行動計畫」時，也因對蘇聯目標重要性之輕重觀點不同，導致雙方曾經發生過作戰計畫上的分歧[22]，這些因素都造成英國對美國有過潛在的不信任感，並逐漸演變成英國堅持在任何情況下都要擁有核武的決心。

（二）追求國家之利益

追求國家利益是每個核武國家發展核武所具備的共識，而經濟與政治因素皆為英國發展核武的重要動機。以經濟層面來看，二次大戰後的英國正逢重振經濟的議題，1945 年國防預算仍有 47 億英鎊，但隔年卻下滑到 21 億，1950 年更只有 10 億元，該問題直到 1970 年代後才逐漸獲得改善[23]。顯示國家所需要的國防經費非常有限，難以維持傳統武力所需的財政支出之外，甚至需要更多經費填補國家其他方面的發展，而核子武器的出現正好彌補了國防力量的空缺，當非軍事預算壓縮到軍事預算的情形發生後，英國內部不論保守黨或工黨皆認為，以核武為發展重點可以將有限的經費花在刀口上，不失為一項經濟實惠的選擇，而在 1960 年代冷戰高峰的同時，英國民眾也對保有核武的議題有較高的支持度；從政治層面來看，核武不僅可提升國防力量，更可讓英國重新獲得國際強權的地位，進而可維護自己的安全利益，也可以保障歐洲之權益。面對資源與領土都有強大優勢的蘇

France and Enduring Legacy of Nuclear Revolution", Stanford: Stanford University Press, 2000, p.154-158.

[22] Franklin C. Misller, "Former U.S Special Assistance to the President for Defense Policy and Arms Control"in Jenifer Mackby and Paul Cornish (ed.), U.S.-UK Nuclear cooperationafter 50 years, Washingtion D.C.: Center for Strategic & International Studies, 2008, pp.302-304.

[23] Ukpublicspending.com.uk, "Numbers", http://www.ukpublicspending.co.uk/uk_defence_spending _30.html#ukgs302 (accessed May 4 2010)

聯，英國更可利用核武威脅蘇聯人口密度高之城市或工業重鎮，無疑是最佳的嚇阻力量[24]。1948 年，邱吉爾也發表了英國在戰後尋求發展核武之觀點：首先，英國的全體國民與國家生存為首要利益；其次，致力於維持與美國和北大西洋聯盟國家的特殊關係；最後，身為歐洲國家之成員，以權力平衡為基礎，並持續維護其傳統，使英國作為一個歐洲穩定者（stablizer）的角色。而平衡者的角色自居，也就象徵獨立核武是英國重要的國家利益[25]。

二、法國的動機

除了內部戰略學者與政治家促使法國產生發展核武的動機外，法國決心脫離美國核保護傘或依賴聯盟防衛，乃是國際社會所形塑的外部因素、加深了法國對擁有核子武器的堅持。其中美法關係扮演了最關鍵性的角色，法國欲建立出完全獨立自主的核武能力，不惜與美國和北約脫離關係。脫離聯盟束縛後法國也願花費較多軍費在開發核武上，不僅擁有更強大的國防力量之外，法國也藉由核武重拾其民族自信心。綜觀當時的國際情勢來看，造成法國獨立發展核武的動機有三點：與美國核武技術分享衝突、1954 年中南半島軍事行動事件與美法核武指揮權之爭奪。

（一）與美國核武技術分享衝突

與英國相同，法國在二次大戰期間都曾與美國共同研製核武技術，也同樣在最後與美國發生過技術共享上之衝突，最後都僅換得美

24 Ibid, p.150-154.
25 Panayiotis Ifestos, op. cit., p.299-300.

國條件式的支援。對此，英國與法國有不一樣的態度，法國採取的路線是自主獨立。1930 年代開始，法國便已在核技術上有初步之成果，以居里（Fédéric Joliot-Curie）為首的科學家為法國核分裂技術之研究先驅。而隨著二次大戰爆發，這些科學家也前往英國與加拿大持續其研究，並合作開發原子彈。但當美國政府發現居里與共產黨有所關係之後，便排除了所有與法國相關的技術合作，種下了日後美法關係分裂的種子[26]。

戰後第四共和政府成立了「原子能委員會」（Commissariat à l'Energie Atomique, CEA）以管理民用與軍用核技術，目的與美蘇英不同，法國最初研究核能科技是以民用為主。到了 1950 年代，與美國之間核技術互享衝突浮上檯面後，該機構便逐漸轉向研究軍用核子技術，以自行研發的方式向美方抗議。與中國或英國相同，法國研發核武的目的都是要避免核武大國的軍事威脅而選擇的自保之路，同時也對所屬陣營中的核武強權抱持著不信任的態度，處在一個高危險的核武世代與國際無政府狀態的環境之中，中等軍事強國都認為，只要是在理性的情況下，發展核武皆為一種可接受的事實。

法國研製核武技術有突破性成果後，美國總統艾森豪（Dwight D. Eisenhower，任期 1953-1961 年）與英國首相麥克米朗（Harold Macmillan，任期 1957-1963 年）提議美英法三國建立共同的核武戰略，戴樂高則提出共享核武技術或科技，以及聯合指揮體系之要求，讓法國也能使用英美的核武。但法國所提出的條件從艾森豪總統到甘迺迪總統（John F. Kennedy，任期 1961-1963 年）皆一概否決。對於英美的不妥協態度，戴高樂也認真體會到要作出激烈的反應，以示法國追求獨立核武的堅持。為了達到這項利益，1959 戴高樂於軍校

---

[26] David N. Schuwartz, "NATO's Nuclear Dilemma", Washington D.C: The Booking Institution, 1983, p.36.

（École Militaire）演講中表示，會不惜以退出北約、獨立發展核武的方式，藉此表達對英美霸權主義的抗議。1960 年秋天，戴高樂再以強硬的態度與其總統之權力，要求國民議會通過第一階段的軍事程序法，讓法國正式開始組建自己的核嚇阻力量[27]。在北約戰略體系當中，美國所主張的北約核力量是讓盟國可使用美國所擁有的核武，美國依舊是聯盟單一核力量的擁有者與倚靠，而非讓其他國家建立獨立的核力量，這些也引起過歐洲盟國之批判，其中以法國的呼聲最高，也導致民族自信心強烈的法國人最後選擇脫離聯盟，以獨善其身的方式尋求其利益之道[28]。

（二）1954 年中南半島軍事行動

1954 年的越南戰爭是法國在二次大戰後所受到的一次重大失敗，也使法國國際地位和美法關係產生了重大的轉變。在這場戰爭中，法國與美國之間表達了明顯不同的立場，法國也從中得到醒悟。著名的奠邊府（Dien Bien Phu）戰役中，法軍遭到越南民族解放軍伏擊，最後導致了一場嚴重的軍事挫敗，法國以一個殖民母國遭到殖民地擊敗，並同意其獨立。這次失敗又再度讓法國軍民對二次大戰所受到的慘痛教訓產生了恐懼，法國人憂心殖民地的喪失會導致一連串的骨牌效應，其他殖民地也將會以革命的方式來尋求獨立，進而瓦解了法國的民族自信心。大戰過後，法國需要的是讓國力恢復元氣，而傳

---

[27] Wilfrid L. Kohl, “The French Nuclear Deterrence, “The Atlantic Community” Reappraise, New York: The Academy of Political Science Vol. 29, No. 2, 1968, p.82-83.

[28] Raymond H. Dawson, “What Kind of NATO Nuclear Force? ”, Annals of the American Academy of Political and Social Science, Vol. 351, The Changing Cold War, Jan. 1964, USA: Sage Publications, Inc, pp.30-33.

統殖民地的援助對法國而言是相當重要之元素，也解釋為何法國不願喪失殖民地的理由，該動機與美國介入越戰是為了防止共黨滲透有明顯的差異。而雖然美國本身也憂慮民族自決後的中南半島會成為共產主義趁虛而入的目標。然而，美國雖然在一開始支持法國的軍事行動，但胡志明政府已接受中共的支援，對於剛結束韓戰的美國來說有相當大的威懾感。美國不願出面支援的結果導致法國在一次重要的時刻吃了一次閉門羹[29]。

奠邊府是個位於越南西北邊的交通要道，由於部有重兵的法軍嚴重低估了民族解放軍的實力，也沒有預測到該部隊得到了中共的支援，經過長時間的作戰之後，法軍在越戰中逐漸不堪消耗，甚至最後有美國要求撤軍的壓力。在該戰役期間，擁有優勢武力的法軍最後遭到越南民族解放軍擊潰，法軍曾向美軍請求空中支援，但美國卻拒絕請求。美國總統艾森豪與國務卿杜勒斯認為中南半島之局勢未直接威脅到美國，且深怕韓戰之後又再度在亞洲地區陷入另一場衝突之中。除此之外，美國雖然私底下支持法國的政治立場，但反殖民主義對美國的形象而言是有利的，在二次大戰後民族自決風氣高漲的情勢下，美國寧願失去中南半島，也不願在外交上採取親殖民主義的立場[30]。儘管美國也透過其他國家和管道來協助法國，並認為利用外交方式與日內瓦會議（Geneva Conference）來解決越南戰爭，便可防止共產黨的滲透與殖民主義的擴散，但一廂情願之結果導致了法國孤獨地在越南嚐到敗果。作戰期間法國也曾求助於英國，不過，英國也認為出兵援助將導致中共與蘇聯也介入戰局，如此將使戰事擴大。諸如以上事件都讓法國感受到兩個重要盟國對她的背離感，也認知到國際環境的

---

[29] Avery Goldstein, op. cit., pp.186-187.

[30] Henry Kissinger 著，林添貴、顧淑馨譯，《大外交（下）》，（台北：智庫文化，1998），頁 853-854。

現實。因此發展核武的決議也更進一步明確。法國在 1954-55 年間加速原子彈開發的進度；以及 1955-56 年間，投注更多的國防經費發展原子彈[31]。諸多動作皆顯示奠邊府的經驗使法國受到了相當程度上的挫折與刺激。不樂見中南半島遭赤化，也解釋為何美國會在法國退出越南後，取而代之並介入該區域。這當中所表達的訊息是，即使美國當局重視蘇聯對歐陸之核威脅遠高於其他地區，但越南的挫敗卻已經給予巴黎方面相當大的震撼與失望[32]。

（三）美法戰略與指揮權之爭奪

在美國主導下，北約是大西洋與西歐國家於戰後所建構的集體安全組織，而美國的核保護傘也為歐洲提供了主要的嚇阻力量。其他歐洲國家，包括英法在內，就如同共產陣營的中共，最初也是依靠聯盟中的超級強權。但隨著時間發展，法國從不滿美國不願分享核技術開始，進一步質疑核保護傘的可信度，最後引起美法在北約中的許多衝突，更因為法國不願將北約聯盟中核武指揮權交到美國人手上，憤而退出該組織以示抗議。

美國始終主張英法軍事力量應納入北約的軍事體系之下，但法國也總是拒絕接受。1962 年拿騷協議簽定後，英國讓步的行為在法國眼中看來，是喪失了核武自主性的作法，並將歐洲的安全事務交給了美國人。法國人認為，美國的如意算盤是不希望英法皆擁有核武，無力阻止兩國先後獲得核武後，才選擇用共管核武的方式，迫使英法的核武指揮權也一併交出，以便美國可將北約內部的所有核武進行全面性統合。事實上，法國退出北約並非不滿意或不信任北

[31] David S. Yost, op. cit., p.4.

[32] Avery Goldstein, op. cit., pp.187-189.

約提供的防禦能力，而是不願讓出自己核武控制與指揮權[33]，法國強調歐洲的安全事務應該要由歐洲人來管理。不過實際上，法國真正的目的是希望長期以來由美英所主導的北約龍頭地位至少讓法國人也能共享一杯羹[34]。

雖然法國也曾考慮過「雙鑰」（dual-key）方式來管理核武器，但最後仍認為這樣只會降低使用核武報復的可信度，這對民族自尊心強烈的法國人來說，是相當難以忍受的情況。法國始終強調脫離美國發展核武戰略不僅是獨立性很重要，同時也是向美國所指導的北約整體戰略方針作明顯劃分，而除了不願讓出自己核武指揮權之外，法國實際上也不希望其他國家有使用其核武的機會。1990 年的北約高峰會密特朗總統（François Mitterrand，任期 1981-1994 年）很明白地表示：「法國昨天不會、今天也不會對盟國分享她的核武指揮權……，擁有核嚇阻能力是為了要避免戰爭，而非贏得戰爭。」

此外，法國也不滿美國在歐洲遭受攻擊時仍遲疑使用核武的態度，並強調一旦歐洲遭入侵這種情況發生，使用核武的迫切性無庸置疑，即使只有傳統武力的侵略，北約核武國家也應該要立即展開核武反擊，唯有採取強硬態度，才能迫使敵方不敢輕舉妄動，進而達到核嚇阻的真正效果。法國始終都希望能夠成為歐洲安全的領導者但事與願違的是，美國的核保護傘仍是西歐國家最強大、也最能令盟國倚靠的安全屏障。這造成了一山不容二虎、法國必須脫離北約並獨自發展核武的結果[35]。

---

[33] Manuel Lafont Rapnouil and Julianne Smith, "NATO and France", Washington D.C: CSIS, 2006, p.1.

[34] 常想、張紳，〈法國的新核武政策與重返北約問題〉《軍事連線》，第 9 期，（2009 年 3 月），頁 105。

[35] John C. Hopkins & Wexing Wu, "Strategic Views from the Second Tiers", New Jersey: Rutgers University, 1995, p.27.

三、共同的遭遇——1956 年蘇彝士運河危機

蘇彝士運河危機（Suez Crisis）被認為是法國決定脫離美國核保護傘的最後的關鍵因素，也是最受關注的一次，該次區域戰爭與外交事件也同樣使英國對核武發展產生新的認知，但英國選擇向美國靠攏；法國則正式在該事件後宣告與美國的合作關係破裂，成為壓死寄望於美國提供核保護的最後一顆稻草。越南的失敗給予法國注入了強心針，法國所關心殖民地響應獨立的狀況也接連發生，與法國利益相關的阿爾及利亞也發生了動亂。1954 年 11 月 26 日，新總理孟戴斯－弗朗斯（Pierre Mendes-France）上任後，立即將核武開發的議題提交國會，該決議讓「原子能委員會」得到了研究原子彈的龐大經費；而陸軍也立刻組成了「核武專業研究局」（Bureau of General Studies）。但核武之進程仍僅侷限於研究層面，尚未進入正式開發。然而，經歷蘇彝士運河危機之後，法國明確體會到，在利益不同情況下，不可將攸關國家安全之重大利益託付給美國的事實，並認為擁有核武已是刻不容緩的議題[36]。

英國與埃及政府於十九世紀中建造了蘇彝士運河，連接印度洋、紅海與地中海，1869 年啟用後，便作為中東與歐洲國家重要的貿易與石油運輸線[37]。1952 年，英國在埃及的地位受到動搖，由納瑟上校（Col. Gamal Abdel Nasser）主導的反殖民主義運動與推崇民族主義之團體推翻了腐敗的法魯克國王（King Farouk），成為新的埃及領袖。納瑟崛起之後以反以色列與驅逐英、法在中東地區的勢力為目標。1956 年 7 月 26 日，埃及政府宣布收回蘇彝士運河的所有權，並打算藉由未來所獲取之經費建造亞斯文水壩（Aswan Dam），此舉不僅引起英國之震怒，

---

[36] Ashton B. Carter & David N. Schwartz, op. cit., p.71.

[37] THOMAS C. Reed and Danny B. Stillman, "The Nuclear Express: A political history of the bomb and its proliferation", USA: Zenith Press, 2009, p.71.

更讓英法同仇敵愾，因納瑟更接受阿爾及利亞叛軍之援助，向法國在阿爾及利亞的利益挑釁，試圖掀起阿拉伯國家的反西方情緒。

雙方政治角力的過程中，美國的立場顯得十分矛盾，美國一方面政府支持埃及興建亞斯文水壩的決定。然而，納瑟卻接受了蘇聯的援助，另一方面又讓美國甚為不滿，認為埃及將引導蘇聯勢力伸入中東，便終止了興建亞斯文水壩的援助以示報復。但在這場衝突之中，美國事實上還是樂見蘇彝士運河歸埃及所有，這當中所隱藏的政治利益是，埃及也和越南一樣打著反殖民主義的旗幟，一向倡導自由民主的美國勢必需要支持這樣的立場，同時更不願意和蘇聯正面對峙。而利益已經受到嚴重威脅的英法兩國卻感到不以為然，認為失去運河不僅導致西方最重要的石油運輸路線受到了他國控制之外，更指出這場殖民主義的成功會再引起更嚴重的連鎖效應，讓其他世界上的殖民地國家隨之效仿。美國並未受到這次危機的直接衝擊，仍認為透過聯合國的協調方式比動武解決更恰當。因此美國最後並不贊成英法出兵；英、法則不信任聯合國能夠解決此次事件，尋求艾森豪政府協助無果之際，英、法便轉向尋求以色列協助，而以色列也欲藉此行動對阿拉伯國家一勞永逸[38]。

1956 年 10 月，以色列成功占領了西奈半島後，卻未料國際焦點導向支持埃及，開始讓三國感受強大的政治壓力，完全讓英法沒有獲取勝利的滋味。1958 年 11 月 5 日，蘇聯出面警告英法，將不惜以動用核武援助埃及的方式威脅兩國撤兵，同時，也藉這次事件轉移目光，將蘇聯入侵匈牙利[39]一事淡化，轉向批判西方國家的帝國主義行

---

[38] Avery Goldstein, op. cit., p.162-163.

[39] 匈牙利因二次大戰後東蘇聯占領東歐之故而成為共產陣營之一。1949 年成立親共政府，就如同其他共黨國家一般，匈牙利政府也開始對國內施行高壓統治。1956 年 2 月，蘇共 20 大全面批判史達林後，導致共黨國家內部發生變動。10 月匈牙利便以學生運動與反政府組織組成革命團體並展開示威，以開放民

徑，使國際輿論的矛頭指向英法。而美國政府為了穩定情勢，不僅未出面援助英法，更利用經濟壓力的方式迫使英法必須撤軍。儘管英國不滿的情緒比法國更強烈，但仍不得不採取低姿態放棄戰爭；而眼見各方壓力的到來，英國又率先退出戰局，法國最後也在孤立無援之下宣布停火。蘇彝士運河危機使法國深刻體會到，過度依賴美國的結果反而喪失自己的利益。而英法於戰爭中的損失更是相當慘重，不僅失去了運河控制權、重要石油生命線、金錢、人員與裝備，兩國在中東地區的威望也因這場戰爭而受損，甚至動搖了國內政局的穩定。

和兩者相比，美國的際遇不同，因為這場戰爭的結果損失並不大。一方面是因為美國不支持殖民主義而獲取了國際正面的評價；另一方面是美國的經濟損失並不多；而最後，阿拉伯國家沒有如預期所想的傾向蘇聯陣營。由此觀之，美國甚至可算是獲益者。甚至在危機之後，美國國務卿季辛吉（Henry Kssinger）認為失敗的結果是英法自取其辱[40]。而英法則感受到美國的現實面，認為美國事實上就像 50 年代處理兩岸關係一般，是可以自由選擇是否協助盟國的安全[41]。在從二結束至冷戰劍拔弩張之期間，長期以來法國懷疑美國保護傘不可

主化與蘇軍撤離為訴求。再加上當時農業欠受與經濟不振，示威群眾迅速集結到 200 萬人，秘密警察於是以武力鎮壓示威行動，革命最後引發流血衝突。人民則向軍火工廠取得武器，並以汽油彈攻擊坦克或警車，最後蘇聯政府同意撤軍到布達佩斯郊區，並扶植納吉．伊姆雷（Nagy Imre）為新任總理，納吉上任即宣布將退出華沙公約組織，欲以中立國的方式建立新的政體，但也立刻引起蘇聯不滿，進而再度揮軍攻入布達佩斯。在這場衝突中最後造成 2500 名平民與 700 名蘇軍士兵死亡，成千上萬的示威群眾入獄或逃難至西方。納吉則逃至羅馬尼亞，但隨後遭到逮捕處決。當時英法正忙於處理蘇彝士運河危機，無暇插手這場革命，革命最後未能達成目的且以流血方式結束。參見：William R. Patterson, “The Hungarian Revolution”, ODU Model United Nations Conference, 11-14 February 2009, p.1-2.

[40] Henry Kissinger 著，《大外交（下）》，頁 725。

[41] Avery Goldstein, op. cit., pp.164-166.

信的立場已得到了最有力之佐證。其結論便是，美國不是可靠的盟友，法國必須尋求夠自保之路。接下來的發展唯有脫離美國保護與限制，始能真正獲得國家安全與利益之保障；而英國雖然也受到了影響，但因為自知無法獨立對抗蘇聯，最後選擇更向美國靠攏。

第三節　英法核武政策的變遷

本節以英法兩國的核武政策發展為主軸，除了核武本身的演進之外，政策的改變乃最重要的議題。第一部分為英國冷戰至今政策之沿革；第二部分則研究法國重要的核武戰略。

一、戰略文化的研究與探討

戰略文化一詞最早是史奈德（Jack Snyder）在 1977 年的研究報告中提出，其定義是將理念的總和、情緒之反應和國家社群對戰略所分享出的慣性行為作結合，範圍還包含了歷史經驗、地緣環境和政治文化等，這些都是影響戰略文化走向的關鍵[42]。再者，戰略文化為影響一個國家制定政策的要件之一，也是突顯該國特質的具體因素。基歐漢（Robert Keohane）認為，國家行為者和國際政治的互動不會只有行為者的理性選擇，即使領導者經常會綜合大眾利益、了解社會期待和判斷道德觀念等方式來制訂政策，但該國的戰略文化所造成的影

[42] Per M. Martinsen, “The European and Defence Policy (ESDP) – A Strategic Culture in the Making?”, Paper prepared for ECPR Conference Section 17 Europe and Global Security Marburg, 18-21 September 2003, p.2.

響仍非常強大，也可能是改變國家走向之動力，其涵蓋的各種層面包括行為者的利益或價值等，且傳統因素也容易造成領導者追求至高的權力。易言之，行為者的思想運作集合了理性的考量、理想的追求和規範的影響等，因此在研究核武政策演變的過程前，戰略文化是必須先行探討的重點[43]。

嚇阻戰略與戰略文化的結合與探討，在冷戰時期研究兩極體系時是很常見的，美蘇之間的意識形態對立引起許多學者開始研究戰略文化如何造成雙方的衝突與緊張，史耐德以戰略文化的差異來挑戰嚇阻存在主義（Exstentailism），希望能解釋美蘇互相嚇阻的行為；1980年代後，史威德勒（Ann Swidler）、紀爾茲（Clifford Greertz）和帕森斯（Talcort Parsons）等其他社會主義和人類學學者則提出更多的模型，結合了戰略文化與國家行為，並建議以行動戰略（strategies of actions）的方式突破國際僵局。近代研究戰略文化的焦點是國家、流氓國家與非國家行為者之間的對抗關係，強森（Jeannie Johnson）、卡契納（Kerry Kartchner）與拉森（Jeffery Larsen）等學者因而重新定義，此乃透過分享的信念、假設、行為模式、共同經驗、各種團體的關係結合後，並採取適當的途徑來達到安全目標[44]。

受到了地緣環境和歷史經驗兩種原因影響，每個國家的戰略文化都有著極大的差異。例如中國與俄國的歷史文化中就充斥著許多地區性的衝突，兩者又皆為大陸型國家，內憂外患造成兩國人對不安全感總有非常強烈的意識；但歐洲大陸卻不一樣，儘管歐洲種族也相當多元，最後卻形成了許多主權或民族國家，彼此都有自己的

---

[43] Bazen Balamir Coşkun, "Does Strategic Culture Matters? Old Europe, New Europe, and Transatlantic Security", Perceptions, Summer-Autumn 2007, p.74.

[44] Jeffery S. Lantis, "Strategic Culture and Tailroed Deterrence: Bridging the Gap between Theory and Practice", Contempory Security Policy Vol. 30 No. 3, December 2009, p.48-469.

特色，歷史經驗和戰爭的背景更導致現代歐洲人對統合有著相當高度的重視或期待，進而出現了歐盟這類團結性組織[45]。戰略文化的區別可從歷史中的許多事件中得其特質，2003 年的伊拉克戰爭中，法國、比例時、盧森堡與德國反對美國出兵的立場堅決，法國外長德維勒班（Dominique de Villepin）表示：「我們相信使用武力解決伊拉克問題是非正義的行為。」而小布希政府用「舊歐洲」（old Europe）的說法來反擊反對出兵的國家；相對的，英國、捷克、波蘭、丹麥、義大利、葡萄牙、西班牙和匈牙利則大力支持美國在聯合國提議的 1441 號決議案，許多東歐國家更在戰事結束後派兵進駐伊拉克協助英美聯軍，這些國家被美國歸屬為「新歐洲」（new Europe）。新加入北約的東歐國家在意識型態上已大都走向了脫俄入美的新思維，安全事務上以西方為導向也成為一股潮流[46]。「新舊歐洲」相比之下，英法德戰略文化在自主性的要求都有其獨特之見解，但是過去的戰爭經驗、地理環境和輝煌歷史等卻有不同的影響，導致最後形塑各自獨立的戰略文化。戰略文化的重要性打破了吾人所了解傳統國家行為者的理性思考模式，或許至今各種行為者都會先分析利弊關係在做出反應，但具有非理性色彩的戰略文化卻也是每個行為者不得不可量入內的要素。

地緣政治是另一個需要突顯其意義的議題，其緣由也不難解釋。英國和法國在戰略文化之差異除了有歷史背景的影響外，對於海上及陸上利益的觀點也有明顯的異同之處。背臨大西洋之故，英法等西歐國家在二戰後與美國建立同盟關係，並將北約的安全架構視為對抗蘇聯最重要的防禦機制，但法國在東西方對抗中遭受戰火之衝擊性不亞於德國，因此在使用核武的態度上，法國比英美更需要重視陸上的安

45 Per M. Martinsen, op. cit., p.7-8.
46 Bazen Balamir Coşkun, op.cit., p.76-77.

全，對於擁有核武的看法也更加迫切，其發展的脈絡更可以突顯海陸權思維的不同[47]。以下詳加說明並比較。

二、英國核武政策之演變

英國為傳統軍事大國，幾世紀以來歷經了許多戰爭，除了歐洲和其他地區的戰爭外，還包括兩次世界大戰，更有身為歷史強權國家的背景，導致她存在許多戰略思想之源流。但這些理論在進入核子時代後有了不同以往的改變，核武改變了戰爭的型態，領導者也因核武的嚇阻力量而進一步產生不同的想法與反應模式。不同時期之態勢會有不同的轉變，本章節將影響英國核武發展的思維模式區分為傳統時期的軍事思想與進入核子時代後的戰略思想。前者之內容包括英國傳統的嚇阻概念與戰略轟炸思想之產生；後者則依核子時代的變化，英國跟隨著美國與北約發展出「大規模報復」（Massive Retaliation）與「彈性反應」（Flexible Response）政策，以及為了保留英國擁有核武的獨立性而發展出來的「第二決策中心論」（Second centre of decision-making）和「最低嚇阻原則」（Minimum Deterrence）。

（一）傳統時期軍事思想

與英國相關核武所相關的傳統戰略思想，本節以「嚇阻觀念的傳統」與「戰略轟炸思想的產生」為區分。

---

[47] Louis Golino, “Britain and France Face the New European Architecture”, European Community’s Internal and External Agendas, May 24 1991, pp.1-5.

1.嚇阻觀念的傳統

核子嚇阻（nuclear deterrence）與嚇阻（deterrence）是不相等的概念，差異在於後者包含了所有可行的工具，將其結合成嚇阻的元素，當中不一定需要核武，且嚇阻的使用很早便已出現在人類的歷史中[48]。

英國隔著英吉利海峽與歐洲大陸相望，自古以來便自視在歐洲有獨特的地位，歷經航海殖民時代的擴張後，英國的戰略思想不但具有歐洲的傳統安全思維，同時也因經濟與安全等利益而與世界秩序產生相當大的關連。以歐洲角色而言，歐陸的權力平衡是最符合英國利益的情勢；以全球戰略而言，英國和美國有同樣的想法，認為世界秩序的穩定有助於國家之發展。從地緣位置而論，長期以來英國都先以觀望的姿態再涉入歐洲事務。一旦歐洲大陸出現強大的霸權國家後，英國會在必要時介入、並以聯盟或外交方式制衡較強大的一方。過去德國多次挑戰這項權力平衡，而英國也採取對抗的行動，最後德國之企圖因兩次大戰失敗而告終。英國的傳統認知特別不容許低地國家被大國控制，並認為這是幾百年來對外政策的優良傳統[49]。

嚇阻之觀念在英國的軍事傳統裡並不陌生，十八與十九世紀的英國便以艦炮外交的模式來嚇阻對手，挾著強大的海軍艦隊，為大英帝國建立了無數的威望與商業利益。在戰間期（1918-1939 年）期間，英國也計畫過發展大規模的戰略空軍，利用轟炸機來嚇阻歐陸上的對手進犯英國。然而，兩次大戰的虛耗卻讓歐洲整體元氣大傷，雖然英國本土直接遭受戰火的蹂躪程度不如法國，但戰後面對新崛起的蘇聯與東歐共產國家，英國本身的力量已明顯不勘抵抗威脅日益明顯的共

---

48 Ibid, p.43.

49 王仲春，《核武器、核國家、核戰略》，（北京：時事，2007），頁 180-181。

產集團。幾世紀以來的傳統艦炮外交不再符合英國所需。而核子時代的來臨正好將英國的目光轉向核武，並對核武技術之發展產生極大的興趣，核武無疑是對抗強大對手最有利的兵器，因此一開始英國並不是對核武的戰鬥能力感興趣，而是核嚇阻的功能[50]。

英國發展核武的外在因素一般都認為是蘇聯之威脅。蘇聯給英國帶來不安全感是早在 1930 年代便已有的跡象，當時英國保守黨政治人物即認為，共產主義的對歐洲之安全威脅不亞於納粹德國，張伯倫（Arthur Chamberlain，任期 1937-1940 年）政府將德國視為較迫切的危險國家；而蘇聯則被視為未來對西方國家有深遠威脅的國家。不過，英國此時所感受到的威脅感並非來自於核武，而是害怕蘇聯將成為主宰歐洲的霸權國家，此乃傳統英國對歐洲政治局勢最無法忍受的狀況。事實上，不僅西方國家如此，希特勒（Adolf Hitler）也將共產蘇聯視為主要對手，戰後西德更成為了西方反共的堡壘。在納粹德國消亡之不久後的 1948 年，歐洲又在度爆發了柏林危機，進而加深了英國人的憂慮感，蘇聯紅軍無疑是西方主要之威脅來源[51]。

進入核嚇阻時代後，西歐國家的核力量始終以美國所主導的北約核戰略為主軸，當美國在歐洲部署核武時，美國沒有將核彈頭直接交給盟國使用，而是提供「雙鑰」的方式來共管核子武器，也就是美國與盟國共管兩把核子武器鑰匙，涵義是指盟國可以使用美國的戰術核武。美國所欲求的，是讓大西洋聯盟內國家能擁有一些美國提供的核武，而不希望盟國自己獨立擁有核武；其目的也是認為，獨立的個體在戰爭中不利於聯盟控管，愈多的國家擁有獨立核武使用權，將使局勢更難以控制。雖然這個觀點引起歐洲與美國之間的激烈辯論，但英

---

50 Beatrice Heuser, op. cit., p.65-66.

51 Roger Ruston, “A Say in the End of World: Morals and British nuclear weapons policy 1941-1987”,Torondo: Oxford University Press, 1990, pp.43-46.

國卻沒有像法國一樣作出強烈的反彈，儘管不認同美國批判獨立核武國家的言論，但英國仍比法國更配合北約的核武戰略[52]。

2.戰略轟炸思想的產生

一次世界大戰末期至戰間期，義大利人杜黑（Giulo Douhet）所主張的空權理論已獲得多國戰略思想家的重視。杜黑的理論認為，空軍的作用原本在於協防地面部隊作戰，但其後的戰爭，空軍的性質會從防禦轉為進攻，可進一步對敵國領土進行長程轟炸。殲滅敵方空軍武力、消弭空軍基地、摧毀敵國空軍物資生產線，爭奪制空權便成為往後戰爭之首要目標。而制空權爭奪的思維進入核子時代後，也逐漸發展為核武的「第一擊」(first strike) 思想。一旦敵方空軍被殲滅後，下階段我方空軍的攻擊任務便轉為非軍事目標，針對平民或城市進行攻擊。除了可消耗敵國的作戰資源外，更可以增加對方接受停戰的意願。有部分後人認為這種主張太過於樂觀，戰略轟炸確實可以讓敵方感受巨大的痛苦與壓力，但杜黑卻低估了國家民族的號召力與反抗的意志力，換句話說，他高估了戰略轟炸在戰爭中的價值，不能將它視為戰爭的唯一因素。地面作戰固然會蒙受較大的損失或傷亡，但戰爭的進行、持續進攻與後續對敵國占領或管理仍必須倚靠陸軍來維持，雖然如此，戰略轟炸仍證明了它的價值，確實可為未來戰爭型態產生重大的影響[53]。

以核武投擲的方式來看，戰略轟炸思想對英美兩國在戰後發展核武有相當程度之影響。一方面來說，發展核武一開始有技術上的眾多限制，彈道飛彈與潛艦尚未問世以前，戰略轟炸機是最成熟的科技，

---

52 Lawrence Freedman, “The Evolution of Nuclear Strategy”, op. cit., pp.289-293.

53 Lawrence Freedman, Strategic Bombing and World War Two, “US Nuclear Strategy”, New York: New York University Press, 1989, p.2.

不需要耗費大量經費來維持傳統武力，轟炸機能攜帶核子炸彈，在戰爭中以最小的損失達到最大的獲益效果；另一方面，轟炸機具有高航程的優勢，可以將核武器投擲在國土外深遠的地區，這項成果已經由兩次大戰中得到了證實。

一次大戰末期英國皇家空軍已對德國軍事目標展開戰略轟炸，而結果也顯示出，轟炸敵對軍事目標確實有消弭敵方作戰能力的效果，於是英國便在戰後將轟炸機列為發展重點。1916 年擔任首任空軍參謀長的特倫查德將軍（Gen. Hugh Trenchard）主張將戰略轟炸的目標鎖定在非軍用的高價值目標，其目的不是要毀滅敵國本身，而是敵方的作戰力量，但特倫查德之主張是針對運輸、通訊和電力設備等非軍事目標進行攻擊，藉以重創敵方的可作戰資源，這和杜黑的想法有所差異[54]。他也表示，轟炸機不僅是種新型武器，它也將導致新的戰爭型態產生，未來的歐洲戰爭型態將會利用飛機作為遠程的投擲武器，以摧毀對方的戰爭能量為主[55]。

1930 年代後，英國開始重視戰略轟炸所帶來的衝擊，英法兩國也都對納粹德國日益壯大的空軍力量倍感威脅。不過二次大戰初期，德軍所使用的空中攻擊方式仍侷限於戰術用途，用以支援地面部隊進攻或防禦之用，真正的轉變是在 1940 年，德國為了登陸英倫三島必須先爭取制空權，發動了多次戰術攻擊之後卻未能迫使英國就範，於是將戰車能攜帶大量火力的觀念移植至戰機之上，強化飛機的武裝能力與航程外，也將打擊目標從軍事基地轉移到英國的大城市。爾後這項思想由英國與美國所吸收。1942 年後，同盟國發揮了更強大的資源優勢發動全面反攻，轉為開始對德國與日本進行更大規模的戰略轟

---

[54] Julius A. Riogle, "The Strategic Bombing Campaign Against Germany During World War II", B.S. East Tenessee State University, 1989, May 2002, p.8.

[55] Roger Ruston, op. cit., p.51.

炸，試圖粉碎軸心國的戰爭能力與民心士氣，從二次大戰的經驗中顯示，雖然未能達到立竿見影的結果，但戰略轟炸於戰爭之中具有重挫國家社會、經濟與軍事等能力卻是無庸置疑的事實。

以實踐戰略攻擊來說，英國是二戰中對於這種作戰方式感受鉅深的國家。除了戰爭初期飽受德國空軍轟炸之苦外，後期更遭到德軍所開發的 V-1 與 V-2 火箭猛烈攻擊，雖然此二型火箭稱不上現今彈道飛彈的水準，不僅毫無有效精準度可言，更因為啟用的時間太晚，未能達成實質的目的，整體功效是有限的，不過也確實構成英國軍民不小的心理震撼與傷亡[56]。戰爭付出之代價所換得的，是讓英國成為了世界上第一個具有攔截戰略火箭經驗與建立反制機制的國家[57]；在大戰後期的反擊過程當中，英國負責盟軍對德國執行夜間戰略轟炸，也藉此吸取這種作戰模式的經驗[58]。

二次大戰因投擲在廣島與長崎的兩枚原子彈而終結，但這兩枚原子彈的功效並沒有證明原子彈的戰略價值，真正所影響的是在於朝人口密集之城市發動毀滅攻擊的效果，戰略轟炸雖然不是可迅速獲勝的途徑，但卻是一種強而有力的毀滅工具。盟軍在戰爭後期發動大舉反攻，爭奪制空權和戰略轟炸的過程讓英國也付出不小的損失。然而，隨大戰的經驗，著實促進了英國持續發展戰略轟炸的思維，在戰後所發展的核武過歷程中，戰略轟炸機更成為英國核嚇阻力量的首選[59]。

---

[56] 自 1944 年納粹德國對英國發射的 V-1 與 V-2 飛彈所造成之傷害不及日本與德國於轟炸中喪生的平民人數，但也導致約 50000 人員傷亡。參見：Michael Quinlan, “The British Experience”, The Future of UK Nuclear Weapons: Shaping the Debate, International Affairs 82, no. 4 (July 2006), p.262.

[57] Jeremy Stocker, “Missile Dfence – Then and Now”, The Officer Magazine 35, November/December 2004, p.34.

[58] Steven Brakman, Harry Garretsen and Mark Schramm, “The Strategic Bombing of German Cities During World War II and Its Impacts od Citiy Growth”, CESIFO Working Paper No. 808, Novermber 2002, p.5.

[59] Lawrence Freedman, “The Evolution of Nuclear Strategy”, op. cit., pp.3-7.

（二）核子時期戰略思想

在核子時代的戰略思想中，本節以北約所主導的「大規模報復」與「彈性反應」兩項政策為先；再依序論述英國自身發展出的「第二決策中心論」與「最低嚇阻戰略」，並以示比較。

1.大規模報復

1949 年蘇聯成功試爆了第一枚原子彈、1953 年韓戰結束，接連造成西方極大的恐懼。除了體認到共黨陣營的傳統武力可構成強大的威脅之外，原子能技術也不再是美國的禁臠，蘇聯躍升超強與中國大陸赤化，導致共黨陣營軍事力量躍升壯大，帶給西方不安全性日益增強。而韓戰中美國所進行的傳統戰爭不僅所費不貲，陷入僵局之結果更是令人無法滿意。因受到中共志願軍龐大傳統武力的壓迫後，導致 1950 年開始，杜魯門政府（Harry Truman，任期 1945-1953 年）將國防預算追加到了三倍。1953 年之後的艾森豪政府，更提出韓戰停止是因為美國威脅將使用核武的說法，顯示了美國人對原子彈的信賴。未來要如何嚇阻蘇聯陣營與共黨中國，避免再重蹈韓戰之覆轍，西方國家都認同擁有核武優勢的重要性。與此同時，大戰後的世界經濟面臨復甦的需要，美國也無法承擔龐大的軍事開銷，相對傳統武力的花費，原子彈乃最符合經濟效益的選擇。

在正式發布該政策之前，西方國家皆認為韓戰後的下一場衝突會在歐洲或中東爆發，西歐地區更會是蘇聯首屈一指的目標。不過，西方國家並不是一開始就認為要採用「大規模報復」的。1950 年英國「全球戰略報告」（Global Strategy Paper）與「美國國家安全會議政策 68 號報告」（National Security Council's policy Paper NSC 68）

先發表了當時建立北約防衛體系的重要性[60]。接著西方國家在 1952 年於里斯本（Lisbon）召開了「北大西洋公約成員會議」（Meeting of North Atlantic Treaty Partners），並發布了北約「軍事委員會指令 14/1 號」（MC 14/1），將前述的報告與文件綜合，提出北約應發展與蘇聯兵力相對稱（symmetrically）的傳統武力，並強調遭遇傳統戰爭的反應方式是以傳統武力對抗，唯有全面戰爭才會使用核武[61]。

但英國政府卻很快發覺到歐洲國家很難承擔北約所要求的武力規模以及龐大的財政支出，若戰爭爆發後蘇聯又採取拖延戰術，西方國家的經濟局勢勢必面臨嚴峻的考驗。因此，英國主張將核武運用於戰爭或平時嚇阻，不分任何的層級，北約應該都要具備大規模核武的報復能力。但根據 68 號報告之決策，英國並無法改變這項已受北約官方認可的主要政策，直到 1953 年艾森豪政府上台後，英國才有了扭轉西方國家立場與政策的機會。由於艾森豪政府也同樣面臨到財政不足的問題，美國又因蘇聯的軍事實力擴張迅速而備感壓力，進一步認同當前的軍事戰略有所缺陷。實際上，要維持大規模傳統武力，對經濟實力相對雄厚的美國而言也會是沉重的負擔[62]。於是同年 10 月，

---

60 「全球戰略報告」雖然最後決定發展傳統武力，但也提出了核武是革命性武器的說法，表現出當時英國對核武的重視。1952 年 7 月，參謀長史萊瑟(Sir John Slessor) 訪問華府，除了對該報告提出簡報之外，再向美國主張以核武報復侵略者的新建議，但對正進行中的韓戰、又中止核武技術分享計畫的杜魯門政府而言，史萊瑟的新觀點並不讓美國人感到特別有興趣，不過仍有不少美軍人士對這份簡報的看法有所認同。參見：Samuel R. Williamson and Steven L. Rearden, "The origins of U.S. nuclear strategy, 1945-1953", New York: Saint Martin's Press Inc., 1993, pp.178-180.

61 Beatrice Heuser,, op. cit., p.30.

62 艾森豪在 1953 年 4 月的國會諮詢時提出了他的軍費預算報告，但立刻遭到共和黨議員塔夫特（Robert Taft）的抨擊，並表示：「你的 5.5 億預算是帶我們走回杜魯門的路線。」儘管艾森豪已將杜魯門的國防開支刪減了一半，並計畫在 20 年內平衡支出，但這種條件仍不被右翼的共和黨議員接受。參見：Gary Donalson, "Modern America: A Documentary History of the Nation Since 1945",

美國新政府又再度發布了新的美國「基本國家安全政策報告 162/2 號報告」（Basic National Security policy of the US, NSC 162/2），更改了先前報告所述之內容，接受了依靠大規模核力量遏止蘇聯之攻擊的想法，這項政策被稱之為「新樣貌」（New Look）。隔年 11 月北約官方將原先發布的指令 14/1 號更換為「軍委會指令 14/2 號」（MC 14/2）與其輔助文件 48 號（MC 48）[63]，使「大規模報復」戰略正式成為北約官方之政策[64]。

1954 年 1 月，艾森豪政府的國務卿杜勒斯（John F. Dulles）在紐約舉行「對外關係會議」（Council on Foreign Relations）中為當時政府所制定之政策發表了著名的演說。當中雖然提到傳統與核子武力同等重要，但仍主張：「除核武以外，沒有什麼防衛性武力是可以單獨圍堵共黨世界，因此，要防禦就得先依靠大規模報復力量來嚇阻，要讓潛在侵略者要了解到，他們無法預測戰爭之結果一定會順其意而發展，因為自由世界的國家會依照其選擇的方式，對侵略者之行為作最強烈的回應……。」這場著名演說乃公開「大規模報復」政策之開端。當時美國也擁有相當優勢的核力量可針對這項戰略來實行。1948 年美國僅有 50 枚核彈頭，但到了 1953 年美軍彈頭數已增加到 1000 枚，

New York: M.E Sharp Inc., 2007, p.66.

[63] 雖然 MC 14/2 被視為大規模毀滅政策之主要文件，傳統武力僅作為北約發動大規模核武反擊之導火線（trip wire）功能，看似否定了傳統武力之地位，但真正文件中所闡述之內容仍強調傳統武力在滲透、入侵與敵後等作戰方面的重要性。MC 14/2 強調，對於一些較輕微之衝突，並沒有立即動用核武的必要。這部分請參見 Beatrice Heuser, op.cit., p.40.；另外，MC 48/2 則著重於核戰略的層面，表示北約的武力可區分為兩部分：核報復武力（Nuclear Retaliatory Forces）與防護盾武力（Shield Forces），用以防衛北約國家領土與海域，保全北約地區之完整，確保北約核武有率先使用之優勢。整體而言，在兩份文件中皆有提及如何彈性使用武力，並避免戰爭擴張至全面核戰之內容。參見 George Pedlow, "The Evolution of NATO Strategy, 1949-1969", Brussels: SHAPE, 1997, p.xx.

[64] Beatrice Heuser,, op. cit., pp.30-38.

當中有大部分是裝載於砲彈上的戰區式核彈（theatre nuclear weapons），多數也都部署於歐洲，以顯示美國對歐洲利益與蘇聯威脅的重視[65]。1957 年該政策確立之後，北約仰賴核武的動作也可從數據上觀之。截至該年為止，北約的戰術核武累積高達 7000 多件，其中包括地雷、迫擊砲、無後座力砲、空投炸彈和榴彈砲等，爾後又部署了中程飛彈，種類可謂五花八門[66]。

用核武替代傳統武力後，北約將目標對準了蘇聯的人口與工業中心，美軍轟炸機可自英國或歐陸基地起飛進攻這些目標。「大規模毀滅」政策之初期，北約皆以長程轟炸機作為核打擊的主力。雖說該政策是由美國人為主要的提倡者，但美國並沒有完全放棄傳統武力在北約中的重要性，即使「大規模毀滅」政策已經發布，但美國人對這項戰略的使用時機仍舊保持模糊之態度，並表示依舊會用各種方法避免大規模核戰的爆發。但英國之觀點與美國並不一致，前者期望將核武迅速運用在戰場的態度與後者有所區別。除了美國以外，英國可說是在該項政策發表之前最早的提倡者。因為「大規模報復」的政策既符合英國國情所需，同時期的歐洲國家也贊同此乃一條對抗蘇聯的最佳戰略。歐洲人認為，無論技術與科技層次，美國空軍皆享有先發制人的優勢，能夠有效打擊對手並避免蘇聯報復；美國陸軍也已有為數可觀的核砲彈與火箭，整體而言，西方都是具備的優勢的一方。因此，用大規模核武嚇阻對手侵略之是相當可行的。

1954 年 10 月，北約開會決議將 96 個師縮編為僅 30 個師，幾乎宣布核子武力將注定取代傳統武力之功用。然而，「大規模報復」很

---

[65] Gregory F. Treverton, “How Different Are Nuclear Weapons?”, US Nuclear Strategy, New York: New York University Press, 1989, p.112-113.

[66] Peter Duignan, “NATO: Its Past, Present, and Future”, USA: Hoover Institution Press, 2000, p.22.

快也引起了諸多爭議，英國身為歐洲國家，卻也有人發現到凡事訴諸於核武報復，其結果無疑將會是自相殘殺的局面，因此產生了許多應變方案。英國工黨便宣稱核武政策可改利用「首先使用」核武的方式來自保，同時支持這項政策的還有當時的西德，身為東西衝突首當其衝的西德政府，也同樣主張北約應該要有事先使用核武的可能性在，這跟以往核武僅限於報復用途的立場大不相同。但無論使用的方式為何，對於大規模毀滅之主張，幾乎所有的西方國家皆抱持肯定之態度，進而使這項政策成為 1950 年代西方最主要的核武戰略[67]。

2.彈性反應

「彈性反應」戰略一詞於 50 年代末至 60 年代初便已出現許多類似概念。1957 年美國國務卿杜勒斯曾以改善西歐國家的傳統武力為原則，希望北約組織部隊得以面對各種不同層級的武裝入侵，並讓歐洲國家裝配更足夠的傳統武力，象徵美國曾經試圖改變「大規模報復」的想法。季辛吉也綜合了西方戰略轟炸機脆弱、彈道飛彈技術不足與指揮與管理系統有缺失等觀點，出版了「核武與外交政策」（Nuclear Weapons and Foreign Policy）一書，並開始主張北約應強化傳統武力的能力與規模、期望北約可依照不同的戰爭情勢或等級而做不同程度的反應，這些想法接推翻了以往蘇聯入侵便立刻使用核武反擊之觀點[68]。

在發布「大規模毀滅」政策之後，英美兩國早已在傳統與核武力上的使用有所歧見。從地緣戰略的角度來看，歐洲與美國本會因條件之不同，而產生出不同的戰略文化與背景，對威脅的感受程度自然也

---

[67] Roger Ruston, op. cit., pp.122-125.

[68] Robert F. Futrell, “Ideas, Concepts, Doctrine: Basic Thinking in the United States Air Force, 1907-1960”, Maxwell Air Force Base, Alabama: Air University Press, 1989, p.465.

有差異；再以利益層面來看，當蘇聯已具備對美國本土攻擊之能力以後，美國人是否願意犧牲紐約等大城市，作為換取保衛歐洲之代價也備受質疑[69]。1948 年爆發的柏林危機幾乎引發核戰，但這場危機是發生在歐洲，美國卻很快發覺到，不應該為小規模的衝突來發動核戰、自毀長城，北約勢必需要擁有更足夠的傳統武力來抵禦可能引發的區域性傳統戰爭，唯有在華約部隊入侵程度達到北約抵禦上限時，北約才應將戰爭升級為動用核武的層次[70]。此外，美國總統也應該針對不同程度的攻擊來選擇不同的打擊方式，先是以敵方軍事武力作為首要打擊目標，一旦戰爭升級後，再以人口密度高的城市或重工業地區進行報復性反擊。重視「反軍事」目標是「彈性反應」與「大規模報復」兩個政策差異最大的準則之一[71]。

這種將戰爭作分級的態勢，因受到多方面研究催化與其他諸多原因，使得艾森豪政府逐漸改變了「大規模報復」的思維，並接受了北約部隊要以傳統武力來抵抗華約部隊傳統攻擊的建議。1961 年甘迺迪總統上台後，針對國防預算的之主要用途發表了該政府的方針，也就是要正式將美國受挑釁後所採取的軍事行動，採分級方式來運作。甘迺迪政府主張，要掌控通訊、指揮與控管三大系統，讓在美國能夠有效掌握反擊，並能夠讓回應的方式能夠受到控制（controlled response）；而國防部長麥納馬拉（Robert McNamara）也發表了所謂的「多重選項」（multiple options）政策，一改過去遭遇攻擊便使用核武報復的作法[72]；美國政府首次清楚地宣佈採用「彈性反應」政策是

69 Roger Ruston, op. cit., pp.122-126.

70 Panayiotis Ifestos, op. cit., p.115.

71 Edmund Jan Osmańczyk and Anthony Mango, “Encyclopedia of the United Nations and International Agreements: A to F”, New York: Routledge, 2003, p.1645.

72 Branislav L. Stantchev, “National Security Strategu: Flexible Response, 1961-1968”, San Diego: University of California , Department of Political Science,

在 1974 年，國務卿史列辛格對國會發表報告時所提。內容申明：「我們需要一系列的反應措施，以面對侵略者挑釁行為之反應，並在避免全面核戰爆發之前終止敵方的行為，甚至在事前也應保留有效嚇阻的可能性，為爭取和平的可能做努力。」[73]，爾後美國便正式採用「彈性反應」政策。

在英國，「彈性反應」戰略又被稱為「漸進式嚇阻」（graduated deterrence）[74]，探討這項理論的可行性事實上是由英國最先所提出的。1946 年英國的參謀部便已研究過原子彈的用法（the use of atomic bombs），尤其針對沒有核武的蘇聯衛星國家，當時英國認為，西方沒有受共產集團攻擊後立即動用核武大規模報復的必要，應該以戰爭的規模作彈性改變方為上策。該論點在 1957 年國防白皮書中也曾被提出，當時的國防部長桑迪斯（Duncan Sandys）曾道：「利用有限核嚇阻來阻絕入侵是可行的，尤其面對蘇聯的衛星國家，毫無疑問的，聯盟應採用傳統武力，或只用戰術核武來反擊，這種途徑可以侷限於戰區上的使用。」；然而，英國也有核武科學家與政治家質疑桑迪斯的看法，批判將核武區分為戰略與戰術用途不能夠有效達到真正的嚇阻效果。這些人也認為，維持傳統武力固然有合理之處，但並不表示英國人要完全接受美國人所主張的「彈性反應」政策。觀察美國在奠邊府戰役與蘇彝士運河危機皆不願援助盟國的態度，日後成為首相的工黨議員克羅斯曼（Richard Crossman）也指出，這兩場戰爭給英國的教訓是，英國人必須要開始思考是否應該要以核武來取傳統武力[75]。

December 25 2009, p.4.

[73] Eugene F. Carroll, “Nuclear Weapons and Deterrence”, The Nuclear Crisis Reader, New York: A Division of Random Jouse, 1984, p.7.

[74] Thomas C. Schelling, “Controlled Response and Strategic Warfare”, US Nuclear Strategy, New York: New York University Press, 1989, p.223.

[75] Beatrice Heuser, ”, op. cit., p.78-79.

儘管有桑迪斯的主張，但國防白皮書最後仍採取支持美國「大規模報復」的立場，並提出刪減傳統武力的計畫[76]。由此觀之，多數英國人仍然認為，一旦傳統武力入侵達到了極限之後，使用核武遏制戰爭情勢惡化是非常關鍵的，除了可避免戰爭造成過度的破壞之外，更可以達到事前嚇阻侵略的效果。更何況英國的財政狀況無法負擔美國所要求的傳統武力規模，因此，核武仍是最有效的嚇阻工具，這也是造成英國與美國之間，無法對「彈性反應」政策達成共識之處[77]。

過去英美之間有著許多密不可分的政軍關係，包括二次大戰並肩作戰或是冷戰加入美國的資本主義陣營等，然而，兩國卻在「彈性反應」戰略之實踐問題上，發生了自二戰以後最激烈的一次辯論[78]。美國開始推動「彈性反應」戰略成為北約所奉行的最新核戰略時，英美之間產生了不同的想法。即便英國擁有了「V式轟炸機」(V-bombers)，美國也已依照拿騷會議的條件提供了英國「北極星」(Polaris)飛彈，但英國卻也很快察覺到，這些核武器都有許多缺陷與不足之處，隨著

---

[76] Roger Ruston, op. cit., p.133.

[77] 鄭大誠，〈英國核武政策〉，《空軍學術雙月刊》，第21卷第1期，(國防大學：2006/1/1，龍潭)，頁17。

[78] 二次大戰期間，英美之間曾因盟軍指揮權與戰略方向的不同發生過強烈的爭執，英國代表人物為蒙哥馬利元帥(Sir. Bernard Montgomery)，美國代表方面為巴頓將軍(Gen. George Patton)，最著名的一次是1944年盟軍執行的市場花園作戰(Operation Market Garden)。蒙哥馬利擬定用3.5個空降師(分別為英國傘兵第一師、美國第82與101空降師，與波蘭傘兵第一旅)空降至比利時與荷蘭，計畫以傘兵來迅速收復低地國家，進而讓盟軍裝甲部隊可跨越萊茵河，朝德國的魯爾工業區進軍。對於這次空前大膽的行動，巴頓將軍提出了強烈的反對，除了不滿蒙哥馬利一意孤行的決策之外，也反對艾森豪將盟軍指揮權交付英軍管理，他認為同樣的資源交給其指揮的第三軍團，將可使盟軍進攻直達魯爾工業區，同時也有許多美軍將領不滿意蒙帥的指揮模式。最後這場戰役因英軍裝甲部隊行進速度落後，導致輕武裝的傘兵部隊遭德軍黨衛裝甲師的包圍與殲滅，該戰役最後盟軍以慘敗收場。參見 Corrnelius Ryan著，黃文範譯，《奪橋遺恨：市場花園作戰》，(台北：麥田，1994)，頁70-88。

蘇聯空防力量不斷增強，導致轟炸機的突穿能力逐漸面臨了限制；「北極星」飛彈的精準度也受到質疑，英國最終還是認為，「大規模報復」才是符合英國達到嚇阻效果的最佳政策。此外，英國人也比較認同「大規模報復」政策的「反城市」準則。其原因在於，英國自己的核武部隊有許多限制，難有條件可去談如何打有限戰爭、如何彈性反應或是對目標精準打擊，以有限條件的基礎之下，將莫斯科等大城市作為人質（hostage）的想法也是無庸置疑的選擇[79]。

儘管批判彈性「反應戰略」之聲浪沒有中斷，但自從 1966 年主要反對者法國退出北約之後，美國、英國與西德最終仍達成了共識，正式將「彈性反應」戰政策列為北約官方的核武戰略。三國於 1967 年 4 月開始進行會談，並在 12 月達成了妥協性方案。1968 年 1 月 16 日，北約正式發布了「軍事委員會指令 14/3 號」（MC 14/3）[80]。1969 年 12 月 8 日又再度公布了「軍事委員會指令 48/3 號」（MC 48/3）作為前指令的輔助文件，除了補充說明前者之外，更提供北約不同地區之戰略分析[81]。根據這項戰略，北約將戰爭分為全面核戰、有限戰爭與特種戰爭三大類，讓北約部隊可以針對不同的地點或時間所引發的衝突或戰爭，以適合的武器與兵力作反應，讓盟國可作更彈性的選擇。「彈性反應」政策的實行始終沒有一定之標準，對於如何使用兵力與反應並無真正的指標，其目的主要也是為了要能混淆蘇聯之判斷。雖然爾後有經歷過局部的修正，但仍未脫離「彈性反應」戰略的

---

[79] Marco Canovale, The Control of NATO Nuclear Forces in Europe, San Francisco: Westview Press, 1993, p.144-145.

[80] 1967 年 9 月 16 日，北約參謀會議部長內部的軍事委員會通過了確認了指令 MC 14/3 號；1967 年 9 月 22 日發布為最新的軍事決策；1967 年 12 月 12 日北約部長會議內的國防決策會議也採納了指令 MC 14/3 號；而最後的版本於 1968 年 1 月 16 日發布。

[81] Beatrice Heuser, op. cit., p.52.

基本架構與指導原則，該政策自從發布到冷戰結束期為止，始終都是為北約使用核武的主要方針[82]。

到了冷戰結束之後，北約延用已久的「彈性反應」戰略也隨著強大的蘇聯威脅不在、柏林圍牆倒塌與東歐共黨政權紛紛跨台而需要作進一步之變更。1996 年 1 月，北約通過了軍事委員會指令 400/1 號（MC 400/1）。受到東西方同意的裁軍浪潮影響，該指令強調，北約將維持一個較小、但卻較有彈性的核武態勢[83]。在冷戰時期時，「彈性反應」政策主導了北約戰略之核心地位，為了因應大戰之需求，北約也將核武併入整體軍事架構之中，盟國之間為了應變危機，也不斷變更北約的核武戰略，使各國之間軍力得以整合並快速反應。由於進入了新的安全環境之中，北約也因時局變化而降低了以往對核武之依賴，其戰略目的雖保留避免戰爭的作用，也就是維持了核嚇阻之功能，但實際上是以政治作用為基礎，並不再以任何潛在威脅國家為核武瞄準的對象[84]。1999 年成立 50 周年時，北約不依賴核武的政策於「戰略概念」（Strategic Concept）文件中又再度被重申。德國、加拿大與荷蘭等國曾試圖探討北約之新核武政策，不過卻被美國、英國與法國否決，但後者仍同意重新檢討新環境聯盟所奉行的新政策。2000 年北約正式公布了「軍委會指令 400/2 號」（MC 400/2）[85]，主要是用以因應大規

---

82 王仲春，《核武器、核國家、核戰略》，頁 127。

83 Martin Butcher, Otfried Nassauer, Tanya Padberg and Dan Plesch, "Questions of Command and Control: NATO, nuclear sharing and the NPT, Germany: Project of European Nuclear Non-proliferation, 2000, p.30.

84 NATO document – NATO Nuclear Forces, "NATO's Nuclear Forces in the New Security Enviroment", 03 Jun 2004, p.1-2.

85 MC 400/2 事實上是一份機密文件。在聯盟之中，北約是否可將核武用來嚇阻擁有生物或化學等大規模毀滅性武器者引發了諸多爭議。在美國的官方政策中這項作法是可行的，但是在北約當中並沒有這項準則，MC 400/2 也沒有明確說明核武是否有這方面之用途；而針對北約是否第一擊使用核武的問題也沒有作變更或解釋，而是刻意模糊並省略這項爭議性十足的議題。參見：Otfried

模毀滅性武器所帶來的新威脅[86]。這項命令發布之後，北約延用許久的「彈性反應」政策也終於走入了歷史。

3.第二決策中心論

「第二決策中心論」是英國發展獨立核武重要的決策思想，發表這種思維所要避免的，是美國的核武保護傘在最關鍵時刻失效、英國所應該要做的一種自救措施。同時該理論也兼具嚇阻蘇聯之功能，用以警告蘇聯：英國與美國兩國會在受到攻擊後同時使用核子武器。蘇聯便會在採取行動之前將英國的因素考量入內並多加三思[87]。除此之外，英國的核武力量可用於攻擊與美國認知不同的戰略目標，進而達到更佳的作戰效果。這項理論最早的主張者為艾德禮政府的比萬（Ernest Bevin）外相，而推動代表者為國防大臣希禮（Denis Healey）。理論主張乃英國要建立一支獨立的核武部隊，除了提供北約防務所需之外，也可保障英國的自主安全[88]。但美國的主政者並不希望歐洲出現第三股核武力量，美國依舊害怕歐洲擁有自己的核武將導致莽撞行動的機會升高。1962 年北約部長級會議於雅典召開，麥納馬拉認為，歐洲國家所訴諸的獨立核武力量不論規模、能力都是很有限的，且所造成的軍事開銷也是很昂貴，且武器容易被淘汰、更缺乏可信度，徹底地批判歐洲國家欲求核武的想法[89]。儘管歐洲內部也有人認為集體行動的可靠性較高，決策程序也較為精簡，但是對於一些自主性較高

Nassauer, "The NPT and Alliance Nuclear Policy", Non-Proliferation and NATO Nuclear Policy, Seminar Report, the Netherlands Parliamentarians for Global Action, Hague, 3 November 2000, p.29.

86 鄭大誠，〈英國核武政策〉，頁 19。

87 Jeremy Stocker, op. cit., p.20-21.

88 鄭大誠，〈英國核武政策〉，頁 20-21。

89 Lawrence Freedman, op. cit., p.290-291.

的國家而言，它們擁有不同的文化，同時也是民主國家，內部的思想與因素考量過程也較繁雜，這些結果導致美國要統合所國家的意見有為難之處。因此，大多數歐洲國家仍傾向要擁有自主的核子武器，英國更認為。蘇聯一旦發動攻擊後，規模只是有限戰爭的機率不大，這意味著西方國家要配備足夠的核武，始能嚇阻蘇聯的侵略行為[90]。

「第二決策中心論」之核心雖然強調獨立的嚇阻力量，但英國並沒有打算脫離北約的指揮架構。與法國人相反的是，英國人認為參與北約集體防衛功能是必要的，戰爭中並不完全會自行使用核武或淪為單打獨鬥，未來與美國或其他北約盟國聯合行動是相當重要的[91]，但也會在關鍵時刻保留英國獨立使用核武的決心。發表「第二決策中心論」的目的是要讓蘇聯了解，即使蘇聯與美國想的方式一樣，認為英國核武的存在是充滿缺陷，但萬一真正爆發了大規模戰爭，蘇聯仍不可僅考量美國的因素。英國的核武規模雖小，無法精算出可以達到什麼樣的效果，但仍可以造成蘇聯所無法預期的傷害[92]。對於英國堅持的態度，美國發覺英國擁有核武的情況已經是木已成舟，不能勸退英國發展核武的情況之下，便轉向拉攏英國加入北約的核武決策體系，以便北約國家統合其戰略與戰術；相對地，英國也有需要美國協助之處。皇家空軍初期配備的轟炸機與核炸彈能否有效突破蘇聯日益精進的防空網也成了新的問題，最快的解決途徑只有繼續向美國提出合作的要求，始能延續她的核武發展之路。1962 年的拿騷會議後，美國決定提供英國潛射彈道飛彈，藉此表達英國可以延續其核武力量之外，還增強了第二擊的能力，同時也象徵美國對保衛西歐的承諾可以

---

[90] Ibid, p.279-280.

[91] Beatrice Heuser,, op. cit., p.71.

[92] John C. Hopkins & Wexing Wu, “Strategic Views from the Second Tiers: The Nuclear Weapons Policies of France, Britain and China”, New Brunswick, NJ: Tansaction, 1995, p.139.

讓英國一起來承擔。英國為這種情形所作的自我辯護向來都是強調所謂的「多決策中心」(several centres of decision)。目的是用以混淆敵方之判斷，也就是要讓蘇聯相信，不是只有美國可以選擇是否使用核武，英國或法國都有可能在關鍵時刻自行決定使用核武反擊，英國維持這套理論是以外交嚇阻為真實原則，也是以政治目的大過於軍事行動為標準[93]，這麼做不但強化了歐洲的安全性，也不牴觸北約集體安全的精神。因此，英國在整個 1970 年代與 1980 年代都秉持著「第二決策中心」的思維模式[94]。

4.最低嚇阻戰略

「最低嚇阻戰略」為當前英國最主要的核武政策，不過卻沒有任何一份官方文件闡述其真正的意涵，依照有限的行為準則，許多資料仍整匯出英國目前便是以這項原則為奉行的核武政策。對低嚇阻原則最初是為了計算英國所擁有的核武是否能構成有效的打擊力量。1961 年一份報告便已探討當時英國需要用核武摧毀多少蘇聯城市，以達到嚇阻的效果，要毀滅 40 座城市需要 5 枚抑或是 10 枚核武器？最後所得到的結論是 10 至 15 枚。該份報告所作的探討並非純粹數字上的計算，而是透露出英國決定以有限的核力量打擊蘇聯城市的想法，這種思維模式也成為日後英國執行核打擊所需的政策參考。英國外務大臣休姆勛爵（Lord Home）曾表示，英國的核力量是以美國的行動為基準，雖無法達到美蘇的核武庫之水平，但主要可讓美國了解，英國核力量仍能為西方盟國提供足夠的貢獻[95]。言下之意，就是指在美國的領導下，英軍小規模的核武可用來提供西方聯軍的額外戰力。

---

[93] Tom Milne, op. cit., p.15-16.

[94] 鄭大誠，〈英國核武政策〉，頁 22。

[95] Joseph Rotblat, “The Future of British Bomb”, London: WMD Awareness

冷戰所引發的軍備競賽也導致英國和蘇聯進行其武器競爭。「V式轟炸機」使用後，蘇聯的防空武力也隨之增強，依靠轟炸機打擊作選擇也不再可靠；1970 年代英國配備了「北極星」飛彈系統後，蘇聯又在莫斯科周圍部署了「橡皮套鞋」（Galosh）防空飛彈系統，讓原本飛彈數量不足的英國又陷入了困境，後來的 1972 年「反彈道飛彈條約」（Anti-Ballistic Missile Treaty, ABM Treaty）簽訂之後，更增加了有效打擊莫斯科的困難，北極星飛彈也顯得更為脆弱，英國緊接著發展出「雪佛羚」（Chevaline）彈頭；而當「雪佛羚」彈頭也無法突穿新的飛彈防禦系統後，英國便轉往採購美國的「三叉戟」（Trident）飛彈系統。從這段過程中顯示，英國所採行的政策都是要能夠有效打擊莫斯科。英國無法擁有如美國一樣龐大的核武庫，能夠造成的嚇阻能力極為有限，而以這些有限的嚇阻工具，無論在何種情況下，英國的首要攻擊目標都是以蘇聯的首都莫斯科。以較小的武力為基礎，更要能夠突穿莫斯科的彈道飛彈防衛系統，造成讓蘇聯無法承受的巨大損失，這就是所謂的「莫斯科標準」（Moscow Criterion）。「莫斯科標準」原本是冷戰時期的政策，但冷戰結束導致主要威脅消失後，便演變為英國現行的最低嚇阻戰略[96]。

1998 年所公布的「戰略國防總檢」（Strategic Defence Review, SDR）為英國未來核武之運作模式作了重要的指標，內容歸納了英國未來所面對的國際情勢，並表示英國勢必需要檢視核嚇阻是否仍符合當前的國際環境，以及英國是否有對部分國家進行核嚇阻之必要性。總檢重申了核嚇阻之功能不在於戰爭，而在於避免戰爭，英國政府之措施乃是寄希望於安全的國際環境，以至於核武不需要被使用。為了

Programme, 2006, p.27.

[96] Michael Quinlan, “The British Experience”, The Future of UK Nuclear Weapons: Shaping the Debate, International Affairs 82, no. 4 (July 2006), p.270-271.

配合核不擴散議題與裁軍之國際潮流，英國摒棄過去冷戰時代追求大量核武庫之動作，改遵守國際建制與限武條約，但仍會保留小規模的核武作為國家安全的最終屏障。戰略國防總檢為當前的核武需求作一次嚴格的檢視，強調不以其他國家的核武庫為標準，而是以維護自身國家安全利益為最低需求（minimum necessary）。武器方面的數量也會大幅減少，雖然不會全面公開確切的資訊，但仍會對外公布部分的面向以示透明化。目前英國將會繼續維持所配置的「三叉戟」系統，作為最低嚇阻戰略的唯一力量[97]。

2005 年由「皇家三軍聯合國防研究所」（Royal United Services Institute, RUSI）所舉辦的「一日會議」（one-day conference）中，也探討過英國戰略嚇阻力量之未來。會議結果表示，要持續保持最低嚇阻之能量，英國就必須要有本土抑或是英軍部隊受到攻擊後的核報復能力，而經過多次評估之後，陸基彈道飛彈與空載核武都有具有許多缺陷與不足之處，將其淘汰也是必然之舉；同時，彈道飛彈有比巡弋飛彈更不易被攔截之優點，綜合各種面向後，決定以海基的「三叉戟」飛彈系統作為最低嚇阻戰略之打擊主軸乃最明智的選擇[98]。

三、法國核武思想之變革

在論述法國為何重視核武思想之前，必需先探討其戰略文化。因此，本段落先研究法國的傳統國家地位、探討為何法國會將獨立思想及偉大國家之觀念作為政治主軸；而萌生了追求強大國家地位的看法

[97] Secretary of State for Defence by Command of Her Majesty, Deterrence and Disarment, Defence", Strategic Defence Review, Cmnd 3999, London: HMSO, 1998, paragraph 4.

[98] Daniel Y. Chui, "Between the Lines: Nuclear Weapons and the 2006 QDR", Washington D.C: IISS, 2006, P.4.

後，核武發展之強烈動機儼然也成為了法國不可或缺的選擇，進而引申出當代的「以弱擊強」核武戰略。

（一）傳統國家地位

法國為傳統歐陸強國，直至十九世紀中葉為止，除了俄國以外，法國是人口最多的國家，並且有能力動員強大的陸軍威脅或對抗當時所有的歐洲國家。但自此開始，法國強盛且光榮的時期逐漸成為歷史。進入了工業時代後，德國、英國或美國等軍工業科技相當卓越的國家突破了傳統的劣勢，也打擊法國人的民族自信心。最令法國受挫的事件實屬 1870 年的普法戰爭，德國令法國嚐到了喪權辱國之痛。從此法國也不再是個可以獨霸歐洲的國家，甚至必須依靠聯盟的方式來尋求安全，直到戴高樂出現並主張追求自我獨立為止，期間近百年來，法國歷經了國土遭侵占、血流成河與民族恥辱等慘痛教訓。

普法戰爭之後，法國對歐洲政治版圖的認知逐漸產生了改變。首先，視統一後的德國為主要威脅，過去的經驗顯示，藉由與俄國聯盟的方式可維持歐洲大陸的權力平衡關係；其次，為了要彌補國力不足的劣勢，法國利用擴張海外殖民地的方式，例如西、北非或亞洲遠東地區，提供了法國足夠的資源來面對其他更強大的國家。但這些努力仍無法使法國重拾獨霸的地位，一次大戰更讓法國國力受創，而美國與英國的影響力逐漸壯大，法國不得不與這些國家建立同盟關係。因政治與經濟條件等因素，十月革命[99]後的蘇聯不如英美來得符合法國利益，以美英法為首的西方國家聯盟便在此呈現了其雛型[100]。

[99] 20 世紀初期，俄羅斯帝國為五大強權之一，五百多年來，俄羅斯都是由沙皇（Tsar）所統治。雖然挾著廣大土地與資源之優勢，但國力卻落後於其他歐洲強權國家，原因在於工業發展起步時間較晚，以及落後的封建制度所導致。

雖然成為第一次世界大戰的戰勝國，但法國尋求自我保護的步伐並未減緩，重建的過程中必須重視德國可能再度引發的威脅，尤其法國的重工業設施與農業基礎都在靠近在德國的法國東部地區，進而大興土木建構了馬奇諾防線（Maginot Line）以抵禦德國的侵略。希特勒上台之後，強化與西方國家之間聯盟關係更成為法國當務之急，法國明顯需要藉由同盟的方式以防堵德國壯大，但舊式的戰略思維反而成為阻礙法國軍事力量發展的絆腳石。二次大戰爆發之後，法國再一次的嚐受敗果，國家迅速瓦解且遭到占領，更面臨了分裂的危機[101]。依靠其他同盟國擊敗德國並收復國土無法掩飾二次大戰法國戰敗且

1905 年日俄戰爭戰敗後，更加速了俄國的衰退。國家經濟成長緩慢的情況下，導致農工階級產生動盪，於是發生了第一次暴動，但手無寸鐵的民眾很快被軍隊所鎮壓。經歷這次危機之後，沙皇尼古拉二世（Nicolas II）讓國會政治政黨化，並實施自由經濟。但此舉可謂治標不治本，占全國人口 83%的農人階層並沒有因此而受惠，八成人口陷入了集體貧窮、社會剝削與暴動的危機當中，也種下了 10 年後更大規模革命的種子。1914 年第一次世界大爆發，俄國加入協約國，戰事初期俄國一度進占東普魯士，但隨後便遭到德軍擊退，東戰線陷入膠著。至 1916 為止，戰爭造成俄國 360 萬人傷亡、210 萬人被俘，戰爭所需之武器也相當缺乏，在人力、財力與物力皆蒙受重大損失的情況下，俄國不得不向英國和美國求援，希望能獲得更多的物資。承受不住戰爭壓力與社會經濟瀕臨崩潰的情況下，俄國社會最終於 1917 年 2 月爆發了革命，沙皇尼古拉二世被迫下台，結束了俄帝統治的歷史。以列寧（Vladimir Lenin）為首的布爾什維克黨（Bolshevik）又於 10 月推翻了臨時政府，宣揚無產階級革命，並退出一次大戰，最後創立了蘇聯。在這次革命中，除了讓俄國國家政治與經濟體制受到了極大的改變之外，也讓蘇聯成為第二個無產階級制度國家。而蘇聯的誕生也促成了東西方國際政治版圖之變革，進而成為冷戰東西陣營意識形態對立的遠因。參見：Marilyn Delbosque "From Neutrality To War: Russian Revolution Had To Do With (Woodrow) Wilson's Decision Enter To The Great War", (Dr. Dennis J. Dunn, Dr. Theodore T. Hindson.Texas State University, 2009), pp.6-9.

[100] Jolyon Howorth & Patricia Chilton, op. cit., pp.27-30.

[101] 1940 年法國戰敗後，納粹德國建立了維琪法國（Régime de Vichy）；而流亡英國或其他海外地區的殘於法軍勢力則組成了自由法國（France libre），以游擊戰或加入英美部隊的方式反抗德國。

遭受瓜分的恥辱，但迫於現實的無奈，依賴英美等國提供經濟與軍事協助卻是不得不採取之舉動。

經歷過兩次大戰後的虛耗，戰後呈疲軟狀態的國力讓法國欲重新稱霸歐洲的夢想更加遙不可及，美蘇取代了歐洲成為世界局勢發展的核心，讓法國失去了競爭的條件，直到戴高樂以強人之姿站上了法國的政治舞台，以核子武器作為強而有力的政治工具，才讓法國人從長期灰心與挫敗的歷史中，看見了過去榮耀世界的曙光[102]。而法國與德國的敵對關係也隨著蘇聯的崛起而有所改變，戰後的德意志聯邦（西德）受到諸多限制，軍事威脅性顯得較為減緩，同時不被允許開發核子武器，讓法國感到威脅的來源從國土邊境的德國轉到境外的蘇聯，雖然對德國的疑慮未減，但法國仍與西德展開不同以往的防禦合作，破除了長期以來的敵對關係[103]。

法國不像英國擁有地理優勢，可將海峽作為天然屏障，因此，對於安全的認知與經驗自然比後者更為強烈，對於國防的主張，法國具備自主的見解。不借重他國力量、也不畏懼超強的優勢，此乃法國20世紀最主要的安全思想。

（二）以弱擊強戰略

「以弱擊強」核武戰略是法國自冷戰時期建立至今的核武政策。其中心思想為：「即使法國無法建立像美國一項龐大的核武庫，但當法國的安全利益遭受蘇聯的威脅後，法國會給予蘇聯沉重的打擊，造成

[102] Jolyon Howorth & Patricia Chilton, op. cit., p.31-32.

[103] André Brigot, “A Neighbor’s Fears: Enduring Issus in Franco-German Relations”, French Security Policy in A Disarming World, London: Lynne Reinner Publishers, 1989, pp.87-89.

對方無法承受的損害，而這種嚇阻效果可讓蘇聯不敢輕舉妄動、發動入侵。」當然，這項嚇阻戰略之特性並非在於真正打擊對手，而是在於擾亂蘇聯領導者之政治判斷，要影響蘇聯的決策程序，並得到嚇阻的意義。任何侵略法國的行動都將是愚昧之行為，因為法國會以最嚴厲的方式，讓敵國受到比法國更嚴重的傷害[104]。該戰略提倡所謂的「最後警告」（ultime avertissement）概念，警惕敵對國家不應觸犯到法國的生存利益，否則將遭受嚴重的戰略核武報復[105]。前陸軍普瓦里爾（Lucien Poirier）將軍曾表示：「該戰略是弱者對抗強者的一種不對稱方式，維護的首要目標是國家的生存利益，其次為境外的利益[106]。」

法國的嚇阻力量可算是國家高度自主性的代表，以堅持核武控制權獨立為主要原則，而不受制於其他國家。雖然在研發核武的過程中，法國仍與美國維持技術與科學方面的合作，但從未將核武託付給其他國家。在冷戰時期，法國未發表要將蘇聯視為主要威脅的公開言論，而是宣聲，法國是以一種「全方位」（tous azimuts）保護的核武態勢，視自身為第三大核武力量，並獨立於美蘇之間。儘管如此，以技術層面而論，法國仍將蘇聯作為主要的嚇阻對象，而選擇動用核武的時機乃在於國家利益受損所作出來的反應[107]。發表這項政策類似同時期北約的「大規模報復」政策與後來英國的「最低嚇阻戰略」之綜合。在有限的經濟條件和資源為前提下，法國認為不需要建立太多的

---

104 Panayiotis Ifestos, op. cit., p.276.

105 Bruno Tertrais, “A Comparison Between US, UK and French Nuclear Policies and Doctrines”, Centre National de la Reserche Scinetique, February 2007, p.5.

106 Harold A. Disagree, “No-First-Use and No-Cities: Why Do People Disagree?” in Catherine MaArdle Kelleher, Frank J. Kerr, and George H. Quester, “Nuclear Deterrence: New Risks, New Opportunities”, Pergamon-Brassey’s International Defense Publishers, Inc., 1986, p.164.

107 Bruno Tertrais, “La France et La Dissuasion Nucléaire”, Paris: La Documentation Française, 2007, p.776.

核武，而是強調小規模核武庫所發揮之效率。儘管無法披靡美蘇的核力量，更無力讓蘇聯從地圖上消失，但法國認為只要建立一支小規模的核子武力，針對敵方的重點戰略目標進行核攻擊，仍舊可以達到退卻侵略者的嚇阻效果[108]。

如何定義國家利益必須從許多因素中作考量，法國核嚇阻會依著不同程度的威脅作不同方式的回應。首先，國家安全與生存為優先利益，不僅是法國如此，美國與英國也以國家安全為最重要的利益，任何侵害該領域的國家將受遭到核報復；其次為周邊利益，是以政治、經濟、軍事或文化方面作衡量，若有外力傷害法國在該領域的利益也會被視為威脅。無論何種形式的利益受到破壞，法國都將核武的使用作為最後的警告。不同於北約國家或是美國使用核嚇阻的方式，法國人認為，核子武器並非不能使用的武器（weapon of nonuse），相反的，法國從來不承諾不使核武攻擊其他國家，認為要達到真正的嚇阻效果，就必須要展示強硬的態度，讓核武維持攻勢用途，並且要讓敵對國家認知到，法國是有意願發動核戰爭的可信度[109]。而最後，法國的「以弱擊強」核武戰略相當重視「反城市」準則。1964 年戴高樂便指出：「核打擊要以人口稠密的大城市或經濟中心為目標，唯有如此，始能達到最佳的嚇阻效果[110]。」

採用「反城市」目標的準則是「以弱擊強」戰略中的核心戰術。無論採用先制打擊或核報復都能獲得大規模毀滅的能力，這也是法國與北約或歐洲其他國家不同之處。冷戰結束後，法國實際上也沒有需

[108] Beatrice Heuser, op. cit., p.95-96.

[109] Bruno Tertrais, "The French Nuclear Deterrence After The Cold War", Washington D.C: RAND, 1998, pp.8-10.

[110] Communication pour la Table Ronde, "L'énonciation des normes internationales", Congrès de l'Association française de science politique, Lyon 14-16 septembre 2005, p.13-14.

要再繼續以「反城市」目標為準則，但儘管如此，只強調「反軍事」目標之準則從未被法國所認可，反觀因冷戰之結束，隨著裁軍行動展開後，核武庫也受到了裁減。因此，無論是政治、軍事抑或是經濟中心，城市仍為法國核嚇阻主要的打擊對象[111]。

（三）庇護國家理論

即使戴高樂主義在第五共和政治史上一直被視為主流，但也並非沒有遭到其他意見的挑戰。戴高樂於 1969 年卸任不久後，便有人起身反對退出北約和核武獨立之決策。其代表人物為新任參謀主席富爾凱將軍（Michel Fourquet）。他批評，戴高樂不應該做出與美國反目的決定，更認為法國無力同時挑戰蘇聯或北約，唯有和西方國家合作反共才是明智的選擇[112]。富凱爾自己提出了「雙作戰準則」（Two Battles Doctrine）。其主旨為：「法國很難在東西衝突中維持中立，其核武庫也不足以對抗蘇聯，『全方位』準則是不切實際的想法。因此，法國必須將其戰術核武納入北約與美國的聯合打擊計畫中；戰略核武則自己獨立保留，作為法國本土防禦之用。」此外，富凱爾提出的新準則也認為北約的「彈性反應」政策值得法國參與，這些概念也引申為後來的「庇護國家理論」（National Sanctuarization），並和戴高樂主義或「以弱擊強」戰略形成明顯的對立[113]。

---

[111] Bruno Tertrais, “The French Nuclear Deterrence After The Cold War”, op. cit., p.11-12.

[112] Frédéric Bozo, Translated by Susan Emanuel, “Two Strategies for Europe: De Gaulle, the United States, and the Atlantic Alliance”, New York: Rowan & Littlefiled Publishers, Inc, 2001, p.232.

[113] Fredrik Wetterqvist, “French security and defence policy: current developments and future prospects”, National Defence Research Institute Department of Dfence Analysis, p.16.

因受到時間的侷限，現代法國政策中已沒有繼續引用這項理論，所以並沒有如同「以弱擊強」戰略般常被外界所提出，但 1970 年代時仍受到許多戰略研究者的重視。該理論認為，以核武庇護其他國家是一個大國所應盡的義務，同時也是一種的權力。這種說法是由參謀主席梅里將軍（Gen. Guy Méry）於 1976 年所提出。他認為在全球化逐漸明顯的影響下，法國不能以自身的安全視為一切，其他區域或國家的穩定也會連帶影響到法國政治或安全利益，尤其與法國利益息息相關的內歐地區或地中海一帶，維護整個歐洲安全是一大國應盡之職責。因此，不僅是自身利益受損的情況，其他歐洲國家一旦受到嚴重傷害後，法國有權使用她的核武力量協助他國報復。但這項戰略所使用之原則只以防衛或第二次打擊為基準，只有在傷害造成後才會動用核武[114]。

值得注意的是，梅里所提出的構想是除了法國與德國之外，建立一支歐洲的防備力量，還需要其他大西洋彼岸國家的參與。言下之意，要能夠建構一支庇護所有國家的軍力，欲將美國的因素排除在外是相當困難的，因為美國更具有全球打擊的力量。然而，該構想事實上是抵觸戴高樂主義的獨立原則。因此，必須以互賴的關係作為折衷的選擇，讓法國與北約的防務議題上互助與合作，在「國家層次」（espace natioanal）與「戰略層次」（espace stratégique）上作區隔，以達成新的歐洲軍事力量。如此既可滿足法國獨立國防的需求，更可以讓周邊地區或國家得到額外的保護。但這項與傳統思維有所不同的想法，在戴高樂主義擁護或支持者的眼中是相當難以苟同或讓步的，尤其讓美國涉足歐洲防務上，過去已有非常不愉快的經歷，不可能再同意納入美國的因素。甚至當時法國正由較親北約體系的季斯卡總統

[114] Panayiotis Ifestos, op. cit., p.288.

（Valéry Giscard d'Estaing，任期 1974-1981 年）當政，也認為梅里的理論過於樂觀，並表示，將庇護對象含括到如此廣大的地區根本不可能達到，不如將防禦面積限制在法國邊境至捷克或萊茵河地區會比較務實。但這顯示法國政府有認真思考並重新檢視與其他國家合作的可能性，尤其在北約的層次上，是否應該再度與北約共同合作又成為當時法國人所重視的議題。可惜在密特朗總統上台後，法國與北約的進一步合作的計畫，因回到維持獨立自主而告終。但到席哈克上台後，法國仍存在擴大嚇阻範圍之想法，以顯示其核武不但可維持自我國防需求，更可為擴大防禦、建構區域安全體系，或維護其他地區安全的穩定而貢獻[115]。

[115] Ibid., pp.289-291.

第四章　英國核武發展與沿革

本章節先以介紹英國核武發展之歷程，主要論述的重點為政策行使及兵力態勢的發展。以時間為區分後，第一節為冷戰時期的發展過程；第二節則為後冷戰時期的變化；第三節則是現階段的武裝與戰力。

第一節　冷戰時期

英國自 1952 年擁有核武至今，期間也因國際情勢與本身內部之影響，導致核武戰略有產生不一樣的改變，在裝配「三叉戟」飛彈以前，英國的核戰略與核武器都有較多次的改變，但最基本之戰略方針與政策發展型式始終維持最初的中心思想。且不論英國發展成何種形式的核武國家，她也都脫離不了與美國之間的「特殊關係」[1]，本節將英國的核武發展以政策之行使、武器之研發與最重要的英美關係作區分，歷程分為三大部分：草創、互助與分工時期。

一、草創時期（1945-1956 年）

自核子武器出現在兩極體系的國際政治舞台上，英國也在這場科技競賽的歷程中參與重要的角色。本段落將這段過程區分為技術萌芽

1　Jeremy Stocker, "The United Kingdom and Nuclear Deterrence", London: Routledge, 2007, p.20.

期、加入核子俱樂部兩個時期，以顯示當中不同的特色；此外，英國戰後經濟不佳的問題也會在本段落中陳述，以突顯經濟條件對該國發展核武的影響。

（一）技術萌芽期（1945-1951 年）

英國為二次大戰西歐同盟國中國土未被德國直接侵佔的國家，二戰的慘痛經驗與國家聯盟（League of Nations）的失敗象徵著英國無法再將安全議題完全訴諸於國際聯盟國際或組織。為求自保，邱吉爾認為英國必須要能具備嚇阻戰爭爆發的能力，但受限於經濟與國力的衰退，英國要求獨立發展原子彈勢必需要大國技術上的援助，美國便成了英國首先要合作的對象[2]。

事實上，英國是世界上首先致力於開發核子武器的國家之一，1941 年 8 月 30 日，邱吉爾向參謀委員會提出備忘錄，大力提倡建造原子彈，四天後，邱吉爾的顧問便建議將這項計畫列入最高優先[3]。英國於 1940 年 4 月先成立了「穆德委員會」（Maud Committee），作為研究核子武器的開端，1941 年中期戰爭達到高峰時，弗里施（Otto Frisch）與佩爾斯（Rudolf Peierls）兩位科學家也向英國政府提出了科學備忘錄。該報告中指出，這種以鈾礦為反應原料的超級炸彈有可能對戰爭的局勢產生重大的影響，政府同意後也隨即展開這項新型武器的開發計畫[4]。後來因大戰的延滯，英國無法獨立完成核武發展之

---

[2] Roger Ruston, "A Say in the End of World: Morals and British nuclear weapons policy 1941- 1987", Torondo: Oxford University Press, 1990, p.67-68.

[3] Bruce D. Larkin, Nuclear Design: Great Britain, France, & China in the Global Governance of Nuclear Age, New Jersey: Transaction Publishers, p.30-31.

[4] Tom Milne, British Nuclear Policy, "The British Nuclear Weapons Programme 1952-2002", London: Frank Cass Publishers, 2003, p.12.

作業，便將這項計畫納入著名的美國「曼哈頓計劃」（Manhattan Project），進而開啟了英美兩國之間緊密的核武發展關係[5]。與二次大戰期間同步進行的「曼哈頓計劃」中，英國、美國與加拿大之間以共同合作開發核子武器為共識，1943 年於加拿大簽訂了「魁北克協議」。協議當中表示三國要在核子武器研究上進行全面性的合作，除了可共享核技術與情報之外，也宣示了未來沒有簽署國的同意，不可將原子彈使用於其他國家之上[6]。在此同時，情報發現納粹德國的核武發展進度已有超前「曼哈頓計畫」的可能，英美立刻合組成祕密行動部隊並出動轟炸機，合力摧毀德國位於挪威的重水設施，該處為德國提供重要的重水原料與技術，破壞行動的成功也免於讓納粹德國率先獲取原子彈，讓英美等國在原子能技術上擁有領先的優勢[7]。

雖然英美雙方於大戰期間進行的合作關係有初步的成果，然而，二次大戰結束之後，美國國會在 1946 年通過了「原子能法案」（Atomic Energy Act），亦稱為「麥克馬洪法案」（McMahon Act）。將英國在「曼哈頓計劃」中的研究供獻給抹殺，單方面終止了核技術共享的協議，當中除了有科技機密問題之外，也有政治考量[8]。雖然英國曾力挽狂瀾，以提供美國利用英國本土或海外軍事基地作為交換條件，來換取重啟英美之間的互助關係，但杜魯門總統至多也只答應使用核武的決

5　Jeremy Stocker, op. cit., p.15.

6　Beatrice Heuser, "NATO, Britain, France and the FRG: Nuclear Strategies and Forces for Europe 1949-2000", London: The Ipswich Book Company Ltd, 1997, p.63.

7　George Giles, The Evolution of British Nuclear Strategy, Doctrine, and Force Posture, “Minimum Nuclear Deterrence Research”, USA: SAIC Strategic Groups, May 15 2003, p.II-4-II-5.

8　美國事實上希望壟斷核武技術，以維持其獨霸西方的地位，同時也害怕英國擁有核武後，蘇聯間諜可以透過英國竊取相關情報。參見：Avery Goldstein. "Deterrence and Security in the 21st Century: China, Britain, France and Enduring Legacy of Nuclear Revolution", Stanford: Stanford University Press, 2000, p.161.

策會與英國一起商研，並沒有符合英國所期盼的目標。現實上，杜魯門希望的是核武技術美國必須留有一手，以便在未來面對蘇聯時美國能擁有絕對優勢，因此，在第四次魁北克會議後，杜魯門又否決了艾德禮（Clement Attlee，任期 1945-1951 年）所提出的核武「技術資訊」（technological information）交換的要求[9]。艾德禮的工黨政府雖然在二戰後擊敗邱吉爾獲得政權，承繼了保守黨政府的計畫，工黨上台後卻立刻面臨了美國關緊大門的窘境，該狀況使新政府決定將發展核子的計畫脫離出美國之外，即便是沒有美國的協助，也要讓這條研發核武之路繼續走下去。1945 年 8 月 21 日，工黨政府成立了「原子能顧問委員會」（Advisory Committee on Atomic Energy），開始發展英國的原子彈，並堅持無論是工業用途或軍事用途，都要繼續原子能的計畫[10]。發現英國愈來愈有可能成功研製原子彈後，美國的態度也產生轉變，更何況美國也需要歐洲國家一同對抗蘇聯或亞洲新崛起的中共，英美之間的特殊合作關係便又回到了檯面上[11]。而戰後英國的首要目標是要將國力回復到過去軍事強權的地位，並藉此拓展國家利益。雖然 1946 年開始進行的「馬歇爾計畫」（Marshall Plan）與北大西洋公約組織的成立，也表示了美國確實會對歐洲進行軍事保護與經濟協助，英美之間的同盟關係不致於走向惡性競爭，且具有廣大的合作空間。但艾德禮卻認為，美國的態度實在太過於搖擺不定，諸多動作又顯示美國確實想要進行核壟斷，而且未來是否會再度拋下歐洲安全不顧、回到孤立主義的路線更值得歐洲警惕。面對國防自主與工業發展的需求，艾德禮認為，美國不會是擁有核子技術的唯一國家，國

---

9 Ibid., p.156.
9 Ibid, p.150-154.
10 Bruce D. Larkin, op. cit., p.31.
11 Beatrice Heuser, op. cit., p.64.

防安全自主與經濟發展促使了英國決心要發展核武，英美之間的核武合作關係再次宣告破裂[12]。但值得注意的是，英美雙方破局之情況並不同於 1959 年發生的中蘇共分裂；也不像法美之間充滿了激烈的摩擦。「麥克馬洪法案」給英國的感受是背叛與不信任，但不表示英美之間的政軍同盟關係也同等破裂；而赫魯雪夫（Nikita Khrushchev，任期：1953-1964 年）與毛澤東之間是轉變為敵對關係，發展原子彈是用來對抗彼此；法國則是用強硬的態度走出自己的路[13]。

毫無疑問地，英國直接的威脅來自共產集團的擴張。在 1948 年的柏林危機中，蘇聯以封鎖通往西柏林的聯外道路與鐵路為手段，企圖迫使西方國家放棄西柏林，最後因美國運用空運方式為西柏林提供物資援助，最後才使蘇聯解除封鎖計畫。這場危機也讓英美了解到，紅軍的傳統武力已經超越了西方，因此必須強化西方國家的關係，進而導致隔年北大西洋公約組織的成立。此外，為面對蘇聯可能發動的入侵，英美軍方於危機爆發期間也曾計畫聯合對蘇聯的工業或人口中心發動戰略轟炸，但此時只有美國擁有核子武器，協同作戰的英國皇家空軍才意識到，沒有原子彈要能打擊蘇聯是很困難的[14]；且不久之後，1949 年蘇聯也成功試爆了第一枚原子彈，成為第二個核武俱樂部國家；同年中國大陸也受到赤化，國民黨部隊退敗；以及 1950 年 6 月 25 日爆發的韓戰，聯合國部隊遭到中共志願軍的沉重打擊，諸多事件都產生出嚴重的安全問題，共黨勢力威脅遽增導致英國的國防支出也達到了熱點。

---

12 Tom Milne, op. cit., p.13.

13 Avery Goldstein, op. cit., p.157.

14 Michael Dockrill, “British Defence since 1945”, USA: Basil Blackwell, 1989, p.32-33.

1952 年發表的「全球戰略報告」中表示，面對未來共黨世界帶來如此強大的威脅，又受制於國家相當有限的財政預算之影響，發展核武是相對便宜且有效率的選擇，更可以彌補傳統武力上的缺失。同年皇家空軍（RAF）參謀部參謀長史萊瑟爵士出版的「西方戰略」（Strategy for the West）一書中支持報告所建議的部署核武計畫，並表示英國必須成為第三個核武國家。面對擴張中的共黨勢力，西方圍堵的計畫必須立刻展開，除了與澳大利亞、香港與新加坡等大英國協國家的合作也很重要之外，維持英國獨立以面對威脅的力量便是核嚇阻能力。此外，白皮書也強調，為了避免英孤立，英美之間應該要繼續密切的核武發展，史萊瑟曾向杜魯門政府表示，儘管已經終結了技術互換的條件，英國仍期待與美國重啟相關合作，但杜魯門始終未應許英美計畫合作之要求，讓英國仍必須獨立發展自己的原子彈[15]。

（二）加入核武俱樂部（1952 年）

歷經多年的努力，1952 年 10 月 3 日，英國終於成功在澳大利亞的蒙特貝羅（Monte Bello）引爆了第一枚原子彈，成為世界上第三個核子俱樂部成員，這是英國的第一枚核分裂彈。有鑑於此，1955 年，時任財政大臣的麥克米朗振奮地向美方提出重新討論合作的可能，欲求英美展開新的共同發展核武戰略計畫，他向美國政府協商使用「雙鑰」（dual-key）的方式共管核武，顯示英國仍未放棄與美國重啟合作的要求。1957 年 5 月英國在馬爾登島（Malden Island）經過了只有幾次成功的測試之後，迅速的在隔年 4 月於聖誕節島（Christmas Island）的「鐵鉤 X」（Grapple-X）測試計畫中成功試爆了核融合彈，且又在隔年分別

[15] Ibid., p.45-46.

進行了「鐵鉤 Y」（Grapple-Y）和「鐵鉤 Z」（Grapple-Z）計畫，改良核融合過程中所出現的缺點，並提升爆炸當量（鐵鉤 Y 計畫最大當量曾達到 300 萬噸），向世界宣告英國擁有了更強大的氫彈[16]。

從 1952 年至 1991 年，英國一共進行 45 次核試爆。21 次為高空試爆，其中 18 次是在 1956 年到 1958 年間進行的。1957 年前，其試爆區域多在澳大利亞；1958 年後轉為馬爾登島與聖誕節島上進行。1962 年之後，英國改採用地下核試，平均每三年一次，在美國內華達州沙漠中一共進行了 24 次。1965 年到 1975 年之間的核爆程序，英國皆已不再單獨作業，其餘進行的核試爆都是與美國同步進執行的[17]。

縱使英國的軍事傳統已對嚇阻觀念有相當的了解，但是對於核武這項新武器，乃必須建立一套新式且複雜的新政策。尤其爾後核武不斷地進展，從核分裂的原子彈發展出具有更強大爆炸威力與殺傷力的核融合式氫彈；到飛彈技術的突破發展出彈道飛彈，促使核武的使用更加複雜化，嚇阻的觀念也面臨了更新的改變。事實上，在 1953-54 年期間，英國政府早有計畫開發短程飛彈的技術。因此當時擬定了兩項前瞻性決議：其一為發展氫彈；其二為發展短程液態燃料的「閃光」（Blue Streak）彈道飛彈作為前者的投射載具。1957 年英國國防白皮書透露，由於核武研發的成功，未來將可運用氫彈彈頭與該枚飛彈作結合，作為更先進的核打擊戰力，如此一來，除了可以取代大規模的傳統兵力，甚至可以取消英國的徵兵制度[18]。不過，儘管後來氫彈已經研製成功，但以當時飛彈技術有限的英國來說，要將這種想法付諸行動似乎太樂觀且言之過早。

---

[16] Bruce D. Larkin, op. cit., p.32.

[17] Douglas Holdstock & Frank Barnaby, "The British Nuclear Programme 1952-2002", London: Frank Cass, 2003, p.147.

[18] Jeremy Stocker, op. cit., p.16.

（三）戰後的經濟狀況（1945-1970）

由於二戰剛結束後，歐洲國家機能與建設百廢待舉，從 1940 年到 1959 年之經濟狀況來看，英國的平均出口成長率僅剩下 0.9%，是已開發國家中最低，如何復甦該困境為當時政府的迫切之道[19]。這現象也導致國防經費立刻被視為首要刪減的對象，從 1946 到 1947 年，國防經費從 GDP（gross domestic product，國內生產總值，以下皆簡稱 GDP）的 16.1%瞬間下降到 5.8%。1950 年韓戰爆發，應美國要求支援之下，英國才再度將比率調升到 7.5 至 8.7%。此外，英國的外貿出口比例也創下了難堪又糟糕的紀錄，1950 至 1970 年統計，其比例從 25.5%跌至 10.8%，和同時期的其他國家相比，法國雖然從 9.9%降到 8.7%，但跌幅較小；西德從 7.3%升至 79.5%；日本從 3.4%升至 11.7%，兩個戰敗國的經濟成長速度令人刮目相看。1950 年到 1973 年統計，英國每年的 GDP 成長率是 3.0%；美國為 3.7%；法國為 5.1%；加拿大為 5.2%；義大利為 5.5%；西德為 6.0；日本為 9.7%。用數據相比之下，顯然英國的經濟狀況在西方國家當中成長不僅較為緩慢，甚至逐漸被其他國家超越。因為如此，對於一個曾主導過世界經濟發展的大英帝國而言，為了顧及國家形象和政軍力量，該階段英國以投入可觀的國防預算為方法，來維持其大國地位。1955 至 1970 年統計，英國國防經費平均占 GDP 的 6.4%，超過法國的 5.6%、荷蘭的 4.3%、西德的 3.9%和義大利的 3.2%。除了維持高額的支出外，獨立的核武開發作業，以取代傳統武力所需之財政也是一種變相的開源方式。與

[19] Thomas F. Cooley and Lee E. Ohanian, “Postwar British Economic Growth and Legacy of Keynes”, The Journal of Political Economy, Vol.105, No.3, (Jun. 1997), p.440.

美國之間的同盟與合作關係，更是降低軍費開銷最有利途徑，爾後英美建立緊密的政軍關係，也是環境形塑而成、一種無可厚非的選擇[20]。

不過實際上，英國的經濟力量仍無法再回復到戰前的水準，逐漸被法國或德國等競爭者超越仍是不爭的事實，導致前者於 60 年代相當倚賴「V 式轟炸機」的戰略嚇阻功能，70 年代更以北約核戰略為導向，足以顯示英國冷戰時期的戰略思維，是以核武節省國防成本為主體，作為該時期所衍生出來的新戰略走向[21]。

表 4-1　1950 至 1998 年重要出口國之出口百分比

時間（年）／國家	1950	1973	1998
美國	26.6	15.1	10.5
日本	3.4	13.1	9.9
德國	7.0	15.1	12.7
法國	9.6	13.1	6.2
英國	14.0	9.1	5.7

資料來源：Jean-Pierre Dormois, ”The French Economy of Twentieth Century”, Cambridge: Cambridge University Press, 2004, p.33.作者自行編譯

二、互助時期（1956-1962 年）

獨立成功試爆了原子彈與氫彈之後，英國就要面臨到核武載具的選擇，進而獲得真正的嚇阻能力，但此時段卻是英國逐漸將技術導向美國的開始。1957 年 10 月 4 日，蘇聯發射了第一枚人造衛星「史波尼克號」（Sputnik），引發美方極大的震撼，意識到蘇聯在彈道飛彈科

[20] Robert H. Patterson, “Britain’s Strategic Nuclear Deterrence: From before The V-Bombers to beyond Trident”, London: Frank Cass & Co. Ltd., 1997, p.47-48.

[21] Ibid, p.54-55.

技可能已經領先了美國，喚起了重啟團結西方軍事科技的想法，而長期以來積極追求雙方合作的英國便是美國首要合作的對象[22]。1958 年 7 月 1 日，艾森豪總統與麥克米朗首相簽定了「雙邊防務用途之原子能使用合作協定」（Agreement for Cooperation on the Use of Atomic Energy for Mutual Defence Purposes），同意除了分享雙方的核技術之外，核原料或武器裝零件也可以互相轉移與提供，雙方也都針對所需條件作利益互換，其中英國還可用鈽元素交換美國的濃縮鈾[23]，同年英國還向美國簽訂了「合作計畫」（Program of Cooperation），表示英軍駐歐部隊的榴彈炮可以使用美製核彈頭[24]。1960 年 9 月 23 日，倫敦與華府雙方達成協議，英方願意提供霍利灣基地（Holy Loch）作為美國海軍「北極星」潛艦的母港，而英國則獲取未來「果斷級」潛艦所要搭載的「北極星 A3T」潛射彈道飛彈系統，組成第二代的核武戰力，同時也象徵著英國皇家海軍（RN）逐步取代皇家空軍擔任戰略嚇阻的角色[25]。

（一）嚇阻戰力成型（1957 年）

發展原子彈須要有投擲用的載具，以當時最成熟的技術而言，與核武同時期發展的英國戰略轟炸機是最佳的選擇，也是能最快組成戰力的途徑。1957 年參謀長史萊瑟決定先採購英國皇家空軍成功發展、可搭載原子彈的中程噴射轟炸機：「V 式轟炸機」，作為第一款的核武載具。所謂的「V 式轟炸機」指的不是單一機種，而是將「勇敢式」

---

22 Jeremy Stocker, op. cit., p.17.

23 John Baylis, “British Defence Policy in a Changing World”, London: Croom Helm, 1977, p.78.

24 Marco Carnovale,op. cit., p.139.

25 Bruce D. Larkin, op. cit., p.32.

（Valiant）、「勝利式」（Victor）和「火神式」（Vulcan）三種型號轟炸機聯合起來的統稱，分別是由維克斯（Vickers）、亨得利佩奇（Handley Page），以及艾弗羅（Avro）三家飛機製造廠所建造。「勇敢式」是作為取代「史波林」（Sperrin）轟炸機的過度型機種；「火神式」為四具噴射引擎的三角翼轟炸機，在當時是屬於先進的設計，同時也有較高的航程可進行核武攻擊任務；「勝利式」則採用獨特的彎月型機翼設計[26]。「V 式轟炸機」成為英國第一代的核武載具後，也是英國空基嚇阻力量發展的開始。

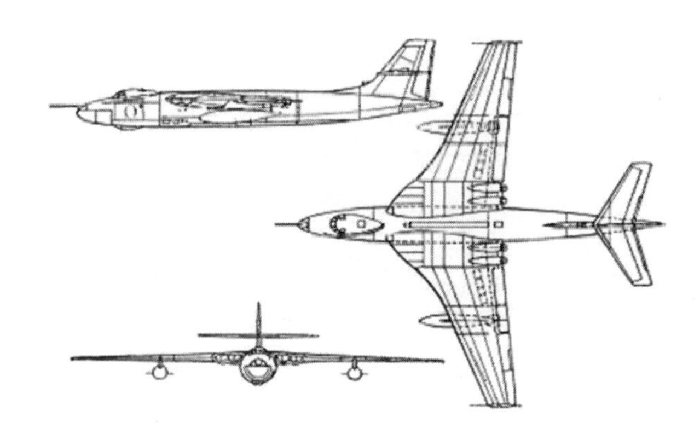

圖 4-1　勇敢式轟炸機三視圖

圖片來源：http://nueveg.wordpress.com/2009/12/04/vickers-valiant/.

經過了兩次大戰的摧殘，英國的經濟和軍事力量雖然已被削弱了不少，但此時原子彈的出現正好彌補了英國所需。英國雖然已經

---

[26] Stewart Menual, "Countdown: Britain's Strategic Nuclear Force", London: Robert Hale, 1980, p.39-40. 1957 年白皮書將重點放在核子武器上，以及當時的國防部長桑迪斯（Duncan Sandys）都支持發展大規模報復政策並取消徵兵制度，以核子武器來取代傳統武力並降低國防經費的支出，參見：Beatrice Heuser, op. cit., p.72.

脫離了美國的援助，並能獨立發展核子武器與其載具，但英國在軍事關係上仍選擇以美國為導向，將蘇聯視為最大的安全威脅來源，且為追求更強大且長遠的發展，英國更無法脫離與美國之間的互助合作。不過，在面對蘇聯時，英國也會對保衛西歐國家的安全作出承諾，若稍有差錯，擁有核武至少可以確保英國本身的安全，而這樣的態度於往後的 40 多年都是英國的主要認知。1952 年原子彈試爆成功後，邱吉爾便樂觀地表示這將會是英美資訊互享之路的新開始[27]，而當英國擁有了原子彈以後，美國的立場也確實開始轉變，認為英國擁有核武是已既定的事實，沒有必要再繼續壟斷英美之間的技術分享，改變思考之後，讓英國也具有核戰力也彰顯其戰略價值的提升，未來能夠進一步協同作戰或合力對抗蘇聯，更不會有資源重複使用的問題[28]。

1957 年開始，英國便以「V 式轟炸機」攜帶「藍色多瑙河」（Blue Danube）[29]重力炸彈的方式，正式將其核武投射戰力成軍。然而，在有限財政的條件下，「多瑙河式」原子彈的爆炸當量僅有 1 萬噸，威

---

[27] Roger Ruston, op. cit., p107.

[28] 鄭大誠，〈英美核武關係〉，《國防雜誌雙月刊》，第 595 期，（台北：空軍司令部，民國 95 年 12 月 1 日），頁 6。

[29] 「藍色多瑙河」為英國第一款的重力核炸彈，應空軍於 1946 年的 OR. 1001 計畫要求所建造，是一種彈心為鈽原料的核分裂彈，結構與 1952 年在蒙特貝羅試爆的第一枚原子彈成分類似。重量約 10000 磅、長度約 290 英吋、直徑 32 英吋、爆炸當量大約在 1 萬 5 千噸左右。此型彈有其它多種不同種類的子型，主要以 MK.1 和 MK.2 兩種型號為主，威力從較小的 1500 噸至 4 萬噸都有。儘管「V 式轟炸機」尚未成軍，但 1953 年「藍色多瑙河」便已進入皇家空軍中服役；1957 年才裝配在「V 式轟炸機」上。至 1958 年停產為止，建造數量最達到 58 枚；1960 年後逐漸被替換，1962 年被除役的彈頭核分裂原料逐漸移轉到下一款的「紅鬍子」炸彈上。參見：Richard Moore, “The Real Meaning of the Words: a Pedantic Glossary of British Nuclear Weapons”, UK Nuclear History Working Paper number.: 1 , Mounbettan Centre of international studies, p.3-4.

力比廣島原子彈還小[30]，英國政府之期望是以有限的核原料為基礎，將小規模的核彈大量製造。在各種條件皆困難情況下，英國還曾以「E計畫」（Project E）租借美國的 Mk4 與 Mk5 核彈，這項計畫雖然能讓美國為英國皇家空軍提供更多的核彈，但這些核武皆受制於美國的嚴格控管，使用上並不如英國製造來的自由[31]。

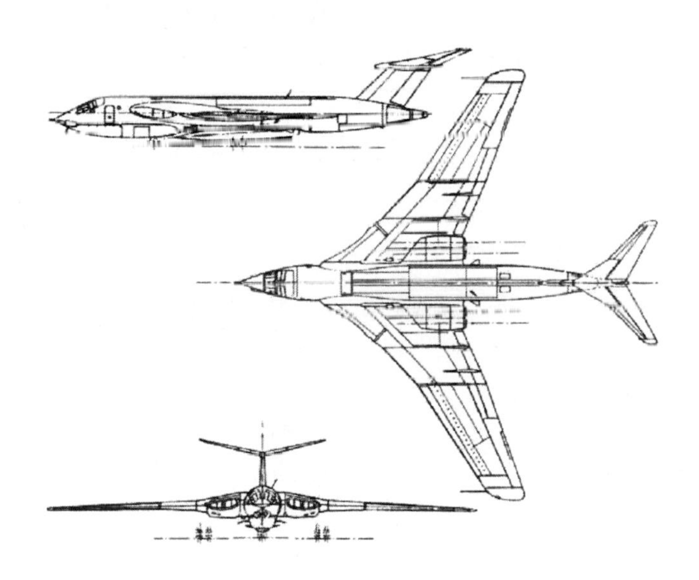

圖 4-2　勝利式轟炸機三視圖

圖片來源：http://www.aviastar.org/air/england/handley_victor.php.

對英國的三軍而言，皇家空軍的地位因為「V 式轟炸機」的出現得到了重視，尤其在 1950 年代，空軍的提升導致海軍所分配到的預

[30] Statement On Defence 1955, Cmnd 9391, London: HMSO, February 1955, paragraph 35.

[31] John Baylis, “Ambiguity and deterrence: British nuclear strategy, 1945-1964”, New York: Oxford University Press, 1995, p.258-259.

算因而受到了壓縮。事實上，對於核子武器的使用方式，各軍種其實都有不同的意見，空軍參謀長特倫查德將軍特別強調重轟炸機的戰略攻擊能力，認為核戰過後即可獲得戰略性結果[32]；但皇家海軍卻反駁了前者的說法，海軍麥克格里戈元帥（Rhoderick McGrigor）認為核戰過後，接下來的戰爭會以傳統方式繼續進行，此乃海軍倡導的「核後戰爭」（Broken-backed warfare）。發表該說法的真正含義除了必需建立核嚇阻之外，其他傳統武裝也需要顧及；相較於空軍與海軍之各持己見，陸軍的態度則較為沉默與冷淡[33]；觀察空海軍爭執不休的論戰，政府實際上只對如何有效分配預算的問題感興趣。對政府而言，發展核武的最大好處，是在於國家可因核武取代龐大傳統武力，使有限預算獲得妥善運用。

圖 4-3　雷神彈道飛彈

圖片來源：http://www.astronautix.com/lvs/thor.htm.

---

[32] Richard Moore, “The Royal Navy and Nuclear Weapons“, London: Frank Cass, 2001, p.64-65.

[33] John Baylis, op. cit., p.166-167.

經歷過多年的遊說與交涉，長期以來英國始終未放棄與美國之間的合作關係，但英國實際上持用的是兩手策略，一面獨立開發核武；另一面又緊拉著美國關係不放，希望美國能夠解除「麥克馬洪法案」對於雙方交流的凍結關係[34]。最後英國在 1954 年與 1958 年成功說服了美國國會終止於 1946 年所通過的法案限制，讓英美雙方的交流能夠恢復頻繁，英方表示此舉可以使雙方互相交流資訊、互信度更高，有利於核武的發展。取消這項法案之後，英美達成新的協議，艾森豪總統於 1957-58 年間，正式批准軍方將 60 枚「雷神」（Thor）中程彈道飛彈部署在英國境內。美國也同意了將這些飛彈以雙鑰方式與英國共同管理[35]。飛彈和彈頭本身由美方提供，經由美方授權之後，再轉交由英國皇家空軍使用。然而，這套系統很快被發現有容易受到先發制人攻擊與有效反應時間過長等缺點，讓英國領土受到攻擊的危險性增加，因此在 1963 年被撤除，這表示英國最終還是得依賴戰略轟炸機以維持其核嚇阻力量[36]。此外，只以空基力量為打擊主軸，也意味著英國的核武庫是比較有限的，面對美蘇之間不斷擴張的核武庫，英國採行了美國所提倡的「大規模報復」政策，既不需要維持大規模傳統武力的龐大財政支出，也不必大量製造核彈，而是藉由小規模的核武器，達成英國所想要的嚇阻能量[37]。

「V 式轟炸機」代表英國獨立核武發展之歷程，及空基力量為主軸的時代，直到 1980 年代退出第一線為止，三種轟炸機分別攜帶過「藍色多瑙河」、「紅鬍子」（Red Beard）[38]、「紫羅蘭俱樂部」（Violet

---

[34] Avery Goldstein, op. cit., p.160.

[35] Jeremy Stocker, op. cit., p.16.

[36] Robert H. Paterson, op. cit., p.44.

[37] Roger Ruston, op. cit., p122.

[38] 「紅鬍子」是英國第二款核分裂炸彈，應 1951 年海軍與空軍要求的 AW. 330 和 OR. 1127 計畫要求所建造，1958 年完成、1959 年開始生產、1961 年開始

Club）[39]、「黃日一型」（Yellow Sun MKI）[40]、「黃日二型」與 WE177[41] 各式的核炸彈，以及「藍鋼」（Blue Steel）[42]空對地核飛彈，賦予之

服役。採用「藍色多瑙河」鈽原料並改良為內壓式核分裂彈。重量約 2,000 磅、直徑約 3 英呎、長度約 12 英呎、爆炸當量大約 15000 噸。1962 年皇家空軍獲得了 110 枚「紅鬍子」，除了「V 式轟炸機」之外，「坎培拉式」（Canberra）轟炸機也可攜帶；同時也由海軍航空隊配備了 28 枚，使海軍也具備戰術核打擊的能力，而所有的「紅鬍子」一直服役到 1971 年才被 WE177 炸彈取代為止。參見：Richard Moore, "The Real Meaning of the Words: a Pedantic Glossary of British Nuclear Weapons", op. cit., p.11.

[39] 「紫羅蘭俱樂部」為英國的過渡型核分裂炸彈，為因應 1953 年空軍要求的 OR. 1136 計畫所建造，在下一款「黃日」核炸彈服役以前，於 1958-59 年間於皇家空軍中服役，使用「綠草式」（Green Grass）核彈頭，重量大約 9000 磅，外型採「藍色多瑙河」相同的設計，爆炸當量約 4 萬噸，裝配不久之後便被改良為「黃日一型」。參見：Ibid., p.14.

[40] 「黃日」是英國最早部署的百萬噸級氫彈，也是應空軍 1954 年的 RO. 1136 計畫需求所建造，取代過渡型彈種「紫羅蘭俱樂部」，1957 年經過了「鐵鉤」（Grapple）試爆後證實了這款炸彈具有百萬噸級威力。彈體重約 7000 磅、全長 21 呎、最大當量推測約 100 萬噸。彈頭的雛型是「綠草」的前型「綠竹」（Green Bamboo），但後來與美國共同合作改良成「綠草」彈頭，並裝載在「黃日一型」上；而另一種型號：「黃日二型」則是改進了一型的缺點，採用「紅雪式」（Red Snow）彈頭。「黃日一型」於 1961 年服役、1963 年除役，總共製造了 37 枚；「黃日二型」1963 年接續前型服役，直到 1972 年退役，由 WE177 取而代之，總數約 86 枚。參見：Ibid., p.16.

[41] WE177 是應空軍 OR. 1177 計畫要求所研發的空投式核彈，是繼藍色多瑙河後，英國部署最多的核炸彈，1958 年開始籌劃，用以取代舊型的「紅鬍子」，但與「紅鬍子」用途並不同，後者大多部署於地中海或東南亞地區；而前者多部署在英國本島附近，以防禦英倫三島地區為主。除了將裝配在空軍的「TSR.2」轟炸機上之外，同時也因應海軍的 GD.10 計畫需求，也要提供給海軍航空隊作戰術轟炸用途。1962 年美國可提 MK.59 彈頭給英國，但英國政府仍堅持要自行研製新型的炸彈。WE177 主要有 A、B、C 三種不同的型號，A 型為核分裂彈，重量約 600 磅、長度約 112 英吋、當量大約僅有 1 萬噸；B 型和 C 型為核融合彈，B 型重量約 950 磅、長度約 133 英吋、最大當量為 45 萬噸；C 型外觀與 B 型相同，但當量降至約 20 萬噸。從 1966 年服役開始，WE177 始終為英國戰術嚇阻之主力，英國相當倚重其功能，服役期間「美洲虎式」（Jaguar）戰機、「龍捲風式」（Tornado）戰機、「海獵鷹式」（Sea Harrier）戰機、「海盜式」（Buccaneer）戰機、「海王式」（Sea King）反潛直升機、「坎培拉」（Canberra）轟炸機和「V 式轟炸機」等眾多機種皆掛載過，據悉共有 200-250

重任顯示了英國於冷戰時期極為重視空基力量的發展，也是英國早期核武發展關鍵性的象徵[43]。

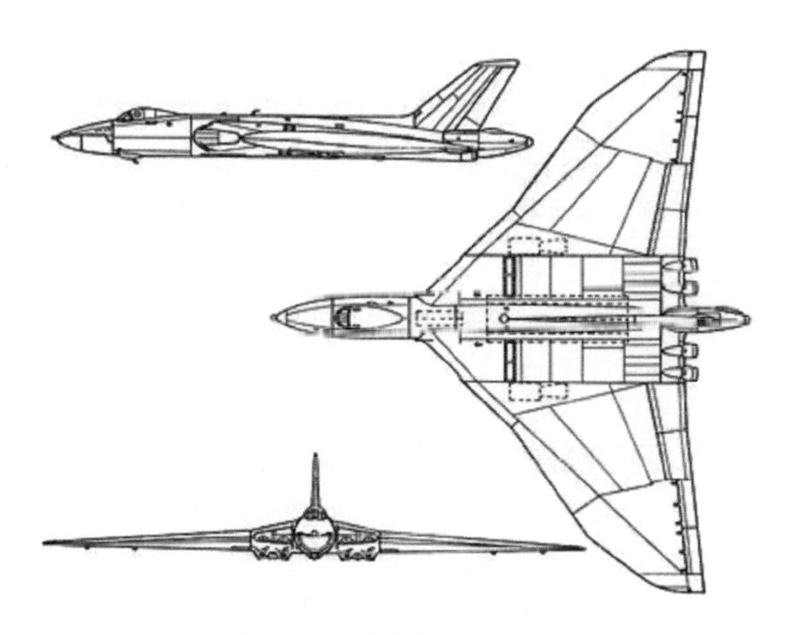

圖 4-4　火神式轟炸機三視圖

圖片來源：http://www.fiddlersgreen.net/models/aircraft/Avro-Vulcan.html.

枚的 WE177 被建造出，直到 1998 年 3 月從空軍和海軍全數除役之後，英國也從不再具有戰術核打擊的能力。參見：Ibid., p.15.

42 「藍鋼」是英國最早的核飛彈，1954 年應空軍的 OR. 1132 計畫要求所建，由英商羅氏企業（A. V. Roe and Co.）製造。該枚飛彈為一種液態燃料空對地飛彈，配載在「火神式」及「勝利式」兩種「V 式轟炸機」上。彈體約 35 呎長、彈翼約 13 呎寬、重量約 15000 磅，飛行速度可達 2.5 馬赫、最大射程 200 公里、誤差約 90 至 640 公尺。彈頭採用「紅雪」核融合彈，從 1956 年開始製造、1962 年服役、1970 年除役，期間皇家空軍裝配了共 40 枚。參見：Ibid., p.4-5.

43 Humphrey Wynn, "RAF Nuclear Deterrence Forces: their Origins, roles, and development 1946-1969", London: HMSO, 1994, pp.43-262.

早期英國核武在發揮嚇阻上可說是相當頻繁。由於越共與印尼共黨的活動激烈，西方認為這是蘇聯慫恿中共去鼓動與支援這些區域的共黨活動，其中印尼共黨甚至積極入侵馬來西亞，協同該國的共黨活動，因此英國出兵協助馬國剿共。1962 年到 1970 年之間，為了阻止印尼政府出動正規軍偽裝的游擊隊，大規模入侵馬來西亞以統一婆羅州，同時也有嚇阻中共的意味。英國遂派遣轟炸機進駐新加坡；在 1963 年到 1966 年間，皇家空軍攜帶了 10 顆當時英國半數的「黃日」氫彈，並配合 48 枚「紅鬍子」原子彈一起進駐，加上海外派駐航艦戰鬥群攻擊機攜帶的「紅鬍子」，經常以演習對印尼進行核威嚇，而英國在中南半島使用核嚇阻共黨的成果，也比同期美軍在越南的表現更突出。

在中歐的戰術任務方面，繼承「坎培拉」與「V 式轟炸機」的，先是 1971 年的海盜式、緊接是 1972 年的 F-4「幽靈式」（Phantom）戰機，1975 到 76 年間該部隊由「美洲虎」戰機所取代，最後在 1985 年交棒給「龍捲風 IDS」（Tornado IDS），與德義兩國同型機執行相同的任務[44]。至於皇家海軍，1978 年傳統航艦雖然全數退役，換上戰力較差的垂直起降機（VTOL）航艦；但「海獵鷹 FRS Mk.1」與「海王式」直升機皆可使用 WE177 系列多用途核彈（對地、對海、反潛），核打擊能力並不比過去的傳統航艦差[45]。

---

44 范仁志，《歐洲國家的核武戰略：英國核戰略與核戰術》，全球防衛雜誌 260 期，（2006 年 4 月），頁 94-96。

45 William Sweet, “Nuclear Notebook”, The Bulletin of American Scientists, September 1993, p.57.

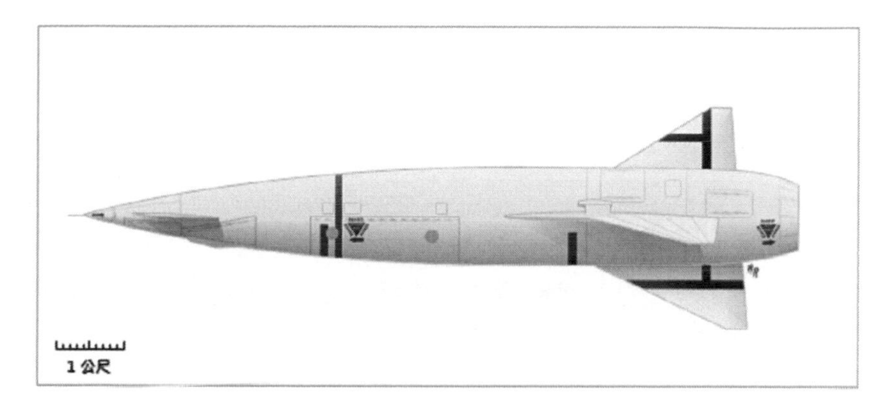

圖 4-5　藍鋼空射型核彈

圖片來源：http://www.airfieldinformationexchange.org/community/showthread.php?4256-RAF-Scampton...Blue-Steel-Help-Required.

（二）嚇阻力量轉型（1960 年）

空基嚇阻力量在 1960 年開始走下坡，因諸多跡象顯示轟炸機的易損性愈來愈明顯，隨著蘇聯的空防能力增強後，轟炸機的突穿能力受到了質疑。英國估計打擊蘇聯的戰損率將會高達 70-90%，導致負責控管的「轟炸機指揮部」（Bomber Command）預算從 1950 年代占總國防預算最高峰的 10%，被刪減至後來的 2-4%。1968 年後，「轟炸機指揮部」被裁撤並納入了「打擊指揮部」（Strike Command），宣告了英國核武發展將逐漸轉型[46]。皇家空軍雖仍有核武打擊能力，仍服役中的 WE177 彈頭與「火神式」轟炸機，納入了「北約歐

[46] 1967 年 3 月皇家空軍曾打算採購美製的 FB-111A 戰鬥轟炸機，作為「V 式轟炸機」退役到「北極星」潛艦服役之間的過渡型戰力，但受制於財政限制，這項計畫最後也被取消。參見：Michael Dockrill, op. cit., p..91-92.

洲盟軍最高指揮部」(Supreme Allied Commander in Europe, SACEUR)所管轄的的美國「聯合戰略目標策劃機構」(Joint Strategic Targeting Plan Staff, JSTPS)[47]。直至 1982 年 10 月 31 日，所有的「火神式」轟炸機退役之後，英國空軍才將剩餘的 WE177 轉交由「美洲虎式」(Jaguar) 與「龍捲風式」戰機使用。1998 年 3 月 31 日，英國宣布所有的空基核武被除役時，英國皇家空軍所扮演的核打擊角色才正式解除[48]。

1956 年爆發的蘇彝士運河危機讓英法對美國產生相同的觀感：那就是美國並非想像中的可靠。美國確實有可能會因為自身利益的考量而放棄盟國的利益。但是兩國日後的作法卻有相當的差異，法國因危機中美國的冷漠態度而脫離了對北約集體防禦體系的依賴，獨自尋求國防自主並發展獨立性極高的核子武器；而英國雖然也受到了不小的衝擊，縱使事後表達了許多的不滿，但最終還是讓英國人認知到，在沒有美國人的協助之下，要獨自面對強大的蘇聯或完成自我防衛仍有相當大的困難[49]。無論是在技術、財政或資源上，英國要繼續維持並發展核武勢必需要美國的協助；而 1957 年重啟的英美合作關係，以及在英國境內部署短程地對地飛彈也都象徵著英美之間已逐漸進入了一個新的發展階段。直到 1962 年拿騷協議(Nassau Agreement)簽定為止，在這段不長的時間內，英美兩國處於了特殊的互助關係[50]。

---

[47] Beatrice Heuser, op. cit., p.84.

[48] Statement on the Defence Estimate 1969: part I the defence review, Combat Force, Cmnd 3927, London: HMSO, Fabruary 1969, paragraph 2.

[49] Marco Carnovale, “The Control of NATO Nuclear Forces in Europe”, San Francisco: Westview Press, 1994, p.139.

[50] Peter Byrd, “British Defence Policy: Thatcher and Beyond ”, Great Britain: Philip Allan, 1991, p.17.

1953 年英國曾嘗試自行發展「閃光」陸基短程彈道飛彈，但隨後發現到「閃光」飛彈設計上有許多問題。首先，研發「閃光」飛彈所需的成本過高，除了飛彈本身價造昂貴之外，還必須建造新的飛彈發射井；其次，採用液態燃料加注的方式使飛彈必須花費 10-15 分鐘作發射準備，第一擊能力的效果不彰；最後，飛彈維修地靠近人口密集的城市，容易引起社會不必要的緊張或恐慌[51]。眾多因素的考量之下，下議院「國防委員會」（Defence Committee）便取消這項計畫。計畫終止之後，英國政府轉向尋求美國的「天雷」（Sky Bolt）空射型彈道飛彈（air-launched ballistic missile, ALBM）作為替代方案，除了可讓現役的重轟炸機可攜帶之外，也可將英國自製的「藍鋼」核彈頭裝載於「天雷」飛彈上。天雷飛彈預估射程可達 1850 公里，用來突穿蘇聯的空防系統在觀念上並沒有問題，但技術上卻是困難重重，以 1960 年代中期的技術要將高速的彈道飛彈用飛機來發射，並發展成成熟的技術幾乎是一項不可能的任務，甚至不久後美國也終止了「天雷」飛彈的開發計畫。英國政府發現前後兩種飛彈相繼無法取得之後，便希望美國能夠提供「北極星」潛射彈道飛彈，作為 1968 年下水服役的「果斷級」（Resolution Class）潛艦的主要戰略武器[52]。

---

[51] Hugh Beach & Nadine Gurr, “Flattering the Passions or, the Bomb and Britain’s Bid for a World Role ”, London: I.B. Tauris, 1999, p.35.

[52] Michael Dockrill, op. cit., p.73.

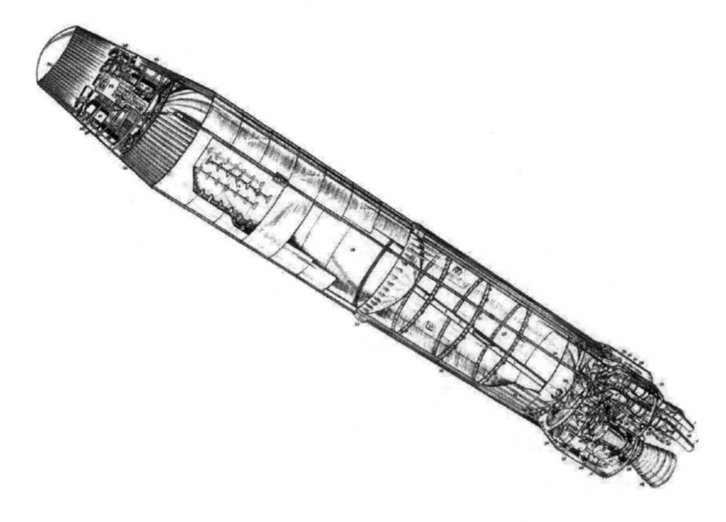

圖 4-6　閃光彈道飛彈

圖片來源：http://www.flightglobal.com/imagearchive/Image.aspx?GalleryName=Cutaways/Experimental%20and%20Space%20Systems/Missile%20and%20Space%20Systems&Image=DH-Blue-Streak.

雖然皇家空軍未曾放棄擁有戰略核武打擊的能力，並希望「天雷」系統至少是延遲進行而不是完全被取消，但由於英美兩國政府已達成共識，未來英國的戰略嚇阻角色將由皇家海軍所勝任，空軍也不得不面對地位被取代的事實[53]。然而，「北極星」飛彈系統服役並非從此一帆風順，而是再度面臨了蘇聯空防能力增強的難題，使海軍也體驗到無法有效達到打擊莫斯科的壓力，經過多次決策之後，英國決定自行對核彈頭作進一步的改良。新的彈頭命為「雪弗羚」，為了針對蘇聯反彈道飛彈所設計，特別在彈頭內裝載了誘餌[54]。整體設計概念在 1969

[53] Eric Grove, "Vanguard to Trident: British Naval Policy Since World War II", London: Naval Inst Pr, 1987, p.237.

[54] 一般而言，「雪弗羚」彈頭內部裝有 2 枚真實彈頭、4 枚誘餌彈頭和數枚氣球誘餌，據悉要攔截每一枚「雪弗羚」必須動用到 96 枚反彈道飛彈。但研發這種高科技武器也花費了英國不小的時間與金錢。1974 年 5 月 23 日，「雪弗羚」

年大體完成，但研發過程可說是曠日廢時，直到1982年才將彈頭完成並裝配在「北極星」飛彈上服役，最後部署完畢時間是在1986年，並命名為「北極星A3TK」潛射飛彈[55]。在研發的過程當中，英國在時間與經費上的投入都相當可觀，且與同時期美製飛彈相比之下，「雪弗羚」也不具有獨立重返大氣層載具之功能，遭攔截的可能性較高，這當中牽扯了許多技術與政治層面的問題，但足以顯示英國獨立開發彈道飛彈不僅效率不足，甚至能否達成真正的戰略價值都有待商榷。因此，「雪弗羚」的經驗使往後英國要具有彈道飛彈投射的能力無可避免地要向美國再提出技術支援的要求[56]。

表4-2　英國戰略核彈頭數量表（1962-1970）

時間（年）	總數	V式轟炸機	雷神彈道飛彈	北極星飛彈
1962	230	170	60	
1963	180	180		
1964	180	180		
1965	120	120		
1966	80	80		
1967	80	80		
1968	72	56		16
1969	48			48
1970	64			64

資料來源：Lawrence Freedman, "British Nuclear Targeting", Strategic Nuclear Targeting, New York: Cornell University Press,1986, p.119.作者自行編譯

進行第一次測試；1980年1月24日向國會公開，同年11月首次海上測試；1979年至1982年一共生產了100枚彈頭，平均當量大約22萬5000噸，最後在1994至1996年間除役。參見：K. Bhushan, and G.. Katyal, "Nuclear, Biological and Chemical Warfare", New Delhi: S.B. Nagia, 2002, p.162.

[55] Bruce D. Larkin, op. cit., p.32-33.

[56] Lawrence Freedman, "The Small Nuclear Powers" in Aston B. Carter and Davis. S. Schuwartz (ed.), Washington D.C: The Bookings Institution press 1984, p.262-263.

三、分工時期（1962 年－）

拿騷協議代表英國進入了英美分工的時期，該時期將分為兩的重要的時段。首先為拿騷協議簽定後，英國獲取了「北極星」飛彈，正式採用海基戰略嚇阻能力；其二是 1980 年代英國政府再次得到美國點頭，購得更先進的「三叉戟」飛彈系統，象徵英美之間核關係更加密不可分。

1960 年代中期的歐洲情勢是相當不穩定的。蘇聯的新領導人赫魯雪夫在 1956 年蘇共第二十大清算了史達林（Ioseph Stalin，任期：1922-1953 年）後，東西方的緊張對立並沒有得到舒緩，不僅兩德統一的期望破滅，蘇聯更在 1962 年策動了古巴飛彈危機；不久之後，美國重要的盟友法國退出北約；北約中的兩個重要會原國：土耳其和希臘，又再度因塞浦路斯主權問題發生戰爭。對美國來說，整個 1960 年代是內憂外患的時期，唯有英國在美國全球戰略佈局中採全力支持的態度，對後者而言，前者的及時相挺彷若雪中送炭[57]。

（一）拿騷協議簽訂（1962 年）

英國花了許多時間在對美爭取新一代的核武系統，終於在 1962 年的拿騷會議中得到進一步的突破。保守黨的麥克米朗首相向美方要求的「北極星」飛彈正式獲得甘迺迪總統批准，這項軍購案變成為英美雙方軍事交流重要的里程碑，條件的達成等同於英國自此需要依靠美國的科技援助，始能建構自己的戰略嚇阻力量，完全獨立核力量的條件已經不再被英國所擁有，甚至從 60 年代開始，核武政

[57] Lawrence S. Kaplan, “NATO and the United States: The Enduring Alliance”, Boston: Twayne Publishers, 1988, p.86-87.

策之選擇上也必須配合美國所主導的「彈性反應」政策。從該時期開始，英國不再生產自己的飛彈，僅保留發展核彈頭與潛艦的能力。綜合多項評估，事實上要能滿足像英國般的島國需求，就不得不面對經濟條件與資源能力有限之事實[58]，自行開發潛射彈道飛彈所面對的龐大經費和技術條件都是英國必須要認真思考的問題，因此，採購「北極星」飛彈近乎為最折衷的選擇，最起碼英國能夠保有核彈頭自行生產的條件[59]。

1963 年 4 月 6 日，英方大使戈爾（David Ormsby-Gore）與美方國務卿羅斯克（Dean Rusk）代表雙方正式簽署美國向英國出售「北極星」飛彈的軍售案，協議後英國將獲得 50 枚飛彈，預計裝配在四艘「果斷級」潛艦上；而除了原本出借霍利灣之外，應美方之飛彈出售所附帶的要求條件，英國也得將其所有核武指揮體系納入了北約的「歐洲盟軍最高指揮部」之麾下，但英方考慮為了保留獨立指揮權，因此最初並沒有答應。

擁有「北極星」系統的英國也不表示沒有任何缺陷存在。首先，最受關注的重點仍然是國防預算的問題，儘管「北極星」系統的經費一年只占全預算的 3%，比起「V 式轟炸機」是要便宜許多，但原本只採用空載核武作為單一力量的英國，現在開始必須投注更多的經費發展戰略潛艦，讓國防預算顯得更加吃緊[60]；其次，英國國內又開始浮現不滿美國技術壟斷的聲浪，尤其抗議美國人只賣飛彈，卻不願支援潛艦建造或協助發展核子反應爐科技，乍看之下這項軍購等同於浪

---

[58] 1962 年英國的國防預算為 21 億英鎊，與前期相比有明顯的攀升，但經費仍然有限，無力維持龐大核武計畫的開支。參見：Ukpublicspending.com.uk, “Numbers”, http://www.ukpublicspending.co.uk/uk_defence_spending_30.html#ukgs302 (accessed May 4 2010)

[59] Jeremy Stocker, op. cit., p.18.

[60] Eric Grove, op. cit., p.241.

費。而造成之原因在於美國顧忌英國獲取這些技術之後，恐將跟法國一樣，離開北約或是脫離美國的控制，因此也不敢將所有機密都分享給英國[61]。事實上，若非麥克米朗與甘迺迪之私人情誼，美國原本遂不打算出售「北極星」飛彈，而是想以「獵犬式」(Hound Dog）空射飛彈提供給英國作為下一代的核彈載具。在潛艦技術層面上英國自行突破有成，以「勇敢級」核動力攻擊潛艦（Valiant Class SSN）為基礎，1966 年也終於成功讓第一艘果斷級潛艦「果斷號」(Resolution, S 22）下水服役，並於 1968 年配備飛彈，成為「北極星」飛彈的發射平台[62]；第三，「北極星」飛彈所面臨的問題是同時期蘇聯開發反彈道飛彈系統（Anti-Ballistic Missile System, ABM）已有進一步的攔截能力，1965 年工黨政府更取消了第五艘「果斷級」潛艦的造艦計畫，並將潛艦任務設定為平時只派遣兩艘潛艦執行戰略巡邏任務(一艘滿載的「果斷級」潛艦可攜帶 16 枚「北極星」飛彈)，讓彈道飛彈打擊能力更加有限，另外更嚴重的情況是，1972 年美蘇簽訂了「反彈道飛彈條約」，規定蘇聯必須裁減反彈道飛彈系統。這導致蘇聯將該飛彈系統都集中部署在莫斯科等大都市，目的是為了將這些重要戰略目標列為優先防禦的對象。不僅增加了西方核武攻擊城市的困難，對以莫斯科為打擊重點的英國來說更是個重大考驗[63]；最後，如上述所提到，「雪弗羚」彈頭搭配「北極星 A3TK」飛彈最大的技術問題在於缺乏獨立尋標的功能，只有重返大氣層作戰能力(MRV)，言下之意，

---

[61] 麥克米朗的私人秘書德朱略塔(Philip de Zulueta)曾向法國提出共同分享雙方的戰略計畫，要求中提到：即使英法雙方的戰略思維不盡相同，但為了對抗蘇聯，單方面依靠美國不表示戰略目標不會有所疏漏，以此對法國提出合作的建言。參見 Beatrice Heuser, op. cit., p.74.

[62] Jeremy Stocker, op. cit., p.18.

[63] Ibid., p.19.

就是指多顆彈頭進入大氣層之後，出現了只能集中攻擊單一目標，無法分散打擊的問題[64]。

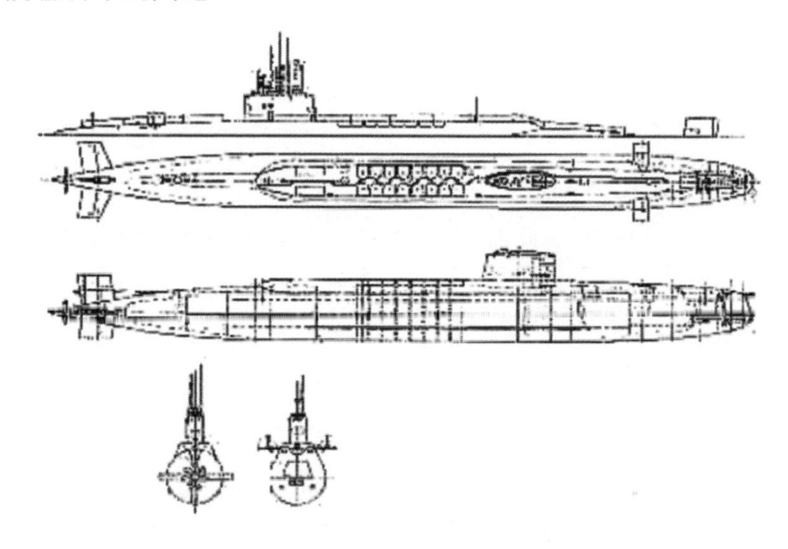

圖 4-7　果斷級潛艦三視圖

圖片來源：http://www.the-blueprints.com/blueprints/ships/ships-uk/40668/view/.

欲改善這些缺失，就得認清必須向美方尋求合作的現實，不過，1960 年代之後，英美政治關係開始出現略微的緊張。首先是詹森總統（Lyndon B. Johnson，任期 1964-1968 年）不滿工黨的威爾遜首相（Harold Wilson，任期 1964-1970 年）下令英國軍隊撤出蘇彝士運河以東（East of Suez）的決策。問題之起因是發生在前任保守黨政府執政時期，英國政府加入「歐洲經濟共同體」（European Economic Community, EEC）的提案遭到法國否決，緊接上台的工黨政府馬上面臨經濟發展受阻的問題。威爾遜之因應之道，乃英國必須先將西

64 P. G. E. F., Jones, Overview of History of UK Strategic Weapons, unpublished paper, written date unknown, p.2-3. Beatrice Heuser, op. cit., p.76.

歐的安全列為優先，而且比以前更需要核子武器，兩者相害取其輕的情況下，英國決定犧牲遙遠的蘇彝士運河與相關利益。英軍撤出便表示美國要面臨該地區權力真空的問題，這對於正逐漸陷入越戰泥淖的美國來說，情況是變得更加的麻煩或複雜[65]；除此之外，西德的傳統兵力結構在 1970 年代達到了和英國有相對稱的實力，尼克森總統（Richard Nixon，任期 1969-1974 年）便視德國為最重要的盟友，被冷落的英國此時正由帶有強烈反美情緒的保守黨希斯（Edward Heath，任期 1970-1974 年）出任首相，為回應美國的不友善態度，希斯決定不採用美國的「海神式」（Poseidon）飛彈彈頭，而堅持獨立開發「雪弗羚」作為「北極星」飛彈的核彈頭，甚至向法國總統龐畢度（George Pompidou，任期 1969-1974 年）提出合併兩國核武部隊之建議[66]。除此之外，1970 年代末英國也不同意美國正主張的「相互保證毀滅」（Mutual Assured Destruction, MAD）政策，認為這種不分軍民皆屠殺的方式缺乏理性與道德，這也激起了英美之間關於這項政策的辯論[67]。直到爾後柴契爾夫人上任之後，英美兩國的關係才得以修補並恢復往常的友好。

（二）採購三叉戟系統（1980 年）

藉由與雷根總統（Ronald Regan，任期 1981-1989 年）之間良好的私人關係，柴契爾政府又得到了一次美國提供先進武器系統的機會，也就是替代「北極星」飛彈，作為第三代主力的「三叉戟」飛彈

---

[65] Michael Dockrill, op. cit., pp.82-88.

[66] Ian Davidson, “A new step in Franco-British co-operation”, Franco-British defence co-operation, London: The Royal Institute of International Affairs, 1989, p.159.

[67] Roger Ruston, op. cit., p.195-196.

系統。事實上「三叉戟」是相當昂貴的，官方最後統計這項採購案的花費總數高達 98 億英磅，是二戰以來所通過最昂貴的軍購案[68]。原本工黨政府並未打算立即更換「北極星」系統，主要的原因乃出於經濟考量，工黨認為，維持北極星系統僅占國防預算的 1.5%，其操作成本較符合效益；且 1970 年代末期的國防預算已經高達 GDP 的 5.5%，財政有限的情況下，沒有立即更換飛彈的必要性。但保守黨政府一上台後，遂決定替換「北極星」系統[69]。

柴契爾政府認為，儘管軍購有阻礙經濟發展的可能，但是基於英國自行發展的「雪弗羚」彈頭與「北極星」飛彈的突穿能力已經無法滿足現行武器系統打擊莫斯科的需求，勢必需要對核武作進一步現代化的工作，因此，英國政府還是必須認真在「北極星」與「三叉戟」之間找尋最佳利益。保守黨接受了美國核武技術領先的事實，及未來維持「三叉戟」系統每年只需花費 2%的國防經費，仍然有較經濟實惠的一面，最後讓英國人無法抗拒採購非常昂貴的「三叉戟」飛彈，並將其列為主要替代方案[70]。

再者，「北極星」系統自 1960 年末開始服役，估計的使用年限大約 20 年，迫使 1980 年後，英國無可避免地需要尋求下一代的潛射彈道飛彈系統，美國也因該系統老舊之故，早在 80 年代初期遂將「北極星」飛彈與「海神式」彈頭除役，且並不打算為飛彈進行延壽的計畫。負責生產飛彈的洛克希德（Lockheed）公司更不願意單為英國保留生產線，因為一旦生產線關閉後，英國未來勢必要面對零組件供應不足的問題。同時，搭載飛彈用的「果斷級」潛艦也出現了系統功能必須更新的狀況，軍方估計使用年限只能到 1990 年初，隨著蘇聯反潛作戰

68 George Giles, op. cit., p.II-15.
69 Robert H. Patterson, op. cit., p.81-82.
70 George Giles, op. cit., p.II-15.

能力的不斷提升，英國現有的潛艦就必須具備更優異的功能。1979 年柴契爾夫人上台之後，保守黨政府決定以美製最新的「三叉戟」飛彈作為替換的新系統。但除了原先的工黨之外，政府內部也開始掀起另一波反對聲浪，不少人認為「三叉戟」實在太過昂貴，就連英國外相歐文（David Owen）也認為，採購「三叉戟」不如英國自行為「雪弗羚」彈頭升級來的划算。更有人提議英國應該發展巡弋飛彈的方式，不僅比較便宜，且巡弋飛彈也可以從潛艦的魚雷發射管中發射，一樣具備水下海基核武所要求的隱匿性，更可提升戰術核武打擊的能力[71]。但國防部仍舊偏好選擇「三叉戟」，理由在於：「雪弗羚」彈頭本身實在有太多難以突破的技術問題；此外，國防部雖然同意一枚巡弋飛彈比一枚彈道飛彈便宜的說法，但如果要達到相同的戰力，建造巡弋飛彈所需的數量與發射平台就幾乎等同於彈道飛彈系統的經費，統計後也沒有比較合乎成本[72]。因此，為了節省武器開銷與避免資源浪費，「三叉戟」飛彈的條件比「雪弗羚」或巡弋飛彈更符合英國當局所要求的最低嚇阻能量[73]，在經過眾多討論之後，最後由前者出線。

除了替代方案的辯論之外，是否要持續發展核武計畫也是英國內部爭執不休的議題，工黨執政時期始終得面對裁減核武的決策，原因在於，反對核武一直是該黨長期以來所宣示的主要政策之一，且大多數的黨員也是「核武裁減行動組織」（Campaign of Nuclear Disarmament, CND）之成員，使政府有不得不有降低核武發展的壓力，甚至必須要求美軍將陸基彈道飛彈基地撤離英國。然而，工黨

---

[71] Magnus Clarke, “The Nuclear Destruction of Britain”, London: Croom Helm, 1982, p.82.

[72] 英國軍方估計一次只能裝載一枚核彈頭的巡弋飛彈若要能達到三叉戟 D-5 相同戰力的話，英國必須要打造 800 枚以上的巡弋飛彈，以及 11 艘搭載用的潛艦。參照：Jeremy Stocker, op. cit., p.23

[73] Colin McInnes, “Trident”, British Defence Policy: Thatcher and Beyond, Great Britain: Philip Allan, 1991, p.70.

政府無法忽視作為一個北約體系中核武國家的重要性，如果英國去核武化，這就表示在聯盟當中除了美國便沒有其他的核武國家，如此就必須完全依靠美國提供核保護傘，英國將失去自己的核嚇阻與自我防護力量[74]，而英國雖然在 1982 年爆發的福克蘭戰爭(Falklands War）中獲勝，但這場傳統戰爭顯示了英國軍事力量不足之處。戰爭期間，英國海軍競技神號（HMS Hermes R12）與無敵號（HMS Invincible, R05）航空母艦的艦載機中隊也曾掛載反潛用的 WE177 核炸彈進行備戰，不過並不是要針對阿根廷，而是要避免蘇聯的潛艦介入南大西洋地區，或嚇阻其他中南美國家涉入戰局，顯示英國仍然重視核武在戰爭中的嚇阻作用[75]。

由於保守黨於大選中勝選，英國核嚇阻力量才有延續發展的機會。1980 年 7 月 15 日，柴契爾政府終於向卡特（Jimmy Carter，任期 1977-1981 年）政府提出了購買「三叉戟 C-4 型」飛彈與相關操作系統的要求，美方則表達了初步的同意。該政府也擬定了撥款的方式：預算的 12%購買飛彈、30%建造新潛艦、16%提供給武器系統、12%為岸上設備之維護與修建、30%撥給「原子武器研究所」(Atomic Weapons Establishment, AWE）設計新彈頭。各項目有 70%是在英國花費；剩下 30%是交付美國[76]。1981 年雷根總統執政之後，該軍購案有了新的改變，雷根總統極為重視國防發展眾所皆知，美國的「三叉戟」系統在這段期間開發出更先進的第二代 D-5 型，第二代無論是射程、精準度或突穿能力各方面都比第一代更佳優異[77]，更重要的是，若改採購 D-5 型英國就必須花費 39 億英鎊，這筆開銷實際上只比 C-4 型多增加了

---

74 Michael Dockrill, op. cit.,p114.

75 Robert S. Norris &Hans M. Kristensen, “British nuclear force, 2005”, Bulletin of the Atomic Scientists: Nuclear Notebook, Vol.6, No.6, November/December 2005, p.79.

76 Robert H. Patterson, op. cit., p.82.

77 有關三叉戟 D-5 型飛彈的功能，請參照本章第三節。

7%，尚在預算可以承擔的範圍之內。因飛彈也還未交付給英國，柴契爾便趁此機會修改原本購買 C-4 型的要求，選擇最新的 D-5 型[78]。

表 4-3　英國歷年核武器的種類

名稱	類型	重量	部署時間	最高當量
空投炸彈				
藍色多瑙河	原子彈	5 噸	1953-62	4 萬噸以上
紅鬍子	原子彈	1 噸	1961-71	2 萬噸以上
紫羅蘭俱樂部	原子彈	4 噸	1958-60	50 萬噸
黃日	氫彈	3 噸	1961-72	100 萬噸
WE177-A	氫彈	272 公斤	1966-84	20 萬噸
WE177-B	氫彈	431 公斤	1966-96	40 萬噸
WE177-C	原子彈	機密	1971-92	1 萬噸
飛彈				
藍鋼	氫彈	6800 公斤	1963-70	100 萬噸
北極星 A3TK	氫彈	16200 公斤	1967-92	22 萬 5 千噸
三叉戟 D-5	氫彈	57700 公斤	1992-	10 萬噸

資料來源：Douglas Holdstock and Frank Brnaby with a Foreword by Joseph Rotblat, The British Nuclear Weapons Programme 1952-2002, London: Frank Cass Publishers, 2003, p.146.

在美國政府同意之下，英國政府比照當初「北極星」系統的軍購模式，獲取了美國提供其他相關技術的協助，也就是飛彈由美國提供；彈頭與潛艦則由英國自行生產。彈頭的部分始終為未公開的機密，一般認為功能與美製的 W76 彈頭差不多，發射平台則選擇了美國「俄亥俄級」彈道飛彈潛艦作為建造新一代「先鋒級」潛艦之參考，但「先鋒級」潛艦能搭載的飛彈數是 16 枚，彈艙數比「俄亥俄級」少 8 枚，整個造艦計畫受到浮動匯率的影響而有許變動，最後拍定的結果潛艦足足花費了

[78] Tim Youngs & Claire Taylor, "Trident and the future of British Nuclear Deterrence", International Affairs and Defence Section, 5 July 2005, p.3-4.

47.5 億英鎊[79]。另外，各黨派對於建造新一代「先鋒級」潛艦之數量也有不同的意見。1992 年國會選舉政見當中，保守黨認為應該造 4 艘；自由黨認為 3 艘；工黨則主張 2 艘便足夠，最後保守黨勝選，「先鋒級」潛艦也得以獲得四艘的訂單[80]。為了達成長遠之需求，「先鋒級」潛艦之使用壽命較「果斷級」長，海軍設定該級艦必須服役約 30 年。未來以「三叉戟」飛彈搭配「先鋒級」潛艦之組合構成了英國核武力量的主力，而以此為主軸的核嚇阻戰力也被沿用至今。從「V 式轟炸機」、「北極星」到「三叉戟」，英國的戰略核力量從空基轉型為海基，且核武庫規模不斷縮減，其中最關鍵性的發展莫屬於 1962 年與 1980 年兩次的政策決定，讓英國核武態勢從此走向了一個與美國並肩而行的特殊階段。英國在 1970 年代推出「第二決策中心論」，特別強調在北約的軍事體系與核武戰略下，英國的核武除了可作為北約核部隊的戰力延伸，輔助聯盟的核打擊能力之外，也可以獨立使用於保衛國家安全[81]。即便冷戰結束之後，蘇聯的威脅不存在，如此巨大的變動也沒有改變英國的核武發展需要美國持續提供科技與政治上援助之事實[82]。

第二節　後冷戰時期

1990 年全球環境進入了後冷戰時期，對於西方國家來說，一夕之間原本面臨極危險的安全威脅也隨之降低，擁有核子武器的英國也

---

79 Colin McInnes, op. cit., p.72.
80 Bruce D. Larkin, op. cit., p.34.
81 Lawrence Freedman, "The Future of the British Strategic Nuclear Deterrence", The Future of British Sea Power, London: Macmillan, 1984, p.119-120.
82 Jeremy Stocker, op. cit., p.24.

進了新的時代。不過這個新世界並沒有帶給所有國家絕對的安全感。相反的，核擴散與恐怖主義崛起等新的問題接踵而來，作為核武強權國家之一員，英國也面對核武態勢的變化與改革。

一、後冷戰時期的兵力態勢

1990 年之後，全世界進入了所謂的「第二階段的核武時代」，英國所要面對的議題包括核武的新角色、重要性與其它價值觀的問題。儘管在冷戰結束後，核武的重要性大幅降低，更多的新興核武國家卻在此時加入。原本屬於蘇聯控管的核子武器、核原料或零組件或甚至核武技術和專業人員，從蘇聯分裂出來的新興國家中流出，而這些大規模毀滅性武器最後可能有遭到恐怖組織或不肖團體透過非法管道從黑市購得的危險性，為國際安全環境添增了更多的變數[83]。

此外，許多國家發展核武的工程亦沒有因冷戰結束而減緩，當中包括 1998 年，印度與巴基斯坦相繼成功完成了核試爆作業，並以此而對立；進入 21 世紀之後，被認為最讓人難以捉摸的北韓也加入了核子核武俱樂部之行列，完全無視於條約規範與聯合國的制裁，北韓於 2006 及 2008 年進行了兩次核子試爆。過去被西方視為最大威脅的蘇聯核武庫，則由俄羅斯承繼了大部分的核子武器，雖然俄羅斯的軍事能力已被認為無法比擬蘇聯時期的力量，但龐大的核武庫仍然是許多國家不得不重視的問題。其他包括美國、法國與中國的核武強權，不僅未放棄擁有核武，更持續進行核武技術進行現代化，面對這些競爭者，英國事實上也採取了相應作為。對英國來說，縱使核武會引起許多爭議，但對一個核武國家來說，該武器始終是

[83] Nicolas K. J. Witney, “The British Nuclear Deterrence After the Cold War”, Washington D.C: RAND, 1995, p.59.

個最終保障，因為它具備傳統武力所無法達到的毀滅能力。也因為如此，儘管正處於裁軍、限武及禁止核試潮流之中，但是英國仍像多數核武國家一樣，代表了此乃一個沒有人敢冒險挑戰其利益的國家，因此，核武俱樂部的成員都有寧願繼續持有核武、也不會輕易放棄它的共識[84]。

本段落將後冷戰時期英國核戰略的調整作兩部分的探討，首先以1998年的「戰略國防總檢」為指標性的文件，布萊爾政府（Tony Blair，任期1994-2007年）的政策為英國下個階段嚇阻力量作轉變；接著再發布「英國核嚇阻的未來」（The Future of United Kingdom's Nuclear Deterrence）報告書，進而作出更新且更明確的說明。

（一）戰略國防總檢（1998年）

1991年冷戰結束，梅杰首相（John Major，任期1990-1997年）和美國總統老布希（George H.W. Bush，任期1989-1993年）針對核武議題做出了共同的決定，同意大規模地裁減北約85%的核子武器數量，其中大部分都是地對地彈道飛彈或是其他核砲彈等戰術武器，並表示未來聯盟的戰略嚇阻力量只依靠潛射型核武，同時，北約沿用已久的「彈性反應」戰略也走入了歷史，為此，身為北約中核武力量之要角，英國也為未來的核武態勢做了新的改變[85]。1993年8月14日，英國海軍第一艘三叉戟潛艦「先鋒號」（Vanguard）正式下水，英國獲得了第三代核嚇阻力量，隔年布萊爾出任首相，

---

84 Jeremy Stocker, op. cit., p.29-30.

85 Yves Boyer, "French and British Nuclear Forces in a Era of Uncertainty", Nuclear Weapons in the Changing World: Perspective from Europe, Asia, and North America, New York: Plenum Press, 1992, p.118.

工黨政府便將英國國防議題作了一次全面性的審查，1998 年所發表的「戰略國防總檢」視為當代英國核武戰略的重要指標，諸多論述也都以這項報告為探討之基礎，內容也包括英國為了配合國際環境與北約核武發展所將奉行的新態勢，依據總檢，英國核嚇阻的發展可歸納為以下幾點：

(1) 「北極星」飛彈、「雪弗羚」彈頭與 WE177 核炸彈相繼退役或全數拆解之後，下一代英國的核嚇阻力量將只倚靠四艘「三叉戟」潛艦，而「三叉戟」系統的服役年限估計約 30 年，並以現有的 58 枚飛彈為戰力基礎；同時，三叉戟的爆炸彈量是「北極星」飛彈標準下降 30%的威力，從第二代核戰力轉型到第三代的過程，該作為將會是一項重大的變革[86]。

(2) 由於「三叉戟」飛彈比「北極星」飛彈更具有高精準度的優勢，英國也不需要維持大量的核彈頭，工黨政府將所有彈頭數量裁減至 200 枚，比前保守黨政府要少 100 枚；統計被裁減的彈頭數量比例是冷戰時期的 70%。

(3) 英國國防部承認，以目前的核武庫和仰賴「三叉戟」系統的核力量，將會讓英國核力量成為核武五強國家之末，但小規模的嚇阻力量是以政治利益為主要涵義，並非強調在戰爭中的作用，最終的目標仍舊是嚇阻潛在威脅，以及作為鞏固英國國家安全的基礎，政治性目的大於軍事用途[87]。

---

86 SDR Supporting Essay, Chapter Four: Deterrence and Disarmament, London: HMSO, 1998, paragraph 65, 62.

87 SDR Supporting Essay, Chapter Four: Deterrence and Disarmament, paragraph 60, 61.

(4) 裁減所有戰術型核武的，以符合國際條約的規範或制約。英國也是當前所有擁核國家唯一倚賴單一作戰平台，以「核武一元」能力自居的核武國家[88]。

(5) 三叉戟潛艦平時也只維持一艘在海上作戰備巡邏任務，並只攜帶 48 枚彈頭（僅為是過去保守黨政府制定 96 枚彈頭的一半，也等於「北極星」飛彈的彈頭數），發射飛彈的警備時間（notice to fire）從冷戰時期的數分鐘提升到需要數天的時間，且飛彈也不以任何國家為既定目標[89]。

1998 年所發表的戰略總檢代表了未來英國核發展的長期走向，被視為是英國國防政策的一項重大變革。而有鑒於身為北約會員國與美國的重要盟邦，2001 年阿富汗與 2003 年伊拉克戰爭英國是進入 21 世紀後所參與的兩場重要軍事行動，這兩場戰爭改變了未來國際環境所面臨的軍事發展型態，因而出現更進一步的戰略觀點。

（二）「英國核嚇阻的未來」（2006 年）

2004 年國防部所發表的國防白皮書（Defence White Paper）闡述了英國的現代戰爭觀，為了呼應當前的國際局勢，以及順應英國的國家利益，傳統的安全議題仍以歐洲安全為首要，英國無法獨立介入所有的國際衝突，但藉由與美國、北約或與其他國家聯盟的方式，依舊可以為國際環境穩定帶來更多的貢獻；而未來的發展重點則放在反全球恐怖主義、防擴散機制，以及網路作戰，白皮書當中並沒有提及未

---

[88] House of Commons Defence Committee, "The Future of UK's Strategic Nuclear Deterrence: The Strategic Context: Government Response to the Committee's Eight Report of Session 2005-06, HC 1558, London: The Stationery Office Limited, 24 July 2006, p.3.

[89] SDR Supporting Essay, Chapter Four: Deterrence and Disarmament, paragraph 64.

來核嚇阻的發展或會出現何種改變，但卻提供了英國國防政策許多重要的戰略目標[90]。有關英國長遠的嚇阻能力之發展方向則是在國防部於 2006 年所發表的「英國核嚇阻的未來」報告書中被再度表明，工黨政府於報告書中又補充了更多政策宣示，基本可歸納為以下幾點：

(1) 由於無法預測未來 20 或甚至 50 年間，國際局勢會朝向哪一種局面發展、伊朗、北韓與超國家組織的不確定性也很高、其他核武國家也沒有將核武徹底裁撤之趨勢。因此，保有核子武器是最能保障自我安全的途徑[91]。

(2) 海基核武最能符合英國的利益；空基核武有造價昂貴又容易被攔截的缺點；陸基彈道飛彈生存性較差，又會占用大量土地，海基戰略潛艦則是目前操作最熟悉的核武載具，亦最能符合英國「最低嚇阻戰略」之需求[92]。

(3) 「先鋒級」潛艦為目前世界上性能最優良的核動力潛艦之一。為了避免 2025 年「先鋒級」潛艦退役後，英國會面臨無可運行之核武載具或技術落後他國之問題，政府預計要在 2014 或 2016 年簽署新型戰略核潛艦的建造合約，顯示英國的戰略潛艦仍會有進一步的發展[93]。

(4) 基於工黨一貫的立場，四艘三叉戟飛彈潛艦將會再裁減到三艘；而「戰略國防總檢」中陳述的 200 枚彈頭核武庫會再下

---

[90] Defence White Paper, Essay one: Key Motivation/Assumption, London: HMSO, 2004, p.7-8.

[91] The Future of United Kingdom's Nuclear Deterrence, Cm 6994, Section One: Maintaining Nuclear Deterrence, London: HMSO, 2006, p.9-10.

[92] The Future of United Kingdom's Nuclear Deterrence, Cm 6994, Section Five: Deterrence Options , Solution and Costs, p.24.

[93] The Future of United Kingdom's Nuclear Deterrence, Cm 6994, Section Seven: Future Decision, p.31.

修為 160 枚，並將冷戰時期核爆炸當量標準縮小 70%。未來接替三叉戟的新戰略潛艦則預定可以服役到 2050 年[94]。

從這兩份報告書中可見，布萊爾時期的英國國防政策順應了核武裁軍之潮流，同時亦將保持最低核武打擊力量之基本門檻，以及不願放棄核武的原則，甚至還計畫投資更多的經費與時間，發展下一代的核嚇阻戰力。但 2007 年接續布萊爾的布朗政府似乎對核武態度與前任略有不同。

二、布朗政府的核武政策（2007-2010 年）

在 2007 年布朗上任之前，參選期間仍宣誓會延續布萊爾所主張的核武延壽計畫，但仍希望將現役中的四艘「先鋒級」潛艦與「三叉戟 D-5」飛彈進行現代化，使兩者於 2025 服役年限到期前，能先為下一代嚇阻力量作準備，以維持未來的核嚇阻與國防利益，使核武得以繼續發揮對抗恐怖主義、配合北約行動，以及協助海內外英軍作戰等功能[95]。

（一）持續裁減核武

上任後的布朗政府最大的作為是加速核武裁減的腳步。2009 年 9 月 23 日，布朗於聯合國大會中演說，並表示要向聯合國安理會提出削減英國核部對的計畫，希望未來的國際環境會是一個無核武世界

---

[94] Walter C. Ladwig, “The Future of British Nuclear Deterrence: A assessment of Decision Factors”, USA: Center for Contemporary Conflict, January 2007, p.5.

[95] BBC News, “Brown backs to Trident Replacement”, http://news.bbc.co.uk/2/hi/5103764.stm (accessed Mar 3 2010)

（nuclear weapon-free world）。而這個理想必需要由許多國家共同配合核武裁減與防擴散約定始能達成的。儘管目前仍然要維持獨立核武作戰之能力，但受到長期經濟蕭條衝擊的英國，未來將率先做出裁減核武預算的動作，也希望美國、俄羅斯、法國、德國與中國能共同制止伊朗的核發展[96]。同年 10 月 6 日，布朗參與在義大利舉行的 G8 高峰會又再度重申：「只要其他國家也都配合行動的話，英國不排除將目前所擁有的 160 枚核彈頭全數撤銷，同時，我們也要確保其他國家不會將讓這些核武擴散到其他地方。」此舉的目的是要讓英國作為其他核武國家裁減核武之榜樣，也要團結各國的力量，促使伊朗或北韓等國家放棄原本的核發展計畫。不過，這些宣示也是在有條件的前提下所發表的，換句話說，如果其他國家要繼續持有核武，英國也就不可能單方面放棄核武。但布朗所作發表的方針，仍舊是近年來工黨政府與英國核武政策歷史中的一項較重大的宣示，顯示布朗對於核武裁軍的態度事實上是較其他國家領導人更為積極。

（二）經濟狀況不理想

不過，除了政治理想之外，會導致布朗上任前後態度出現如此大的差異，事實上與英國政府目前所面臨到更新「三叉戟」飛彈系統，將花費高達 200 億英鎊的巨額預算、已經擠壓到學術單位與衛生事業經費提供上的問題有關[97]，面對國內如此明顯的財政壓力，極有可能是迫使布朗必須將去核化列入政策考量的重要原因之一[98]。工貿大臣

---

[96] Agence France-Press, “U.K. plan will cut Nuclear armed Sub Fleet: Brown”, DefenseNews, http://www.defensenews.com/story.php?i=4290375 (accessed Mar 3 2010)

[97] Clair Taylor, “Future of British Nuclear Deterrence: A Congress Report”, UK: International Affairs and Defence Section, p.15-16..

[98] Jason Battie, “Gordon Brown’s Vows to cut British Nuclear Weapons…If only

赫頓（John Hutton）便表示，政府計畫 2009 至 2010 年，為公共領域之發展撥出 1180 億英磅的預算，要支付如此龐大的經費，政府必須考慮先刪減國防預算[99]。

現階段英國國防預算常受到金融海嘯的衝擊。隨著長時間以來國際金融市場的蕭條與波及，經濟的因素將會是未來改變英國政府施政方針的主要力量。實際上，布朗政府的首要目標還是要先確保社會發展穩定，甚至不能讓經濟衰退之情況影響到 2012 年倫敦舉辦奧運的運作。因此，英國國防部將會是預算縮水首當其衝之對象，不僅是核子武器更新或維護的問題，包括何時撤離伊拉克與阿富汗駐軍的時間也是政府的壓力，布朗政府更是謹慎以之[100]。

表 4-4　後冷戰時期三叉戟潛艦維護經費之比較

項目	1995-6 年／經費（億英磅）	2005-6 年／經費（億英磅）
三叉戟潛艦維護經費	121.53	152.17
先鋒號	17.652	22.065
勝利號	10.125	12.656
警戒號	9.995	12.494
復仇號	9.718	12.148

資料來源：Keith Hartley, “The Economics of UK Nuclear Policy”, International Affaires 82.4 (2006), p.679.以上數據是不僅只有潛艦本身，而是包括飛彈和人力等部隊所需要的經費。

---

everyone else cuts theirs”, http://www.naval-technology.com/projects/vanguard/ (accessed Mar 3 2010)

99 Paul Cornish and Andrew Dorman, “Blair’s wars and Brown’s budgets: from Strategic Defence Review to strategic decay in less than a decade”, International Affairs 85: 2 (2009), p.248.

100 David Kirkpatrick, “The Gathering Economic Storm and its impact on UK Defence”,http://www.rusi.org/analysis/commentary/ref:C48F4AFA229132/(accessed Mar 3 2010)

（三）下一代核武計畫

面對未來是否繼續發展下一代核武的問題，早在 2006 年的「英國核嚇阻的未來」白皮書便已經強調，下一任政府將面臨老舊核彈頭需要進行技術更新的問題[101]。為了促使裁減核武之計畫能夠達成，布朗向國內外各方面展開對話，不過卻也遭到諸多的質疑，尤其當他發表要與其他國家同步進行核裁軍的建議時，著名智庫「英美安全資訊委員會」的執行長英格倫（Paul Ingram）便批評英國政府的做法是很虛偽的，很難讓人可以完全採信。他強調，因為英國政府事實上仍有在研擬下一代核武載具或武器現代化的計畫，卻要要求美俄等其他國家一同配合裁軍，英國才會隨之進行，這樣的裁軍計畫不可能成功。況且自 2006 年北韓成功試爆原子彈，也加入核武俱樂部之行列；伊朗仍堅持要延續展獲取濃縮鈾並發展核計劃；其他國家如以色列也從未公開宣示要放棄核武；而以國周邊更有不少阿拉伯國家也在蠢蠢欲動，這些國家都隱藏了許多不可確定的因素，如此都可顯示英國官方所宣示會放棄核武的說法是可以被懷疑的[102]。

儘管國防部否認，但諸如「核武裁減行動組織」或「歐德馬司坦女性和平行動組織」（Aldermaston Women's Peace Campaign, AWPC）等反核團體也都指證，英國政府已經開始進行下一代彈頭的研發[103]。根據負責核彈頭生產的「原子武器研究所」2008 年所發表的年度報告（Annual Report）之陳述，內容主要還是在強調正進

---

[101] Claire Taylor, op. cit., p.2.

[102] Julian Borer, “Gordon Brown has put Trident on the table”, http://www.guardian.co.uk/politics /2009/mar/17/brown-trident-analysis (accessed Mar 3 2010)

[103] 鄭大誠，「英國核武更新已箭在弦上」，今日新聞 Now News，http://www.nownews.com/2007/03/14/142-2066260.htm （檢索於 2010 年 3 月 3 日）。

行中的「三叉戟」現代化工程，雖然未正式透露官方是否要求該機構進行獨立開發核彈頭的作業[104]，但外界都不斷地在揣測，英國在核武的研發領域上仍具備打造下一代的核武彈頭之能力，而且未來進行這項工程可以先透過超級電腦來推算核爆能力，在不會違反「全面禁止核試爆條約」的前提之下，英國仍有實力繼續發展下一代核彈頭，更象徵這項工程可以不用再依賴或要求美國的援助，持續掌握核彈頭技術研發與製作的能力，將可以顧及到英國所堅持的獨立原則與政治顏面[105]。

第三節　現階段的核武戰力

英國的核武器與載具歷過 50 多年的發展，期間都以空基與海基為核武力量的主軸，空基的核子炸彈經由「海盜式」戰機、「坎培拉式」轟炸機、「美洲虎式」戰機、「彎刀式」（Scimitar）戰機、「海獵鷹式」戰機、「海狐狸式」（Sea Vixen）、「沙克頓式」（Shackleton）轟炸機、「龍捲風式」戰機與「V 式轟炸機」攜帶過；「藍鋼式」飛彈是由「V 式轟炸機」掛載的空對地核子飛彈，「北極星」與「三叉戟」則為潛艦所攜帶的彈道飛彈[106]。

[104] AWE Annual Report 2008-09, UK: Atomic Weapon Establishment, 2008, p.13.

[105] Rebecca Johnson, Nicola Butler, Stephen Pullinger, "Worse than Irrelevant: British Nuclear Weapons in the 21st Century", London: Acronym Institute for Disarmament Policy, 2006, p.2.

[106] Douglas Holdstock and Frank Banarby (ed.), "The British Nuclear Weapons Programme 1952-2002", London: Frank Cass Publishers, 2003, p.145.

1991 年 11 月，儘管英國宣佈仍將空基核武列入發展選項，但兩年後便放棄了這項計畫。1998 年國防部所發表的「戰略國防總檢」確定了這項決定，英國僅保留海基核武的立場更加明確。自從 1998 年最後一枚 WE177 核炸彈退役後之後，英國的核嚇阻力量僅剩下核動力彈道飛彈潛艦，至今英國的主要核武器皆以「先鋒級」彈道潛艦搭載「三叉戟」潛射飛彈為主。雖然英國打算讓潛艦的服役時間延續到 2020 年，但是否需要繼續研發新一代的核武器始終是英國人相當關注的議題，同時也引起了許多爭議。英國前外交大臣庫克（Robin Cook）曾向首相布萊爾建議：「在現代戰爭中，英國已經不需要核武的防衛。」建議政府打消核武現代化的念頭。因為許多消息都指出英國正計劃打造新一代的核武器，反對派卻認為這樣的行為將會造成國際社會的反彈，尤其是北韓和伊朗[107]。不過，英國依舊擁有核武，對於這樣的結果，最初發展的動機便可解釋，擁有核武便表示具備武力上的優勢，如此價值觀至今仍備受多數核武國家的認同[108]，英國在核武之運用上，從冷戰至今皆脫離不了與美國的合作關係，就算是現階段僅剩下海基核武，仍沒有改變長期以來英國對核武的觀點[109]。

2006 年 12 月發表的國防白皮書，除了表明繼續縮減核彈頭的庫存量之外，英國也成為第一個將核嚇阻集中於海基力量的國家，由於不再需要像冷戰時期一樣龐大數量的核武庫或戰術型核武器，因此，潛艦具備的隱密性與打擊能力，最能夠符合冷戰後英國所需的嚇阻需求[110]。

---

[107] Robert S. Norris &Hans M. Kristensen, op. cit., p.77.

[108] Nicolas K.J Witney, op. cit., p.107.

[109] 范志仁，〈核武與核子武器戰略發展：歐洲國家的核武戰略〉，《全球防衛雜誌》，260 期，(2006 年 4 月)，頁 92。

[110] Jeremy Stocker , op. cit., p.26.

一、先鋒級彈道飛彈潛艦

（一）建造歷程

「先鋒級」（HMS Vanguard）為英國海軍第三代核武，也是唯一的嚇阻力量。此型艦綜合了英國許多潛艦的特性與優點，也是目前英國海軍噸位最龐大的潛艦。此級艦為維克斯造船公司弗內斯巴羅造船廠（Vickers Shipbuilding and Engineering Limited at Barrow-in-Furncss），以英國「勇敢級」攻擊潛艦為基礎所改造而成的，排水量是上一代「果斷級」彈道飛彈潛艦的兩倍。英國海軍配備共 4 艘的先鋒級潛艦，第一艘「先鋒號」於 1986 年 9 月 3 日建造、1993 年 8 月 14 日服役；第二艘「勝利號」（Victorious）於 1987 年 10 月 3 日建造、1995 年 1 月 7 日服役；第三艘「警戒號」（Vigilant）於 1991 年 2 月 16 日建造、1996 年 11 月 2 日服役；最後一艘「復仇號」（Vengeance）於 1993 年 2 月 1 日建造、1999 年 11 月 27 日服役，四艘潛艦皆以蘇格蘭的法斯蘭（Faslane）海軍基地為母港[111]。先鋒級潛艦的服役年限估計至 2020 年。1980 年 7 月 5 日，英國政府決定採購「三叉戟一型」（C-4）；1982 年 3 月 11 日又再選擇「三叉戟二型」（D-5）。「先鋒號」於 1986 年 4 月 30 日、「勝利號」1987 年 10 月 6 日、「警戒號」1990 年 11 月 13 日，「復仇號」1992 年 7 月 7 日裝置該型飛彈[112]。

---

[111] Naval Technology.com, "SSBN Vanguard Class Ballistic Missile Submarine, United Kingdom", http://www.naval-technology.com/projects/vanguard/ (accessed Nov 16 2009).

[112] Stephen Sauders, "Strategic Missile Submarines (SSBN) 4 Vanguard Class (SSBN)", Jane's Fighting Ships 2008-2009 - 111th edition, Coulsdon, Surrey: Jane's Information Group, 2008, , p.851.

（二）性能與配備

「先鋒級」潛艦的排水量為 15980 噸，艦身長 491.8 公尺、寬 12.8 公尺、高 12 公尺。使用一具 Rolls-Royce PWR 核子反應爐；27500 馬力 GEC 螺旋槳兩具；一具一組噴水式推進器；兩具 6000 萬瓦特 WH Allen 渦輪輔助推進器，兩具 2700 馬力 Paxman 柴油發電機。電戰系統方面，兩具 SSE Mk10 發射器，可發射 2066 型與 2071 反魚雷誘餌。聲納採用 TMSL 2054 式多功能聲納，包括拖曳聲納皆採可用主動與被動式感應。雷達系統則採用 1007 型 I-band 雷達[113]。因為先鋒級採用的「三叉戟」飛彈系統占去了許多船體空間，雖然艦身比「果斷級」更大，但 132 人員配置卻比起後者的 149 名官兵人數來得少[114]。

表 4-5　先鋒級潛艦建造與服役歷程表

艦名	編號	建造廠	建造時間	下水時間	服役時間
先鋒號	S 28	VSEL	1986/9/3	1992/5/4	1993/8/14
勝利號	S 29	VSEL	1987/10/3	193/9/29	1995/1/7
警戒號	S 30	VSEL	1991/2/16	1995/10/15	1996/11/2
復仇號	S 31	VSEL	1993/2/1	1998/9/19	1999/11/27

資料來源：Stephen Sauders, “Strategic Missile Submarines (SSBN) 4 Vanguard Class (SSBN)”, Jane’s Fighting Ships 2008-2009, Jane's Information Group, 111th edition, p.851.作者自行編譯

[113] Ibid, P.851.

[114] Federal American Scientist, “Vanguard Class Ballistic Missile Submarine”, http://www.fas.org/nuke /guide/uk/slbm/vanguard.htm (accesedOct 222009).

（三）武裝與攻擊力

「先鋒級」的主要武裝為 16 枚「三叉戟」彈道飛彈，基本上，若過將彈頭裝滿，最高承載量為 192 枚彈頭，但英國海軍不允許飛彈頭數量超過 96 枚，慣例上，先鋒級執行巡邏任務時僅會攜帶 48 枚彈頭出海[115]。同時，英國彈道飛彈潛艦的應變速度與飛彈發射時間已經大幅修改，從冷戰時期的 15 分鐘內發動核武反擊，到後冷戰則調整為數小時之久。英國海軍平時會使一艘潛艦處於整修狀態[116]，而僅讓一艘先鋒級潛艦在海上執行戰備巡邏，基本上英國的核嚇阻態勢是處於被動的，依照目前之發展，這種形式會維持到 2019 年，其它包括核武攻擊所需之資訊也是由美國所提供[117]。

2009 年 9 月，英國首相布朗宣佈未來「先鋒級」潛艦將除役一艘，僅留下三艘，布朗表示此舉之目的是為鼓勵其他擁核國家也能朝向無核化邁進[118]。

---

[115] Naval Technology.com, "SSBN Vanguard Class Ballistic Missile Submarine, United Kingdom", http://www.naval-technology.com/projects/vanguard/ (accessed Nov 16 2009).

[116] Robert S. Norris &Hans M. Kristensen, op. cit., p.78.

[117] Jeremy Stocker , op. cit., p.25-27.

[118] Naval Technology.com, "SSBN Vanguard Class Ballistic Missile Submarine, United Kingdom", http://www.naval-technology.com/projects/vanguard/ (accessed Nov 16 2009).

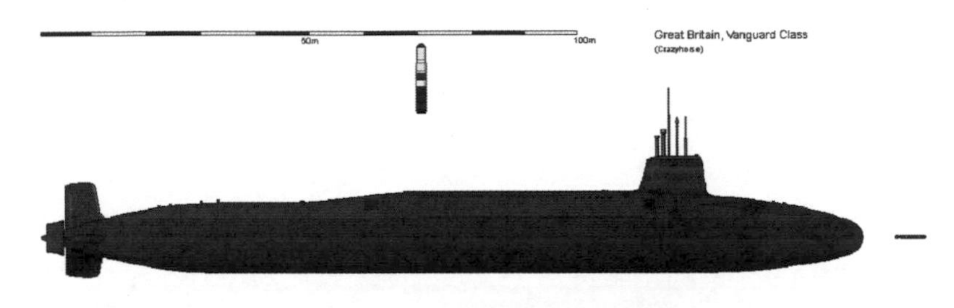

圖 4-8　先鋒級潛艦側視圖

圖片來源：http://shaktiraj25.blogspot.com/2010_08_01_archive.html.

二、UGM-133 三叉戟 D-5 潛射彈道飛彈

「三叉戟 D-5」飛彈為該型飛彈中的第二代，第一代為「三叉戟 C-4」，與美國的「俄亥俄級」潛艦組成了美國海軍的戰略嚇阻力量，也是目前美國海軍與英國皇家海軍現役彈道飛彈之主力，由洛克希德馬丁公司（Lockheed Martin）製造。以潛射彈道飛彈之技術來看，此型飛彈不論在射程、彈頭承載與精準度方面皆有相當優異的性能。尤其透過潛艦導向、GPS 衛星導引與飛彈終端導航三種導引方式，「三叉戟」飛彈在精準度上有相當突出的表現[119]。彈頭承載量也相當高，可攜帶最多 12 枚的獨立尋標彈頭，然而不同於美國的是，英國所配備的「三叉戟」飛彈最多只攜帶 3 枚彈頭[120]。

該飛彈為三節式、固態燃料、採用慣性導引的潛射彈道飛彈，長度為 13.24 公尺、直徑 2.11 公尺、發射重量為 59090 公斤，最大射程約 12000 公里；最小射程為 2500 公里，飛彈裝配的 Mk6 型導引系統

---

[119] Duncan Lennox, "UGM-133 Trident D-5", Jane's Strategic Weapon System - Jane's 48th edition", Coulsdon, Surrey: Jane's Information Group, 2000, p.210.

[120] Federal American Scientist, "Trident-II D-5", http://www.fas.org/nuke/guide/uk/slbm/d-5.htm (accessed Oct 22 2009).

誤差半徑約 90 公尺以內，外型與前一代 C-4 型採用相同流線型設計，以降低飛行阻礙。飛彈離開水面後，氣體發動機會採用冷發射方式將第一節彈體推至空中並點燃，第三節會在進入目標區後，將彈頭釋放出並進行自由落體攻擊。三節彈體直徑皆為 2.11 公尺。第一節彈體長度 7.35 公尺、重量 39241 公斤、推進能力為 33355 公斤；第二節長度 3.12 公尺、重量 11866 公斤、推進能力為 10320 公斤；第三節長度 3.27 公尺、重量 2191 公斤、推進能力為 1970 公斤。前兩節為美國 Thiokol 公司生產製造；第三節為美國 Allian 科技公司生產製造。彈頭承載為 8 至 12 枚多目標彈頭重返大氣層載具，可使用 Mk4 載具搭配 W76 彈頭或 Mk5 載具搭配 W88 彈頭。W88 彈頭一共製造 400 枚，分別配置於 50 枚飛彈上，其餘的飛彈則裝配 W76 彈頭，由於經過了 START I 與 START II 兩次戰略核武器削減談判後，彈頭載具被限制從 8 枚縮減到 4 枚，數量並不一定，但一般而言，飛彈不會將彈頭裝載到最大[121]，2009 年洛馬公司與英國皇家海軍簽署了一筆 2150 萬的合約，繼續為現役飛彈提供技術性支援[122]。

1987 年 1 月，美國第一枚 D-5 飛彈從陸基發射平台試射成功、1989 年 3 月，第一次海上試射後失敗，直到 1993 年共進行 48 次試射後，才將所有發射參數紀錄完成。英國接收該型飛彈後，1994 年中海軍使用「先鋒級」潛艦進行了兩次飛彈試射，同年飛彈也開始在英國海軍服役。

1980 年 7 月 10 日，英國向美國政府提出原先「三叉戟 C-4」之採購案更改為 D-5 型的要求，美國也在 1982 年 3 月 11 日，與英國

---

[121] Duncan Lennox, op. cit., p.211.

[122] Naval Technology.com, "SSBN Vanguard Class Ballistic Missile Submarine, United Kingdom", http://www.naval-technology.com/projects/vanguard/ (accessed Nov 16 2009).

達成了協議。然而，雖然英國成功採購了飛彈，但是基於節省保修飛彈之經費，英國必須將這批飛彈放置在美國喬治亞州國王灣（King Bay）的大西洋戰略武器潛艦基地[123]；英國原本購買了 65 枚，隨後調降為 58 枚。此外，這批飛彈也無法立刻裝配，而是要等到美軍潛艦先使用過後，英國才能夠再稍後配備。原本協議要使用美製的 Mk4 彈頭，但最後英國仍決定要自行設計彈頭，一般認為性能與美製當量 10 萬噸級的 W76 彈頭差不多，但詳細內容仍屬最高機密，尚未對外公佈[124]。「三叉戟」飛彈與「先鋒級」潛艦之組合為目前英國的「次戰略核武力量」（Sub-Strategic）[125]。1999 年英國宣稱雖然每一枚飛彈平均裝載 8 枚彈頭，但皇家海軍最多只會有限度地讓每一艘潛艦裝配 48 枚彈頭，一艘先鋒級有 16 個飛彈發射管艙，也就是飛彈滿載後，每一枚飛彈僅安裝 1-3 枚彈頭，會依據任務的性質作變化[126]。根據布朗政府表示，英國目前擁有之核彈頭數量約在 160 以內，但附帶說明為：「可上線操作的核彈頭」（operationally available）。這表示真正的數量應該更多，尤其其他如美國與俄羅斯等核武國家也經常以此種方式規避反核武的輿論[127]。2006 年的國防白皮書中已經宣稱會將原本 200 枚的彈頭縮減至 160 枚，就連護衛彈道飛彈潛艦的傳

---

[123] Jeremy Stocker, op. cit., p.28.

[124] Bradford Disarmament Research Centre, "Facts about Trident", Univisity of Bradford, 2008, p.2.

[125] 次戰略的觀念在各國的軍事解釋名詞中有不同的涵義。具超過 5500 公里以上打擊距離與範圍的稱為戰略武器；而次戰略一詞在北約 1898 年發布的文件當中，表示是具備中短程打擊範圍的武器。現階段北約的次戰略之涵義較廣，包括美軍可執行傳統與核武攻擊戰機所攜帶的空投或空投載具，以及部分英國「三叉戟」（Trident）飛彈的彈頭都被列為次戰略武器，除了以上項目外，其他次戰略武器皆已自歐洲撤除。NATO Handbook, "Nuclear Policy", Brussel: NATO Office of Information and Press, 2001, p.160.

[126] Duncan Lennox, op. cit., p.211.

[127] Federal American Scientist, "Trident-II D-5", http://www.fas.org/nuke/guide/uk/slbm/d-5.htm (accessed Oct 22 2009).

統武力也一併縮減為兩艘核攻擊潛艦、一個艦載機中隊與數架獵迷式（Nimord）海上巡邏機，由於白布萊爾政府時期乃至現在的布朗政府，裁減核武之決策不斷被重申，讓英國的之作為被外界評為是一種既溫和又具模範性的表現[128]。

表 4-6　三叉戟飛彈性能諸元

飛彈	UGM-133 三叉戟 D-5
彈體長度	13.42 公尺
彈體直徑	2.11 公尺
發射重量	59090 公斤
彈頭承載	8 至 12 枚 MK4 或 MK5 多目標彈頭重返大氣層載具
彈頭當量	10 萬噸 W76 彈頭八枚或 47.5 萬噸 W88 彈頭八枚
導引方式	慣性衛星導引
推進方式	三節式固態燃料
射程	12000 公里
近真圓周誤差值	90 公尺

資料來源：Duncan Lennox, "UGM-133 Trident D-5", Jane's Strategic Weapon System - Jane's 48th, edition", , 2000, p.211.作者自行編譯

[128] Jeremy Stocker, op. cit., p.27.

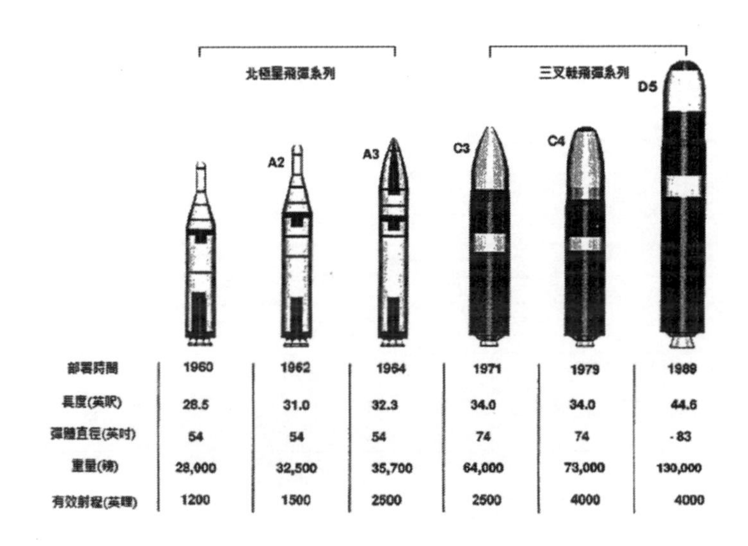

		A2	A3	C3	C4	D5
部署時間	1960	1962	1964	1971	1979	1989
長度(英呎)	28.5	31.0	32.3	34.0	34.0	44.6
彈體直徑(英吋)	54	54	54	74	74	- 83
重量(磅)	28,000	32,500	35,700	64,000	73,000	130,000
有效射程(英哩)	1200	1500	2500	2500	4000	4000

圖 4-9　北極星與三叉戟飛彈

圖片來源：http://schoolworkhelper.net/2011/05/development-of-the-submarine-launched-ballistic-missile/.作者自行編譯

三、其他武器系統

先鋒級艦艏配備四門 533mm 魚雷發射管。可攜帶「旗魚式」（Spearfish）魚雷，該型為線性、主動與被動自導引式魚雷，魚雷全重 1850 公斤，彈頭重量 300 公斤，時速為 102 公里，慢速射擊時射程為 54 公里；高速則為 26 公里[129]。

[129] Naval Technology.com, "SSBN Vanguard Class Ballistic Missile Submarine, United Kingdom", http://www.naval-technology.com/projects/vanguard/ (Nov 16 2009).

第五章　法國核武發展與沿革

本章介紹法國核武的發展與變遷，主要論述的重點為政策行使及兵力態勢的發展。以時間為區分後，第一節為冷戰時期的發展過程；第二節為後冷戰時期的變化；第三節則是現階段的武裝與戰力。

第一節　冷戰時期

冷戰時期是法國核武發展與態勢變化的主要階段，這是成為核武國家與建立「核武三元」態勢的重要過程，尤其第五共和體制建立之後，從戴高樂開始的每位總統皆有各自不同政策主張。本節將發展過程區分為兩部分：第一階段的第四共和時期，該時期是法國的技術萌芽期；而第二階段是第五共和之後，法國正式擁有了核武，以各政府的施政模式為主軸，加以區分為戴高樂時期、龐畢度、季斯卡與密特朗時期，並陳述其內任之發展。

一、第四共和政府（1945-1958 年）——起步與萌芽

二次大戰曼哈頓計畫與第四共和時期的核子研究為法國核武工程打下重要的基礎，本段落將區分為（1）早期技術發展、（2）內外推波助瀾與（3）政治思想改變為三項重點，介紹初期的發展過程以及解釋法國內部政治思想的改變。

（一）早期技術狀況

如同許多國家一樣，法國在二次大戰中便已經展開核子開發的工程，派遣科學家前往美國、英國與加拿大等國一起參與「曼哈頓計畫」。不過，早在 1939 年，法國比其他國家都還早注意到核子技術的重要性，導致該領域法國也較其他國家有更先進的了解。包括居里、阿爾本（Hans Von-Halban）、卡瓦斯基（Lew Kowarski）和佩亨（Jean Perrin）等人都已經在核分裂或放射性科學上有顯著的成就。同年，居里向軍備部長道提（Raoul Dautry）提出報告，提議將重水加濃縮鈾的核反應爐設置在潛艦內（類似現代的核動力潛艦）。道提則表示，如果財政狀況允可的話，軍方會考慮嘗試。但不幸的是，1939 年後歐洲陷入了二次世界大戰，該批法籍科學家被迫離開祖國，同英國的「穆德委員會」（Maud Committee）、加拿大的「蒙特利實驗室」（Montreal Laboratory），以及美國加州大學柏克利分校（University of California at Berkeley）和芝加哥大學（University of Chicago），一起加入了「曼哈頓計劃」研究[1]。

大戰結束後，該批科學家回國，並在 1945 年 10 月 18 日，加入了臨時總統戴高樂所成立的「原子能委員會」。

英國與法國皆受到美國國會於 1946 年通過的「麥克馬洪法案」影響，失去了共享核武技術的條件。於是 1950 年後，法國一方面開始探討核子武器對戰爭作用；另一方面也獨自展開技術的研究。事實上，早在自法國自己的核武問世以前，其核武思想與思維在此時期便已經大放異彩，許多政戰學者都熱烈地在討論原子彈對戰爭的作用。

---

1 Michèle Ledgerwood, “France”, Minimum Nuclear Deterrence Research, USA: SAIC Strategic Groups, May 15 2003, P.II-44.

技術的部分，1952 年皮奈（Antoine Pinay）政府經由國民議會（National Assembly）批准後，開始將核子技術發展於軍事用途，並將鈽元素的核反應堆以兩種層級來作分配。1954 年之後，法國的核子工程技術基本上已可以區別為軍事與民生兩種用途，而核武的發展更是當時政府矚目的焦點[2]。為了避免依賴其他國家進口已經生產完成的核原料，法國遂決定嘗試自行製造。鈽 239 和高濃縮的鈾 235 元素是唯二的選擇，前者比後者更容易產生連鎖反應，但對法國而言取得不易；後者為前者的同位素，雖然生產方式較為昂貴，但在工業領域已被廣泛運用，在條件的限制下，該機構的科學家便選擇後者進行深入地研究。然而，居里的政治因素也從「曼哈頓計畫」延燒到法國內部，居里的科學團隊在法國核科技的建設上貢獻良多，但身為最高委員長的居里卻狂熱支持共產主義，引起了法國內部的意識型態之爭，政府憂心發生機密外洩的可能，最後仍決定撤換居里，並任命佩亨取而代之，最後才化解了這場糾紛[3]。

（二）內外推波助瀾

1953 年蘇聯第一枚氫彈試爆成功引起了法國的緊張，隔年奠邊府戰役期間，艾森豪政府回絕了法國希望以核武支援法軍作戰的要求，屆時美國國務卿杜勒斯又向北約國家發表了「大規模報復」政策。加陶將軍（Gen. Georges Catroux）向國安會議（Defence Council）不悅地表示：「那些擁有核武的國家只想維護自己的利益，用核武嚇阻彼此並

2 Bruce D. Larkin, Nuclear Design: Great Britain, France, & China in the Global Governance of Nuclear Age, New Jersey: Transaction Publishers, 1996, p.23.

3 Wolf Mendl, “The Background of French Nuclear Policy”, International Affairs, Vol. 41, No. 1 (Jan., 1965), p.23.

避免核戰發生在自己身上；但那些沒有核武國家，卻是真正會遭受核戰爭破壞的對象。我們需要核子武器來保護我們自己的安全、還有當作我們的談判工具，我們還需要讓自己有用核武回應的方式[4]。」

導致第四共和政府重視國防的原因，除了安全考量之外，尚有戰後經濟力量獲得正面的提升為助力。相對於同時期英國遇到經濟狀況不佳的困境，戰後的法國展現了強勁的經濟成長和工業重建能力，1950年代的 GDP 成長率達到 5.2%，和西德與義大利並列歐洲經濟龍頭，不僅超越美國和英國，也比一次大戰前後的表現突出。法國開始重建其工業力量後，自 1949 到 1968 年的統計，傳統第一級產業的人口比例從 29%降至 14.6%；第二級產業的人口則從 34.5%上升到 38.9%，強大的工業實力為現代化法國及軍事強國奠定了重要之基礎[5]。

（三）政治思想改變

出現許多有利條件之後，法國政府便決定也要加入核武強權之列。法國總理孟戴斯－弗朗斯希望透過加入「歐洲防衛共同體」（European Defence Community, EDC）的方式，來達成歐洲自我防務的第一步，除了加入該機制之外，法國政府也積極拉攏英國與德國參與，目的也是為了聯合其他歐洲大國來排除依賴美國的核保護傘。但當時戴高樂並不樂意加入該組織，並非不重視歐洲自主防禦，而是因聯合歐洲防務的計畫其實會限制法國的核武發展，該機制約束了每個國家生產鈽元素的生產量，最後也導致國民議會最後否決了這個議案。

---

[4] Beatrice Heuser, "NATO, Britain, France and the FRG: Nuclear Strategies and Forces for Europe 1949-2000", London: The Ipswich Book Company Ltd, 1997, 1997, p.93.

[5] Richard F. Kuisel, "French Post-War Economic Growth", The Mitterrand and Experiment, New York: Oxford University Press, 1987, pp.18-22.

而除了歐洲防衛共同體之外，「西歐聯盟」（Western Europe Union, WEU）乃當時許多國家皆重視的安全機制，但由於戰爭失敗等經驗，法國人已經展開新的戰略思維，對於集體安全的作用產生高度的懷疑。舉例來說，1954 年 10 月，由於「北大西洋議會」（North Atlantic Council, NSC）公布了會使用戰術型核武來報復侵略者之政策後，孟戴斯－弗朗斯也宣佈了要加速獲得核武的立場，其目的並不是要使用核武來對抗蘇軍入侵，而是要讓法國也能不落北約之後，並能夠藉此得到蘇聯一樣政治份量，尤其在面對其他盟國時，法國的政治尊嚴也能夠獲得提升[6]。

1956 年蘇彝士運河危機後，法國感受到美國以自身利益為優先考量的現實面，並從中得到了醒悟。法國在這場戰爭中喪失了許多利益。當受到蘇聯核威脅之後，美國不僅未出面協助，反而對法國政府施加壓力，迫使法軍從蘇彝士運河撤退，讓法國喪盡政治顏面以及阿爾及利亞的控制權。危機過後，其國內也引起了一波政治辯論，法國總理摩勒（Guy Mollet）表示很難以忍受同屬於歐洲國家的英國，竟然無視於美國的背叛，更在 1957 年所發表的國防白皮書（又稱桑迪斯白皮書，Sandys White Paper）中表達了支持美國所提倡的「大規模報復」政策的立場。雖然國內也有人支持「大規模報復」，例如當時的法國國防部長布爾熱－莫奴里（Maurice Bourgès-Maunoury）非常認同該報告書，並希望應該仿效該政策。不過大多數的法國民眾不僅反美情緒升高，更開始出現了不滿英國親美作法的聲音[7]。

1950 年代末期，眼見法國的濃縮鈾技術已經得到相當的成果後，第四共和最後一任的加利爾（Félix Gaillard）政府轉而尋求向其他國

---

[6] Wilfrid L. Kohl, “French Nuclear Diplomacy”, New Jersey: Princeton University Press, 1971, p .21.

[7] Beatrice Heuser, op. cit., p.94.

家進行核武合作，其中包括和以色列進行的核合作計畫；或是與西德或義大利共同發展彈頭和飛彈。在 1957 年 5 月「北大西洋議會」中，法國雖然有繼續向美國討論部署核子武器的互換條件，但美國的要求是，同意在法國境內部署北約的核武部隊，但是彈頭仍堅持要由美國所控制。法國則反駁，不會再同意美軍於法國境內設置飛彈發射井的要求，顯然在政治主權的部份，法國已經開始萌生強硬的態度。就在 1960 年之後，政府宣布即將可以進行核試爆作業的同時，法國人的政治態度已明顯轉變，儘管一直沒有真正斷絕與英美兩國的軍事技術交流，但此時獨立自主的思維已漸漸深根於法國人心中。隨著第四共和政府因政治與外交危機已形成無法挽回之勢，終在 1958 年結束其執政。隔年第五共和的首任總統戴高樂上台後，法國獲得獨立核力量之路也愈來愈接近[8]。

二、戴高樂（1959-1969 年）

戴高樂總統是法國近代史上重要的人物，其思想與執政時期之作為也為西方政治劃下了重要的里程碑，法國的第一代核武也在這段時期形成，本段落以（1）核力量的形成、（2）法國退出北約和（3）戴高樂的思想為三大重點，逐一揭櫫戴高樂的重要性。

（一）核力量的形成

法國在戴高樂出任總統之後，無論是在政治、經濟、外交與國防體制上皆有重大的改變。尤其在核武發展的層面上，戴高樂強化了法

---

[8] Ibid, p.95.

國人對於這項武器的認同感，從核子武器本身、兵力態勢、戰略體制到政策準則等方面，其影響力仍持續到今日。雖然上任初期，向美方提出供應核武部分零件或技術的要求並未停止，但美國所提出之條件仍相當嚴苛，終究還是不讓法國擁有其控制權，促使了法國人不滿美國的情緒不斷升高。而受到早期加盧瓦、薄富爾、艾耶雷（Charles Ailleret）和普瓦里爾等人思想的影響後，戴高樂為法國量身打造了一套獨特的戰略思維，確保擁有核武的獨立性是最基本的訴求，有關國家的生存利益更要極力避免對任何國家（尤其是美國）產生的依賴，這就是戴高樂上台後針對國防安全與核武議題所作出的首要主張[9]。

法美衝突在戴高樂上台之後更加白熱化，在第四共和政府時期，戴高樂便已極為不滿美國對歐洲予取予求的態度。最難以忍受的是，在 1954 年奠邊府與 1956 年蘇彝士運河兩次戰爭中，美國又為了自身利益考量背棄了法國這個傳統的盟友。戴高樂不斷將這些舊帳加諸在美國人之上，法美之間的政治衝突也自然地飆升到了最高點。戴高樂批准執行 1957 年加利爾政府預定在阿爾及利亞境內薩哈拉沙漠的試爆計畫，並終於在 1960 年 2 月 13 日，成功地於當地的雷岡（Reggane）測試基地引爆了法國第一枚原子彈，成為第四個加入核武俱樂部的國家；1964 年，法國將 6 萬噸式的鈽元素內爆式原子彈提交空軍使用，啟動了空基核打擊的能力；1968 年 8 月 24 日，法國又在南太平洋的方卡陶法島（Fangataufa）成功試爆了一枚 260 萬噸級的氫彈，宣告該國也正式成為擁有了核融合彈的國家[10]。

原子彈完成後，與美國、蘇聯和英國一樣，法國的核打擊力量之首選也是以空中載具為主，1960 年，法國政府採購了 50 架的幻象 VI 式 A 型（Mirage IVA）戰略轟炸機。由於間斷與美國之間的合作

---

9 Michèle Ledgerwood, op. cit., p.II-44.

10 Bruce D. Larkin, op. cit., p.24.

關係，法國自此就必須依靠自己，因此，戴高樂展現了長遠的政治野心，宣稱要讓法國也能夠成為美蘇外的第三大核武國家，強調這種核武力量是「全方位」的態勢，不只是蘇聯，美國也可能會是法國的核打擊對象。時任武裝部隊參謀總長（Chief of Staff of Armed Force）的艾耶雷將軍認為，如果要達到這種能力，在財政有限的情況下，法國應該先犧牲戰術核武，改投注於彈道飛彈的研發，但現實情況是，在早期技術有限的條件下，美國和英國都必須先以空基戰術核武為發展基礎，法國也更不可能打破這種慣例，以空基戰術核武為首要選擇是難以避免的[11]。

幻象 IV 式為大型的三角翼戰略轟炸機，法國宣稱該機最高時速可達 2.5 馬赫，最大飛行高度為 26000 英呎，不需要加油的最大作戰半徑為 1550 英哩、加油後則可延伸至 2900 英哩[12]。1963 年進入空軍服役後，便成為法國倚重的第一代戰略嚇阻武力，選擇幻象 IV 式之目的是因該機種可掛載一枚 AN-11 核炸彈[13]並進行超音速飛行，除了有一定的突穿能力之外，1964 年空軍又從美國引進了 KC-135 空中加油機，只要透過空中加油後，幻象 IV 式便可以執行深入蘇聯內陸進行轟炸城市的戰略任務，兩種機型的搭配成為「戰略空軍指揮部」（Force Aérienne Stratégique, FAS）麾下唯一的嚇阻武力。法國獲得了

---

[11] David S. Yost, "France's Deterrence Posture and Security in Europe Part I: Capabilities and Doctrine", Great Britain: The Garden City Press Ltd., 1984, p.6.

[12] Robert J. Lieber, "The French Nuclear Force: A Strategic and Political Evaluation", International Affairs, Vol. 42, No. 3 (Jul., 1966), p.422.

[13] AN-11 型核炸彈是法國第一款戰略核武，重量約 1500 公斤、爆炸當量約 6 萬噸，由 1963 年開始建造，並於 1968 年 11 月被 AN-22 型核彈取代而退役，總共打造了 40 枚該型炸彈。參見：A Nuclear Weapons Archive – A Guide to Nuclear Weapons, "France's Nuclear Weapons: Development of French Arsenal", http://nuclearweaponarchive.org/France/FranceArsenalDev.html (accessed Mar 22 2010)

可以空基力量執行核子打擊任務能力之後，戴高樂遂堅決地認為，法國可以更確定不再需要北約的核保護傘，便正式在 1966 年宣佈退出北約軍事體系[14]。

除了第一階段發展幻象戰機成軍之外，戴高樂第二階段的發展目標將開始進一步擴大發展其他武力。包括氫彈、戰略潛艦、陸基彈道飛彈或戰術核飛彈等。前期（1960-1964 年）政府撥出 117 億國防預算，其中核武占 63 億法郎；但後期（1965-1970 年）政府預算升至 549 億，核武更是提高到了 273 億法郎，顯示該政府加速核武發展之企圖心[15]。

表 5-1　戴高樂時期核武占軍事預算之比例表

時間（年）	百分比（%）
1960	9.30
1961	15.84
1962	22.23
1963	31.06
1964	40.67
1965	48.56
1966	49.48
1967	51.42
1968	48.27
1969	41.07

資料來源：Philip H. Gordon, "A Certain idea of France", New Jersey: Princeton University Press, 1993, p.36.

---

14 J.F. Frears, "France in Giscard Prsidency", London: George Allen & Unwin Ltd., 1981, p.86.

15 Philip H. Gordon, "A Certain idea of France", New Jersey: Princeton University Press, 1993, p.35.

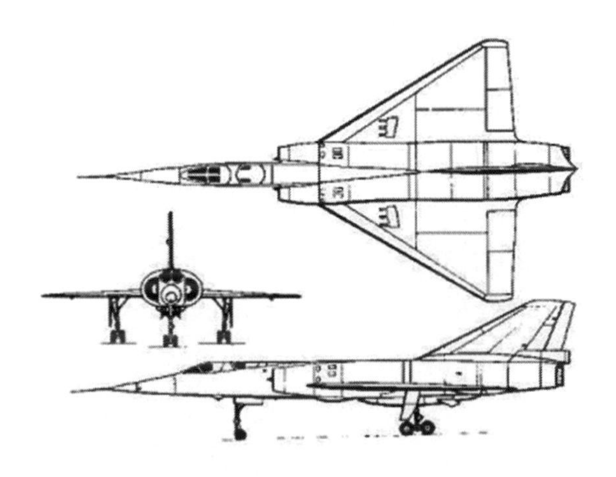

圖 5-1　幻象 IV 式轟炸機三視圖

圖片來源：http://www.aerospaceweb.org/aircraft/bomber/mirage4/.

（二）法國退出北約

與發展核武同步進行的是一連串反制北約行動之動作，戴高樂認為北約組織的統合架構是法國維護主權獨立之障礙。從 1959 年開始，戴高樂便宣佈將收回法軍地中海艦隊在戰時必須受北約指揮的協議[16]；隔年 6 月，更驅逐了法國境內的美軍，並表示從阿爾及利亞撤回的法軍不再納入北約管轄；1961 年戴高樂批評英國首相麥克米朗過於親美的態度，認為英國將失去做歐洲國家的資格；1962 年 10 月，英美簽署了拿騷協議，更打算拉攏法國加入，但戴高樂不僅未同意，更痛批英國將核武發展的未來都託付於美國，這種作法等於是喪失國

[16] Fédéric Bozo, Translated by Susan Emanual,“Two Strategic for Europe: De Gaulle, the United States, and the Atlantic Alliance”, Maryland: Rowman & Littlefield Publishers, Inc, 2001, p.130.

防自主性的行徑；1963 年 6 月，戴高樂宣佈向北約收回法軍大西洋艦隊的指揮權；1964 年 4 月，進一步撤回了北約海軍指揮部的法籍軍官；到了 1965 年，法軍受北約管轄的部隊僅剩下兩的師，且戴高樂政府表示，這些剩下的部隊也不會參加北約於秋天預定的 Fallex 聯合演習；1965 年 9 月 9 日，在一場會議當中，戴高樂表示會徹底退出「北大西洋公約組織」。1966 年，戴高樂的外交部長顧福戴穆維爾（Maurice Couve de Murville）便指出，未來法國遭遇安全問題時，不會再向北約與西歐聯盟尋求保護，這是戴高樂對聯盟集體安全體系所作的重大否決，戴高樂為此決定作說明：「法國的國防就要有法國的樣子！」拒絕北約聯盟之協助是法國所追求獨立防衛的重要步驟。終於，1966 年 3 月 7 日，戴高樂向杜勒斯致信並說道：「法國認為（情勢）即將改變，也可能是從 1949 年（加入北約那年）就已經改變了……，她的情勢或軍力的發展也不再是正常的樣子……，這都是因為加入北約所造成的。由於（我們）提供盟軍的駐紮或空域的使用，造成了法國的領土與主權完整遭到削弱，所以未來法國將退出北約一體化的軍事架構，也不再將她的軍隊提供給北約控管。」

法國大動作地退出了北約的軍事體系、僅保留會員身份，成為近代歷史上一項震驚世人之舉，不過戴高樂另外表示，會樂見美軍將核武部署在其他例如西德等重要國家，退出並不表示會與北約為敵[17]。

（三）戴高樂的思想

在戴高樂的政治思想內，維護主權獨立（autonomous）和維持兩個超強之間的平衡（balanced）是兩項最基本的原則。戴高樂樹立了

[17] Beatrice Heuser, op. cit., p.102-103.

法國第五共和政府的新典範，前者是追求獨立的國防力量，堅決反對依賴任何國家或聯盟；後者是法國對於大國地位的渴望，要使法國要能夠躋身成為美蘇兩強之外的第三個強權[18]。

質疑美國在關鍵時刻袖手旁觀是有合理的依據，戴高樂認為從兩次世界大戰，到奠邊府和蘇彝士運河危機都是最佳之例證，尤其在蘇聯也擁有核子武器和投射能力後，美國使用嚇阻力量時態度也會更加猶豫或保留，屆時歐洲人皆對於美國人是否願意犧牲紐約來換取漢堡產生高度的懷疑；且在 1960 年後，美國所主張的「彈性反應」政策正是要避免和蘇聯發生核戰才制訂的新戰略，據戴高樂觀察，無論是哪種型態的戰爭，一旦蘇聯或華約部隊入侵，立即使用核武反擊才是最佳嚇阻之道。有了上述的經驗後，更突顯依賴美國提供安全保護對法國來說是很危險的，同時也反映出美法兩國價值觀與意識形態上的不同[19]。

獲得核打擊能力後的法國，也正逢美國提倡多邊核力量（The Multilateral Force, MLF）之主張，但法國也是採取反對的態度，甘迺迪總統與美國國防部長麥納瑪拉所主張的北約多邊核力量是以美國的核武力量為基準，統合所有核武力之後再進行戰力分配，擁有最大核武庫的美國可以提供其他北約盟國使用其核子武器。相形之下，雖然薄富爾也曾提倡過多邊核力量的理論，然而，後者強調該理論基礎是每個決策中心都有自己使用核武的自由權，這和美國所主張的統合性並不相同。而對於這種共用核武庫的建議，在北約國家當中，事實上也只有無核武的西德最感興趣，但這種想法因受到

---

18 Wilfrid L. Kohl, p.62.

19 Robbin F. Laird, “France, the Soviet Union, and the Nuclear Weapons Issue”, London: Westview Press, 1985, p.68.

政治力的約束而無法實現[20]。在法國，加盧瓦與戴高樂皆認為，美國提出的建議等於是要求法國也要交出自己的核武器，完全抵觸了獨立原則之外，也是懷疑美國想利用統合體系的方式進行核壟斷，無論如何，對於已經決定要退出北約的戴高樂而言，該議題也不再具有任何討論的空間[21]。

為了要提升核打擊的有效性，以有限能量的情形下，戴高樂開始主張「打擊城市」目標的核武計畫，如果要能夠以小搏大，法國就必須以敵對國家的高密度人口中心或具有高價值的目標進行攻擊，而主張避開城市的「打擊軍事」目標原則不應該被法國所接受，這種思維模式在 1950 年代北約的「大規模報復」政策中有類似的概念。戴高樂所樹立的典範，在歷任的法國總統的決策當中也沒有受到太大改變，每一位領導者皆相當重視使用核武的自由權，並認為維持核武獨立運作和維護生存利益是國家之核心價值[22]。

三、龐畢度（1969-1974 年）

龐畢度總統是第五共和總統中較顯少被注意的政治家，但法國核武的發展與擴展卻在其任內有最顯著的成果，本段落分別以（1）延續戴高樂主義（2）「核武三元」和戰力形成來介紹該政府時期的特色，並強調核力量走向完整的態勢對於法國的重要影響。

---

[20] Lawrence Freeman, op. cit., p.311-312.

[21] David N. Schuwartz , “NATO’s Nuclear Dilemma”, Washington D.C: The Booking Institution,1983,　p.106.

[22] David S. Yost, op. cit., p.31.

（一）延續戴高樂主義

民主共和聯盟（Union des Démocrates pour la République, UDR）的龐畢度繼承了戴高樂，成為第二位的第五共和總統。原本尼克森政府寄望戴高樂卸任後美法關係能有所改善，特別是在越南的問題上法國能夠出一份力量協助美國[23]，然而，龐畢度實際上仍奉行著戴高樂主義。即使宣稱雖然美法的關係是良好的狀態，並不會像戴高樂一樣與美國直接對立，但法國依然不會選擇重回北約或是和美國進行軍事交流。1969 年龐畢度上任後，儘管美國政府展現重視歐洲安全的誠意，國務卿季辛吉表示，東西方低盪（détente）後的世界將會是「歐洲之年」（year of Europe），顯示歐洲在該時期的重要性提升。然而，龐畢度仍堅持強調，法國要維持外交獨立的原則，決不接受美國的帝國主義（imperialism）行為，因此，法國也不會返回大西洋聯盟讓自己喪失主權。在歐洲安全事務上，龐畢度更提倡「歐洲主義」（Europeanism），反駁了美國主導的「大西洋主義」（Atlanticism），法國政府強調不是不願意參與歐洲共同防務的合作，但是希望歐洲的安全是由歐洲人來主導，排除美國的干涉是必要的，因為美國可以選擇不對西歐全權負責，但西歐卻要面對來自東歐及蘇聯的壓力，這種迫切性是大西洋彼岸國家無法感受的，因此法美外交關係在龐畢度時期仍維持緊繃的狀態[24]。因此在組構歐洲的核嚇阻力量時，法國最希望合作的對象便是西歐國家中另一個

---

[23] George Henri-Soutou, “Three Rifts, Two Reconciliaiotns: Franco-American Relations During The Fifth Republic”, Italy: European University Institute Working Paper ,Robert Schuman Center for Advanced Studies NO.2004/24, p.2.

[24] Edward A. Kolodziej, “The Grandeur that was Charles”, The Review of Politics, New York: Cambridge University Press, 1977, p.110.

擁有核武的英國，希望以英法的核武為基礎，建立歐洲自主的核武體系，該思維可謂英法核武合作早期之開端[25]。

（二）核武三元之成型

反駁美國的同時，龐畢度所進行的外交政策也是採取成為第三大強權之主張。1971 年後，法國與蘇聯政府之間採取了一些經濟貿易的合作；對中東的第三世界或阿拉伯國家，法國也在軍火市場上與美國不斷角力，積極的作為都是要將戴高樂主義做得更為徹底。不過，要勝任兩極體系平衡者之角色，無論是面對美國或是蘇聯，法國抱持著中立的態度，既要反對美國霸權主義、更要對抗蘇聯的軍事威脅，因此法國的戰略核力量持續發展也是必然之舉[26]。原本負責攜帶 AN-22 型核彈[27]進行戰略任務的幻象 IV 式轟炸機，因 1960-1970 年蘇聯先後大量部署了 SA-3 型防空飛彈與更先進的防空雷達，讓空軍感受到核打擊的困難提升，造成了法國必須尋求其他有效的打擊方式[28]。

法國將中程陸基彈道飛彈（法語稱為地對地戰略飛彈【Sol-Sol Balistique stratégique, SSBS】）作為第二代的戰略嚇阻武力，1965 年

---

25 王仲春，《核武器、核國家、核戰略》，（北京：時事，2006 年），頁 194。

26 George Henri-Soutou, op. cit., p.3.

27 AN-22 型是取代前一款 AN-11 型所研發、並採用鈽分裂方式而成的核炸彈，重量約 1400-1500 公斤、爆炸當量約 6-7 噸，1967 年開始服役，當中也經過了多次的改良，包括重量減輕或是可運用降落傘進行低空轟炸等工程，服役期間該型炸彈一共約 40 枚被建造出，直到 1988 年 7 月 1 日，隨著幻象 VI 式戰機退役而退出法國的核子武器行列中。參見：A Nuclear Weapons Archive – A Guide to Nuclear Weapons, “France’s Nuclear Weapons: Development of French Arsenal”,http://nuclearweaponarchive.org/France/FranceArsenalDev.html (accessed Mar 22 2010)

28 Wilfrid L. Kohl, op. cit., p.183.

11 月 26 日，法國成功發射了第一枚人造衛星，象徵法國火箭技術的研發有突破性之成果。1971 年 8 月 2 日，法國正式將 S-2 型彈道飛彈成軍。該型飛彈為雙節式、彈頭當量 12 萬噸、有效射程 3000 公里的中程彈道飛彈，也是第一款的法國彈道飛彈，部署在阿爾比恩高原（Plateau d'Albion）飛彈基地的地下發射井中，國防部長戴伯爾（Michel Débre）表示，國防部將提供建造 18 枚飛彈的預算，讓法國正式獲得陸基核力量，而此 18 枚飛彈發射井的數量也是往後法國陸基戰略核武的軍力標準。然而，陸基彈道飛彈的最大弱點乃在於遭受到第一擊後的易損性太高。因此，除了空基與陸基型核武外，最受當時核武國家青睞的打擊力量實際上是潛射彈道飛彈（法語稱為海對地戰略飛彈【Mer-Sol Balistique stratégique, MSBS】)，主要原因乃潛艦有足夠的隱密性可以發動第二擊報復的能力。在此領域法國也不落人後，儘管美國洛克希德與波音（Boeing）公司都表示願意提供「北極星」或「義勇兵」（Minuteman）飛彈的科技給法國，但法國仍堅持要以一已之力來突破科技障礙，且陸基彈道飛彈已經為潛射型飛彈技術打下了深厚的基礎。為了迅速達成其願景，法國以兵分多路的方式進行：由「原子能委員會」負責建造潛艦用的核子反應爐及彈頭；國防部的「飛彈理事會」（Direction des Engins, DCN）則負責發展彈道飛彈；「海軍建造局」（Direction des Constructions Navals, DEN）打造潛艦[29]，很快的在 1967 年 3 月 29 日，第一艘「可畏級」潛艦（Le Redoutable SNLE）「可畏號」（Le Redutable, S.611）下水、並且在 1971 年尾正式服役；第二艘姊妹艦「恐怖號」（Le Terrible, S.612）在 1969 年下水、1971 年服役；第三艘「雷霆號」（Le Foudroyant, S.610）於 1971 年下

[29] Host Site Homepage Directory, "France's Nuclear Weapons – Origin of The Force de Frappe", http://nuclearweaponarchive.org/France/FranceOrigin.html (accessed Mar 15 2010)

水、1974 年服役[30]，法國政府也宣布成立「戰略海軍指揮部」（Force Oceanique Strategique, FOST），負責指揮旗下的三艘戰略核潛艦。「可畏級」潛艦的主要武裝是 16 枚的 M-1 型潛射彈道飛彈，該型飛彈在 1974 年被 M-2 型取代，M-2 型隨後又於 1977 年被 M-20 型取代[31]。M-1 與 M-2 型潛射彈道飛彈是法國第一款服役的海基型飛彈，裝配 MR-41 型彈頭[32]；後來的 M-20 型飛彈則採用了威力更強大且更先進的 TN-60 氫彈頭[33]。

---

30 John E. Moore, "Jane's Fighting Ships, 1983 1984", London: Jane's Publishing Co., 1984, p.155.

31 Wilfrid L. Kohl, op. cit., p.183.

32 MR-41 型彈頭是法國當局第一款大量製造的核分裂式彈頭。自 1963 年開始第一階段的研發、1966-1971 年在進行第二階段的研發、1968 年 7 月 15 日與 8 月 7 日進行測試，最後一次則是在 1971 年 6 月 21 日。該彈頭在 1971 年至 1979 年間，逐步裝配於 M-1 與 M-2 型兩種潛射彈道飛彈上，重量僅有 700 公斤，但爆炸當量可以達到 50 萬噸，第一次服役時間是 1971 年 1 月 28 日，裝配在可畏號潛艦上並進行首航，統計一共有 35 枚彈頭被製造出，直到 1977 和 1979 年由下一款的 TN-60 彈頭取代並退役。參見：A Nuclear Weapons Archive – A Guide to Nuclear Weapons, "France's Nuclear Weapons: Development of French Arsenal",http://nuclearweaponarchive.org/France/FranceArsenalDev.html (accessed Mar 22 2010)

33 M-20 型飛彈是首次由法國當局所大量製造的潛射彈道飛彈，一般估計約生產了 100 枚飛彈。該型飛彈是採用雙節式、固態燃料，射程約 3000 公里的中程飛彈，裝配 120 萬噸的 TN-60 型氫彈頭。FAS, "M-20", http://www.fas.org/nuke/guide/france/slbm/m-20.htm (accessed Mar 15 2010)

法國的核融合技術早已具備，但是發展彈頭歷時相當久，自 1968 年成功獲取的氫彈技術後，TN-60 型彈頭便已經開始研發，直到 1977 年服役期間，法國一共進行了 21 次的測試，為了仿效 1960 年代初美國的「義勇兵二型」（Minuteman II）彈道飛彈 W-56 型彈頭之功能，法國將 TN-60 型升級為 TN-61 型，這款彈頭主要裝配在 M-20 型、M-4 型潛射飛彈與 S-3 型陸基彈道飛彈上。完成設置之後，1976 年 1 月 24 日，「原子能委員會」將該彈頭轉交給軍方，隔年便裝配在 M-20 型飛彈上投入實戰功能，TN-60/61 型的當量約為 100 萬噸，一枚彈頭的重量大約 275 至 375 公斤，若裝在具備多彈頭重返大氣層載具的 M-4 型飛彈上，其重量則約 700 公斤左右，服役之高峰估計約有 70 枚的彈頭被製造出，海軍用的最後一枚 TN-61 型彈頭於 1991 年 2 月退役。而陸軍所配備的 S-3 型彈道飛彈也使用 TN-61 型彈頭，前 9 枚於 1980 年 1 月 1 日先

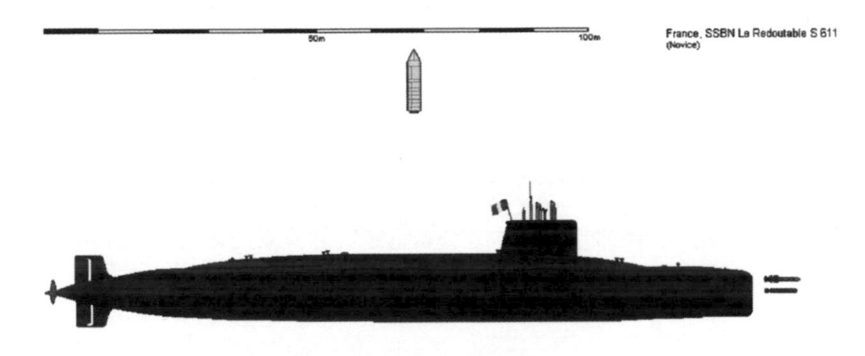

圖 5-2　可畏級潛艦側視圖

圖片來源：http://www.shipbucket.com/forums/viewtopic.php?f=5&t=819.

法國的「核武三元」戰力是在這段時期所產生，除了達成法國所堅持的政治目的之外，會促使陸基與海基武力的形成，主要也是有技術層面的考量。空基核武雖然有運作便宜且靈活性高的優勢，但陸基與海基核武在突穿力的表現上卻比前者更優異，導致法國也完成了「核武三元」[34]。龐畢度於任內去世之後，該政府也就失去了運作「核武三元」的機會，而繼任的季斯卡卻為法國政治、經濟與軍事的發展態勢展開了截然不同的新樣貌。

交付阿爾比恩高原的飛彈基地；後 9 枚則另外在 1983 年 1 月 1 日交付完畢，該單位總共接收了 20 枚彈頭（18 枚備戰，2 枚庫存），所有的彈頭與飛彈一併在 1996 年 9 月 16 日除役，統計法國一共生產了 90 枚 TN-61 型彈頭。參見：A Nuclear Weapons Archive – A Guide to Nuclear Weapons, "France's Nuclear Weapons: Development of French Arsenal", http://nuclearweaponarchive.org/France/FranceArsenal Dev.html (accessed Mar 22 2010)

[34] David S. Yost, op. cit., p.19.

四、季斯卡（1974-1981 年）

季斯卡總統時期最受矚目的施政作為乃促使法國其他西方國家之間關係得到舒緩，政治風格也與前任領導者形成對比，本段落整理為（1）不同的政治思維、（2）核武力量之更新與（3）核武目標的延伸，以突顯季斯卡的施政模式與前兩任總統之差異。

（一）不同的政治思維

同屬右派的[35]的季斯卡總統當選後，對外宣稱將會承繼戴高樂的核武戰略與外交政策，但是實際上卻更進一步向北約組織及「彈性反應」政策靠攏，在這段七年的總統任期內，季斯卡為法國政治展開了不同以往的面貌，此時期被稱之為「後戴高樂主義時代」（post-Gaullsim），雖承繼了戴高樂與龐畢度所強調大國政治的原則，但卻比前兩者更重視多邊外交的功能。會產生如此不同以往的變化，主要的原因是 1972 年尼克森總統宣布美軍自越南撤退，西方國家需要提高安全警戒，尤其是在美國國力轉弱之後，蘇聯西侵之可能性也就大增，西歐國家必須更重視團結力量來防衛自我的安全，時任法國總統的季斯卡也無法再像過去一樣將其他國家的安全置身事外，重新思考北約防衛體系的作用乃國防議題的當務之急。此外，季斯卡也認為法國仍需要「歐洲經濟共同體」的配合，始能提升法國的經濟狀況[36]。顯示該政府重視國際組織的作為。

檯面上季斯卡宣示不會放棄戴高樂主義，但事實上，季斯卡的政治立場與傳統的戴高樂主義者的思維是截然不同的態勢。1967 年仍

35　季斯卡所屬政黨為法國民主同盟（Union pour la démocratie française, UDF）。
36　Robbin F. Laird, op. cit., p.95.

在擔任相瑪立耶市（Chamalières）市長的季斯卡，面對戴高樂主義的態度是採取可接受與妥協的立場，但 1974 上任總統之後，季斯卡的許多作為卻是在否定戴高樂主義[37]。

季斯卡的核武政策強調，法國必須要有進行傳統戰爭或核戰爭的任何準備，要盡全力讓戰爭在傳統作戰的範圍內便結束，使用不同級別的核子嚇阻，避免和嚇阻傳統戰爭升級為核子戰爭，這種思維與同時期北約所主張的「彈性反應」政策有異曲同工之妙[38]。在核武上的投資上，季斯卡與前兩任總統相比有較為下降之趨勢，過去較不被重視的傳統力量，因歐洲經濟情況自石油危機過後而好轉，提供季斯卡有更多的條件發展傳統武力。相比之下，戴高樂的核武計畫平均占國防預算的 24.3%；龐畢度為 16.9%；季斯卡因重視傳統武力的功能，任期內的投資比例下降到 14%[39]。因為蘇聯核力量的增強，法國又逐漸向北約靠攏，加強與北約的防務合作，改善法美關係[40]。

法美之雙邊關係獲得改善，乃季斯卡就任之後所作的最大差異，尤其在核武技術合作上，法國又再度與美國進行合作，包括了獨立彈頭重返大氣層載具的研究、彈頭小型化的工程，以及彈頭安全管理等層面；此外，法國與北約共商戰術核武的打擊目標區，避免自北約軍事體系脫離之後，法國會與北約產生打擊目標衝突或重疊的問題。此乃第五共和成立多年以來，首位有法國總統願意作出如此巨大的變動；最後，展開法美之間的合作與互信，除了是要重新改善雙方的政治關係外，也是要避免法國在獨立開發核武的過程中，可能造成不必

---

37 Philip H. Gordon, op. cit., p.81-82.

38 Leon V. Sigal, “Nuclear Forces in Europe: enduring dilemmas, present prospects”, Washington D.C.: The Brookings Institution, 1984, p.143.

39 David S. Yost, op. cit., p.14.以 1980 年的幣值來計算，到該年為止，法國發展核武的經費統計為 2220 億法郎。

40 J. R. Frears, op. cit., pp.84-88.

的財政或資源浪費[41]。季斯卡政府重視多邊防禦的概念，同意法國與北約將一同參與防禦作戰，並在必要時配合前者動用戰術核武[42]，而美國為了避免觸動法國的敏感神經，曾向法國政府建議運用法美互賴（interdependence）或是美英法多邊合作（trilateralism）的方式進行核武發展，但法國所堅持的獨立的核力量並沒有就此退讓，在國防議題中的許多的面向，季斯卡政府與北約都有商議合作的空間，但唯獨核獨立是法國政府持續堅持、且無法妥協的原則[43]。

（二）核武力量之更新

除了傳統武力之外，法國三軍的核武力量在季斯卡的任內也都完成戰略與戰術的打擊力量。1972 年公佈的國防白皮書中強調，法國要開發戰術型核武的作為，藉此輔助傳統武力的作戰能力，顯示了季斯卡重視多元化武力的立場[44]。

空基核武依舊是以幻象 IV 式為基礎，法國空軍計畫讓該戰機配備更先進的 ASMP 中程空對地飛彈（air-sol moyenne portée）空對地飛彈，該武器可攜帶 10-30 萬噸的彈頭。但幻象 IV 式 A 型已開始面臨了機型老舊的問題，因此，除了進行系統更新作業之外，尋找新的替代機種也是空軍的下一個目標；戰術力量的部份，1974 年，幻象 III 式與「美洲虎式」戰機也開始攜帶當量約 1 萬至 2 萬 5 千噸的 AN-52 自由落體核彈[45]，因為增加了戰術核打擊武力，法國也成立了「戰術

---

41 Philip H. Gordon, op. cit., p.92.

42 George Henri-Soutou, op. cit., p.3.

43 Robbin F. Laird, op. cit., p.96-97.

44 James C. Wendt, “British and French Strategic Forces: Response Options to Soviet Ballistic Missile Defense”, Santa Monica: RAND, March 1986, p.11.

45 AN-52 型是法國第一種戰術核彈，採用的是 MR-50 型通用戰術裝置（Charge

空中指揮部」（Force aérienne tactique, FATAC）以管轄麾下的 135 架具有核武投射能力的戰機[46]。

為了改善讓外界所詬病的生存性問題，季斯卡原本也計畫發展機動型戰略陸基彈道飛彈（SX 計畫），但還在籌劃階段便遭到後來的密特朗政府取消。密特朗的國防部長吉列（Paul Quilès）在 1990 年「高階國防研究機構」（Institut des Hautes Etudes de Défense Nationale, IHEDN）演說時曾解釋，廢止該計畫是因巡弋飛彈比前者更有效益[47]。因此，法國依舊以依舊 S-2 型戰略中程飛彈為戰略核武的主力；不過，自 1960 年開始研發的「火成岩」戰術型機動彈道飛彈[48]仍成功在 1974 年服役，該飛彈是法國第一款戰術型短程彈道飛

Tactical Commune, CTC）彈頭，也是一種可採用降落傘的低速炸彈，針對空軍的「美洲虎式」與幻象 III 式戰機與海軍的「超級軍旗」戰機所研發。依照任務之不同而產生兩種不同的設計，一種為 6 千至 8 千噸較低的爆炸當量；另一種為較高的 2 萬 5 千噸型，總重大約為 455 公斤；彈體總長約 4.2 公尺；寬度約 0.6 公尺，從 1972 年服役到 1991 年為止，該型炸彈總共製造了約 80 至 100 枚。參見：A Nuclear Weapons Archive – A Guide to Nuclear Weapons, “France’s Nuclear Weapons: Development of French Arsenal”, http://nuclearweaponarchive.org/France/FranceArsenalDev.html (accessed Mar 22 2010)

[46] David S. Yost, op. cit., p.18-19., p.48-49.1974 年法國「戰術空中指揮部」部署了兩中隊共 30 架的幻象 III 式，一架幻象 III 式的作戰半徑約 300 公里；另外還有三中隊共 45 架的「美洲豹式」戰機，每一架「美洲豹式」的作戰半徑約 450 公里，兩種機型都具備空中加油、全天候作戰和抗電子干擾能力。

[47] John Howorth, “Of Budget and Strategic Choices: Dfense Policy under François Mitterrand”, The Mitterrand Experiment, Oxford University Press, 1987, p.308.

[48] 「火成岩式」飛彈的主要裝備武器為 AN-51 型純鈽分裂式彈頭，同樣也採用 MR-50 型通用戰術裝置，1974 年 5 月 1 日開始服役，1977 年最後一枚 AN-51 型製造完畢後停產。彈頭自 1973 年上線直到 1993 年被拆除為止，總共生產了 70 枚。依照爆炸威力也分為兩種型號，各別為較低當量的 1 萬噸；及較高的 2 萬 5 千噸，彈頭重量約 500 公斤。參見：A Nuclear Weapons Archive – A Guide to Nuclear Weapons, “France’s Nuclear Weapons: Development of French Arsenal”, http://nucleareaponarchive.org/France/FranceArsenalDev.html (accessed Mar 22 2010)

彈，載具是由 AMX-30 主力戰車改良而成的，可攜帶傳統或是 1 萬 5 千至 2 萬 5 千噸的核彈頭，可算是彌補了生存性不足之缺陷[49]。

海基的部份，1977 年最新服役、彈頭當量 100 萬噸、射程約 3000 公里的 M-20 型潛射飛彈，已逐步部署於五艘服役中的「可畏級」潛艦上，除了原本三艘之外，第四艘的「無敵號」（L'Indomptable, S.613）和第五艘的霹「靂號」（Le Tonnant, S.614）各別在 1976 年與 1980 年服役[50]；同時海軍「克里蒙梭號」航空母艦（Clemenceau, R98）與「福熙號」（Foch, R99）也分別於 1979 年與 1981 年接收了共 36 架的「超級軍旗」（Super-Étendard）攻擊機，戰機上搭載的 AN-52 核彈也為海軍添增了戰術核打擊能力[51]。

為了達成國防自主的要求，和歐洲國家相比之下，法國在該領域上的投資可謂相當龐大，季斯卡政府的外交部長彿朗索瓦彭塞（Jean François-Poncet）於 1981 年指出：「我國從 1975 年開始的國防經費，超越了北約組織每年 3%的標準[52]。」對於法國來說，經濟負擔雖然龐大，但此乃法國滿足其需求的必要投資。

（三）核武目標的延伸

除了進行多邊的經濟、外交與軍事合作之外，季斯卡政府一改過去法國只針對自身安全為唯一利益的國防政策，認為更積極的防禦觀

---

[49] FAS, "Pluton", http://www.fas.org/nuke/guide/france/theater/pluton.htm (accessed Mar 15 2010)

[50] FAS, "Le Redoutable/Linflexible", http://www.fas.org/nuke/guide/france/slbm/inflexible.htm (accessed Mar 15 2010)

[51] David S. Yost, op. cit., p.2., p.49.

[52] David S. Yost, "France's Deterrent Posture and Security in Europe Part II: Capabilities and Doctrine", London: International Institute of Strategic Studies, 1984, p.5.

念會讓法國有更多保障。1976 年梅里將軍所提出的「延伸庇護」（Sanctuaristaion élargie）為季斯卡提供了一項重要的政策參考。該理論認為，法國與西歐的整體安全是唇亡齒寒的關係，尤其是捷克與德國的安全問題，可能攸關或衝擊到法國本身的安全情勢，如果周邊地區遭受到攻擊後法國仍採取袖手旁觀的態度，那麼下一個面臨危險的便是法國本土。因此，一旦西歐遭受攻擊後，法國將會對該國家的情勢進行預防性之干涉，以避免戰火最後波及到法國領土[53]。

1972 年發表的國防白皮書最後也將該理論納入國防政策之中，並闡述了幾項季斯卡政府如何採取梅里將軍之倡議的政策，首先，庇護首要的對象理當為法國本身，觸犯該領域者將隨即遭受戰略核武的報復；其次，周邊國家的安全受到威脅，法國會運用傳統武力來協助該國防禦；最後，攸關到法國利益的第三世界國家，尤其是非洲地區，法國也會派小規模的精銳部隊進行干涉[54]。法國政府宣稱這種核武政策，可以為周邊國家提供某種程度的安全保障，搭配法國長期以來所強調的以小搏大精神，並承諾其提供核保護傘的可信度比美國更高[55]。

重視裁軍機制的卡特上台後，美國也緩和了軍事力量的對峙，法美關係在季斯卡任內也得到進一步的修補，該時期無非是雙方長期政治摩擦與衝突中一個重要的突破。不過，下一任的密特朗獲選為法國總統之後，法國與北約組織之關係又再度產生新的變化。

---

[53] Lawrence Freeman, op. cit., p.308.

[54] Neviile Waites, “Defence Policy under Socialist Management”, Mitterrand’s France, New York: Croom Helm, 1987, p.197.

[55] David S. Yost, op. cit., p.15.

五、密特朗（1981-1988 年）

季斯卡為冷戰時期第五共和政治發展之轉折，而密特朗則再度扭轉了前者的作為，因此，本段落以密特朗（1）重拾戴高樂精神與和（2）核武態勢擴大化和，（3）維持準則與傳統，以彰顯其施政路線的再度轉變。

（一）重拾戴高樂精神

1981 年左派社會黨的密特朗上台，法國新政府所面臨的外部挑戰是蘇聯的軍事力量超越了原本的預期。社會黨的傳統政治立場上是以反暴力或反軍事力量為黨的基本主張。然而，1980 年代蘇聯軍事力量更強大之外，甚至展開了後來歷時十年之久的阿富汗軍事行動，逐漸使上台後的密特朗改觀。

在 1954 年國民議會當中，有部分的社會黨議員曾認為，法國應該積極參與歐洲的防衛體系，將安全問題訴諸於聯盟的保護之下，但是這種建議很快被民族自尊心強烈的法國人否決；1966 年戴高樂宣布退出北約時，社會黨更批評右派的戴高樂過於剛愎自用，把核武視為萬靈丹並放棄集體防禦的作用，此舉會讓法國陷入孤立的危險。但是往後戴高樂主義所掀起的政治文化已經在全體法國內部形成了一股愛國潮流，即使是社會黨入主法國政府，也必須接受已經形成共識的政治傳統[56]，此外，1986 年國民議會改選後，密特朗任命右派「人民運動聯盟」的席哈克為總理，以左右共治的方式，間接將右派的政治主張融入的傳統左派思維之中[57]。因此，密特朗政府的戰略思維也

---

[56] Neviile Waites, op. cit., p.192-193.

[57] Philip Thody, “The Fifth French Republic: Presidents, Politics and Personalities”,

重新重視戴高樂主義。社會黨政府認為，北約「彈性反應」政策所建構的傳統力量根本無法抵抗蘇聯強大的地面突擊與攻擊力，唯有可靠的大規模核打擊才能有效地嚇阻蘇聯採取的軍事行動，而這段時期應該藉重的是法國本身的核力量。發表該政策實際上也是否決了前總統季斯卡的政治作為，密特朗批判了季斯卡於 1980 年 5 月，也就是最後一年任期時，前往波蘭華沙與蘇聯總理布里茲涅夫（Loenid Brezhnev，任期 1977-1982 年）展開會談的舉動，他認為在蘇聯入侵阿富汗的同時，法國應該與西方其他國家一樣採取反蘇聯的立場，因而指責季斯卡這次會面實為不妥之舉[58]。

為了強化本身的國力，密特朗也認為法國應該先重視自我利益。其主張包括：首先，參加北約組織或是加入歐洲經濟共同體的統合架構是絕不能妥協之堅持，密特朗認為法國就如同戴高樂所言，是一個「偉大的國家」（Gradeur），反對美國的霸權主義與核壟斷的作法、同時也要圍堵蘇聯擴張是最基本的政治信念[59]。密特朗嚴厲地指控，北約的核政策事實上具有弱化法國核力量的陰謀存在，這對於想立足於美蘇之間的第三股力量的法國而言是無法接受的。法國也不願參與美國雷根政府所主張發展的「戰略防禦計畫」（Strategic Defense Initiatives, SDI），除了不同意美國合作和發展彈道飛彈防禦系統外，更顯示了法國人對自己所建立的戰略嚇阻力量已擁有足夠的信心[60]；其次，為了不讓其他盟國可能超越法國的軍事力量，密特朗政府向西

London: Routledge, 1998, p.108.

[58] Stanley Hoffmann, “Mitterrand’s Foreign Policy, or Gaullism by any other Name”, The Mitterrand and Experiment, New York: Oxford University Press, 1987, p.295.

[59] Jolyon Howorth, “Of Budget and Strategic Choices: Defense Policy under François Mitterrand”, The Mitterrand Experiment, New York: Oxford University Press, 1987, p.306.

[60] James C. Wendt, op. cit., p.35.

德建議，該國應該要多倚賴美國保護或是建立更堅強的德美同盟關係，且愈緊張的美蘇關係，就愈有利於法國成為強權的條件。再者，巴黎也支持美軍在西歐其他國家部署潘興 II 式（Pershing II）中程彈道飛彈，來對抗蘇聯在東歐國家部署的 SS-20 軍刀式（Sabre）中程彈道飛彈，其目的也是希望其他歐洲國家因依賴美國核保護傘之後，未來便不會對法國的政治地位形成挑戰[61]。

為了要排除美國的因素，在 1984 年探討建構歐洲防務力量時，密特朗欲拉攏英國一起打造西歐聯盟的防衛力量，但英國不希望西歐聯盟會造成與北約相牴觸的情形而婉拒法國的邀請。於是法國便轉向尋求西德的合作，法德雙方達成協議後，決定要共同組建一支 5000 人的聯合部隊，並於 1987 年 1 月 12 日正式運作，這支部隊乃日後「歐洲軍團」（Eurocorps）的組建基礎[62]。儘管法國先前提議強過化德美關係，但隨後卻發現，在政治因素、經濟條件與地緣環境的影響下，西德會是建立歐洲自主防衛力量的重要合作對象。法國國防部長艾爾尼（Charles Hernu）於 1985 年表示：「西德是法國最親近的盟友，為了維護雙方的安全利益，法德會以緊密的同盟方式共同努力[63]。」

（二）兵力態勢擴大化

由於密特朗重視核武使然，經「國際戰略研究所」於 1983 年之統計，法國的核武兵力所具備的三元力量仍維持相當足夠的能量，其中包括：可攜帶 7 萬噸當量 AN-22 炸彈的 34 架幻象 IV 式戰機負責

---

[61] Robbin F. Laird, op. cit.,p.99.

[62] Harcel H. Van Herpen, “Chirac’s Gaullism: Why France has become the driving force behind an autonomous European Defence policy”, Romania: The Romanian Journal of European Affairs, vol.4, No. 1, May 2004, p.75-76.

[63] Avery Goldstein, op. cit., p.213.

執行戰略打擊任務；而可攜帶 1 萬 5000 噸 AN-52 炸彈的「美洲虎式」戰機與幻象 III 型戰機則擔任執行戰術打擊的任務；另外包括 11 架的 KC-135 空中加油機供戰略空軍使用。以 18 枚 100 萬噸當量的 S-3 型短程陸基彈道飛彈替換舊型的 S-2 型飛彈；以及開始裝配 42 枚 1 萬 5000 噸至 2 萬 5000 噸的「火成岩」（Pluton）短程彈道飛彈。戰略海軍則配備 36 架可攜帶 1 萬 5000 噸 AN-52 炸彈的「超級軍旗」攻擊機；以及五艘各別裝載 16 枚 M-20 潛射飛彈的「可畏級」戰略潛艦[64]，此外，停頓了很長一段時間後，計畫中的第六艘的「不屈號」（L'Inflexible, S.615）也終於在 1980 年動工、1982 年下水，並在 1985 年服役。不同前五艘姐妹艦的是，「不屈號」採用了更先進的系統，尤其在主要武器部分，該艦使用的是最新的 M-4 型潛射飛彈[65]，此型為法國第一種具備多目標獨立彈頭重返大氣層載具（MIRV）的飛彈。雖然「不屈號」是沿用舊的船殼，但嚴格上來說，卻是一艘全新的作戰系統[66]。

---

[64] The Military Balance, 1883-84, London: International Institute for Strategic Studies, pp.31-33..

[65] 後期的 M-4 型飛彈開始裝配的是最新的 TN-70/71 型彈頭，該彈頭是應軍方要求的多目標獨立彈頭重返大氣層載具所設計，比前一款 TN-60/16 型最大不同之處在於該型彈頭重量更輕，爆炸威力也較小。一枚 M-4A 型與 B 型上可以裝載 6 枚彈頭，TN-70 型重量僅有 200 公斤；TN-71 型更只有 175 公斤重，爆炸當量接縮減為 15 噸，整體設計上與同時期美製「三叉戟」飛彈上的 W-76 彈頭功能類似。法國在 1972 年 10 月便開始投入 MIRV 的研究，並在 1974 年進行核試、成功後於 1983 年 7 月 12 日轉交給軍方、1985 年 5 月 25 日服役，總共有 96 枚的 TN-70 型彈頭配置在 16 枚的 M-4A 型飛彈上；1985 年又再度展開 TN-71 型的建造工程，完成後於 1987 年 10 月 9 日開始服役，總計有 288 枚的 TN-71 型彈頭配置在 28 枚的 M-4B 型飛彈上。受到席哈克政府的裁軍計畫之故，1996 年底，M-4A 型與 B 型飛彈皆只剩下 48 枚，所有的 TN-70/71 型彈頭也悉數除役。參見：A Nuclear Weapons Archive – A Guide to Nuclear Weapons, "France's Nuclear Weapons: Development of French Arsenal", http://nuclearweaponarchive.org/France/France Arsenal Dev.html (accessed Mar 22 2010)

[66] James C. Wendt, op. cit., p.12.

簡言之，在冷戰時期即將結束之前，以及美蘇兩國也在進行裁軍談判的同時，法國的核力量不僅與兩超強國家一樣具備「核武三元」能力，每個單位也為戰略與戰術打擊能力進行更進一步的擴張，顯示出法國延續重視核武發展之傳統。然而，為了達到足夠的國防力量，其投資也是逐年增長，據審計法院（Cour des Comptes）之統計，該政府的投資從 1983 年的 7050 億法郎躍升到 1985 年的 8300 億法郎，國防預算占 GDP 的 5%，和季斯卡時期平均值的 480 億元相比之下，密特朗的軍費開支相當可觀[67]。但密特朗政府之稅收也高於同時期的德國和英國，由於長期失業，貧富差距更較以往擴大[68]，對法國社會而言，巨額的國防預算不失為國家財政上的負擔。

表 5-2　冷戰時期第五共和政府之主要財政支出比較

時間（年） 支出項目	1961	1973	1979	1984
資本開銷	24.6%	19.6	14.7%	15.5%
投資與撤資額度	13.9%	12.2%	8.4%	8.4%
戰爭賠款	2.3%	0	0	0
國防經費	8.4%	7.4%	6.3%	7.1%
公家債務	4.7%	2.5	5.1%	7.4%
機能運作	42.6%	44.5%	45.0%	43.1%
新資給付	29.1%	29.4%	30.3%	26.9%
退休補助	6.8%	8.8%	9.1%	8.4%
消費額度	6.7%	6.3%	5.6%	7.8%

資料來源：Robert Boyer, “The Current Economic Crisis: Its Dynamic and its Implications for France”, The Mitterrand and Experiment, New York: Oxford University Press, 1987, p.47.

---

67 Jolyon Howorth, op. cit., p310.

68 彭懷恩主編，泰俊鷹、潘邦順，《法國政治體系》，（台北：風雲論壇，2000），頁 145-146。

（三）維持準則與傳統

密特朗政府的核武準則兼具守舊與創新。首先，無論核武的力量發展到何種程度，法國的核武庫仍是中等強國的水準，無法和美蘇的超強地位並駕齊驅，導致 1980 年代的密特朗政府以戴高樂主義為基礎，並強化以小搏大的精神[69]；其次，主張將對方人口稠密的大城市為主要攻擊目標的原則不變外，密特朗政府還發展出更進一步的準則，將戴高樂之主張重新定義，也就是將工業經濟重鎮與政軍機制皆列為核武打擊的目標，藉此提升遏制敵方進攻的功能，此乃「擴大反城市戰略」（Enlarged Anti-cities Strategy）[70]。雖然也不排除以先發制人的方式攻擊敵國的軍事目標，但針對城市攻擊依然是法國不可動搖的核武準則，尤其在報復能力上更具有嚇阻效果，強調這種核武的使用方式是為了達到更有效的政治嚇阻[71]。密特朗也提出核武是「全部使用或都不使用」（le tout ou rien）的工具，其涵義在於，只要敵軍的進攻能量超越了抵禦之上限後，法國會在此時使用核武，為避免爆發核戰，敵方便要思考入侵之舉是否將付出慘重的代價，迫使敵方認為，最好的方式便是不要發動戰爭。由於該思維使密特朗較重視核武部隊，導致其任內法國傳統武力之發展再度受到了限制；最後，密特朗選擇放棄了季斯卡的多重邊防禦主張，不接受與北約聯合作戰，前政府所主張的防禦範圍又回到以法國本土，以保護國家安全為優先[72]。

---

[69] John G. Mason, "Mitterrand, the Socialists, and French Nuclear Policy", French Security Policy in a Disarming World: Domestic Challenges and International Constraints, Boulder: Lynne Rienner Publishers, 1989, p.53.

[70] John Finnis, Joseph Boyle, Germain Grisez, "Nuclear Deterrence, Moralityand Realism", NEW York: Oxford University, 1987, p.30.

[71] Avery Goldstein, op. cit., p.203.

[72] John G. Mason, op. cit., p.54.

密特朗執政時期跨越了冷戰與後冷戰，在冷戰時期中，其核武政策是採取了較為先鮮明的立場，核武力量的發展與現代化也因密特朗奉行戴高樂主義而有更強大的發展；而蘇聯的瓦解，導致後冷戰時期的密特朗政府開始有了不一樣的調整，尤其核武庫的裁減上有較明顯的改變，不過，其主軸或架構基本上未受到大幅度的變動，後續之發展將在下一節「後冷戰時期」中繼續作說明。

第二節　後冷戰時期

冷戰結束對核武國家皆產生了不小的考驗，但對於法國這樣一個相當重視核武的國家而言，核武在政治與軍事領域的作用依舊扮演重要的角色，其戰略價值歷經冷戰時期之洗禮後，導致新的轉變也無法動搖法國之信念。本節也是以每位總統任內之作為或政策為區別，分析法國核武發展的新態勢，除了延續密特朗執政之後的情況，也將探討席哈克與薩克奇政府如何面對不同的新環境，並調整為目前所因應的作為。

一、密特朗（1988-1995 年）

本段落將密特朗第二任期分為兩個重點：（1）波灣戰爭的經驗、（2）促進歐洲統合和（3）核武部隊的狀況，以顯示該政府在政治與國防領域上的行為對法國所造成的影響。

（一）波灣戰爭的經驗

蘇聯瓦解後，法國最大的外部威脅進而消失，該政府之兵力態勢上也作了一些調整。1990-1991 年波斯灣戰爭爆發，身為常任理事國一員，法國也經聯合國同意出兵攻打伊拉克。不過在這之前，法國內部先掀起了一波是否參戰的論戰，國防部長謝維納蒙（Jean-Pierre Chevènement）極力反對法國出兵，深怕此舉會破壞法國與阿拉伯國家的關係；過半數的社會民調反應，打擊有生化武器的伊拉克，可能遭制報復後會造成法軍慘重的傷亡，因此也不贊成法國涉入解放科威特之行動。

但密特朗依舊採取參戰的態度，同時也表示願意在此時與英美兩國共組聯合國部隊介入波斯灣戰事，經由國民議會表決通過後，政府遂派出「克里蒙梭號」航空母艦前往紅海，以及投入 11200 名部隊進駐沙烏地阿拉伯，雖然內部的壓力依舊存在，但密特朗政府參與波斯灣戰爭的想法早已胸有成竹，特別的是，向來主張獨立指揮體系的法軍，在參與這項行動時實際上是受美軍管轄[73]。如此反常的態度與法軍的傳統部隊發展受到長期的壓縮有關。雖然法國是冷戰結束後少數繼續維持高國防支出的國家。比起美國、英國、德國等北約國家之統計，該組織的國防預算平均占所有國家 GDP 的 2.2%，法國一個國家卻達到了 3.3%，尤其投注於「核打擊武力」上之經費依然為國防預算之首，顯示社會黨政府重視核武的立場[74]。但該政策的缺點也很明顯，尤其在派遣部隊前往波斯灣時，法軍是以較小規模的精銳部隊為主力，在同樣條件下，法國卻發現英軍動員的數量竟是法軍的三倍，

---

[73] Julius W. Friend, “The Long Presidency: France in the Mitterrand Years, 1981-1995”, Boulder: Westview Press, 1998, pp.239-242.

[74] Adiran Treacher, op. cit., p.108.

暴露了法國長期仰賴核武嚇阻力量之後，產生了傳統國防力量與遠程投射能力上的不足，這也對密特朗所主張發展的歐洲快速反應部隊（Force d'Action Rapide, FAR）也是一種負面的影響[75]。

（二）促進歐洲統合

密特朗在第二任期的外交事務施政重點乃積極促使歐洲國防的整合計畫，統一後的德國更是法國爭取歐洲發展自主防衛力量的主要對象。1991 年「馬斯垂克條約」簽定後，除了促進經濟和繁榮深化統合等作為外，法國與德國也發表了「共同外交暨安全政策」（Common Foreign and Security Policy, CFSP），主張歐洲軍事統合要有更高的自主性[76]。密特朗之動機也是期望歐洲能成為第三大核力量。但形成過程並不容易，儘管美俄的核武庫因冷戰結束而大量裁減，但規模仍比法國強大，法國無法依靠單邊力量來建立歐洲的嚇阻武力，因此，密特朗希望以「歐洲共同體」有效的組織力量為基礎，將英國的核武力一併納入。無論是否能真正排除美國的介入，法國的動作主要也是要間接宣示，該國在歐洲依然具有主導的地位，尤其德國統一後，政經力量都將使德國再度成為歐洲的心臟地區，甚至經濟力量已經超越了法國，這對重視尊嚴與自信心的法國來說，可能都會造成影響，因此，只要擁有核武就能維持一種大國地位，以一個核武國家自居至少能在國防基礎上保有絕對的優勢[77]。

---

[75] Julius W. Friend, op. cit., p.251-252.

[76] Ibid, p.219-221.

[77] Olivier Debouzy, "A European Vocation for The French Nuclear Deterrence?", Western European Nuclear Force: a British, a French, a American View, Santa Monica: RAND, 1995, pp.39-42

（三）核武部隊的狀況

法國的核武態勢並沒有受到冷戰結束而有太大的變動，密特朗總統批准了五艘「凱旋級」潛艦的艦購計畫，作為下一代海基戰略核武的投射平台；陸基飛彈的計畫加採購 30 具的「冥王式」（Hadès）短程戰術彈道飛彈[78]；空載核武的部份則將幻象IV式升級為P型（Mirage IVP），並新增搭載 ASMP 中程空對地飛彈的能力[79]，這些作為也象徵密特朗不僅未同意廢核或裁核，更打算為下一代核武發展作準備。

---

[78] 「冥王式」為一種短程機動型，採用固態燃料和單一彈頭的地對地飛彈。1975 年開始籌備，計畫用來取代火成岩式飛彈，1984 年開始建造、1988 年進行測試。測式完成後預計要製造 120 枚，原本設定的射程約 250 公里，後期發展增加到 480 公里，透過衛星導航與慣性導引的方式，該型飛彈聲稱具有很高的精準度，近真圓周誤差值約 5 公尺，同時也具備低空飛行能力，可閃避地面反彈道飛彈系統的攔截。飛彈長度約 7.5 公尺、彈徑約 0.53 公尺、發射重量 1850 公斤。彈頭可攜帶 TN-90 核彈頭或是傳統彈頭，依任務的性質而定，核彈頭的最大當量 8 萬噸。1992 年開始服役，但生產的數量僅僅只有 25 到 30 枚，生產完畢後也立刻停產，服役時間極短。參見：Federation of American Scientists, "Hades", http://www.fas.org/nuke/guide/france/theater/hades.htm (accessed Mar 25 2010)
「火成岩」飛彈所使用的彈頭為 AN-51 型，而冥王飛彈則選擇 TN-90 彈頭，不同的是，後者選擇該彈頭已在 70 年代末至 80 年代初便已經開始研發，且是採用核融合式的設計，又受到中子彈（neutron bomb）科技之影響，彈頭的輻射量計也增多，最大爆炸當量約 80 萬噸。值得一提的是，美國也有協助彈頭的設計，尤其在改善彈頭的安全性上，為了要達到更大的威力，就必須要更加要求嚴格彈頭的安全性。從 1983 年啟動研發之後，1990 年便開始進行生產，一共有 30 枚的 TN-90 型彈頭被生產出，並在 1992 年時進入軍中服役。但「冥王」飛彈與 TN-90 彈頭運氣皆不佳，蘇聯瓦解之後，密特朗總統隨即宣布，原本計畫生產 180 枚的彈頭將縮減到 30 枚，且大多數的生產完畢的彈頭便面臨被儲存的處境，以「冥王」飛彈的射程而言，最遠也僅能攻擊統一後的德國，基本上也不符合戰略價值。1996 年之後，席哈克政府決定撤除陸基彈道飛彈後，所有存放的彈頭也都被送往「瓦爾丟克研究中心」（CEA/Valduc）等待拆解。參見：A Nuclear Weapons Archive – A Guide to Nuclear Weapons, "France's Nuclear Weapons: Development of French Arsenal", http://nuclearweaponarchive.org/France/FranceArsenalDev.html (accessed Mar 31 2010)

[79] Beatrice Heuser, op. cit., p.119-120.

密特朗政府在 1994 年所發表的國防白皮書中，仍表示要維持核武的嚇阻作用。其內容說明，儘管蘇聯威脅不在，但並不代表核武的時代已成過去式，相對的，法國還是必須重視擁有核武國家潛在的威脅，尤其應該重視從蘇聯中分裂出來的新興國家，這些國家當中很多都具有核武技術，有些甚至也曾部署過核武，這對法國來說都是威脅。此外，法國也必須重視海外的戰略利益，如果因生化武器擴散後而傷害到這些地區，法國也不排除在關鍵時刻使用核武。維護生存利益乃持續核武的最終原因，此乃傳統武力無法取代的力量，儘管裁軍機制正被國際所重視，但無法動搖法國以核武維護國家安全的堅持，密特朗政府以法國有過慘痛的歷史教訓為鑒，進而表示，法國拒絕接受任何放棄核武之意見[80]。

為了配合裁軍潮流，密特朗也指出，法國願意將戰略潛艦的戰備巡邏數量減少到一或二艘，以減少國防經費支出和降低不必要的風險。法國也可以和其他國家進行合作的議題，但不管是在飛彈或是潛艦等高科技術，皆不能牴觸法國要獨立完成的自主原則，密特朗政府在維持嚇阻武力上的投資占國防預算的 12.5%，以顯示社會黨政府對核武信賴十足[81]。

二、席哈克（1995-2007 年）

席哈克於 1995 年 5 月上任，其任內在裁減核武上有許多重要的作為，過程中也出現了一些特殊的變化，特別是法國計畫多時的核試

---

[80] Livre Blanc sur la Défense 1994, collection des rapports officiels, La Doucumentation Française, Paris: 1994, p.50-51.

[81] Bruce D. Larkin, op. cit., p.29-30.

爆作業所引發的治政風波。此段落分為：（1）核試爆的過程、（2）試爆後的改變、（3）席哈克的特色與（4）改行反美路線四部份。

（一）核試爆的過程[82]

上任後的席哈克隨即接手前政府已策劃好的核試爆作業，該計畫因冷戰結束而受到延宕[83]。該年美俄政府也正好在紐約舉行「禁止核武擴散條約審查會議」，同時也簽訂了「全面禁止核試爆條約」，該條約限制了締約國未來不得擅自進行核試爆，而兩國也同意遵守這項新簽訂的條約。美俄雙方的共識迫使上任之後席哈克立刻面臨到了核裁軍和禁止核試爆的約束與壓力。7 月 13 日，席哈克作出聲明，表示會針對該兩項條約作思考，新政府也會採取兩種途徑（dual-track）：首先，法國同意會簽署「禁止核試爆條約」，但法國也將於隔年春天進行最後一系列、約 7 到 8 次的核試爆；其次，法國也將重新檢視阿爾比恩高原的中程飛彈，討論其存廢的情形。然而，對於法國可能要

---

[82] 有關於歷史上南太平洋法國進行核試爆的過程，主要分為 1966-1974 年和 1975-1996 年兩個階段，而試爆點皆位於法屬波里尼西亞莫的魯洛亞環礁（Mururoa Atoll）與方卡陶法環礁，地理位置是在南美洲與澳洲之間的中繼點，大約為 1000 萬年前由火山噴發形成的長狀型島嶼，長度分別約 63 公里與 40 公里，在歷史紀錄上並沒有人居住過，因此成為法國選擇進行核試爆的最佳場所。第一階段是法國進行一共 41 次試爆和 5 次的「安全測試」(safety trials)，其中一次安全測試是以傳統武器摧毀核子武器，檢驗核武的安全和穩定性，法國宣稱其過程僅讓核武釋放出少量的輻射量和小規模的爆炸；剩下四次（三次在魯洛亞環礁，一次在方卡陶法環礁）為使用大型船隻待搭載核武在島嶼上的潟湖引爆。其餘的大多為高空或是地下試爆，前者是由氣球攜帶彈兵在數百公尺上的高空引爆，通常也是高空試爆所造成的輻射汙染最為嚴重；後者則是將核武送至地下 500 到 100 公尺深的地底並進行引爆。第二階段的核試爆作業主要是 167 次的地下核試，以及 10 次的地下安全測試。參見：IAEA, “Test at Mururoa and Fangataufa Atoll”, http://www.iaea.org/Publications/Booklets/mururoabook.html (accessed Mar 31 2010)

[83] David S. Yost, “Nuclear Weapons Issues in France”, Strategic Views from the Second Tiers, New Jersey: Rutgers University, 1995, p.31.

採取核試爆的行動，國際間也引起了不小的反彈聲浪，批評席哈克做了不良的示範。無論如何，法國政府依舊堅持進行策劃已久的核試爆作業，主要的目的是要為最新 M-45 型潛射飛彈上的 TN-75 型彈頭作測試。儘管該裝置在 1992 年便已經大體完成，但仍然需要經過試爆始能確保該彈頭的有效性，同時爆炸後所蒐集的參數將可以提供未來下一代核彈頭研發重要的數據參考[84]。

席哈克不斷在公開場合或電視上保證試爆作業絕對安全，及宣示該彈頭對於未來之發展會有正面的幫助，以博取國內的支持。更辯解這項計畫早在密特朗執政時就應該實施，他只是依照原定計畫完成而已。考慮到國防的需要和國際輿論的雙重壓力，在這段時間內，席哈克為了核試爆疲於奔命。10 月 10 日，他宣布法國會支持美俄之間在冷戰時期所訂定的「零選擇」（Zero Option）[85]裁軍協議；10 月 23 日接受美國有線電視網（CNN）賴瑞金（Larry King）邀請並參與談話節目時，席哈克仍堅持要繼續進行核試爆，但願意將次數降到 6 至 7 次；面對記者之質詢，席哈克更以為難的態度表示，只要進行完試爆作業後，法國就會立刻簽署「南太平洋無核區公約」（South Pacific

---

84 Bruno Tertrais, op. cit., pp.30-32.

85 「零選擇」是指 1981 年美蘇簽訂的中程核子飛彈條約（Intermediate-Range Nuclear MissileTtreaty, INF Treaty），內容表示美國以不會在西歐部屬「潘興 II 式」（Pershing II）中程飛彈和巡弋飛彈為條件，來換取蘇聯撤除駐紮於東歐的 SS-20 中程彈道飛彈，最後雙方達成協議，分別在 1987 展開行動。在推動這項談判的過程當中，蘇聯曾希望英國與法國也能夠參與這項裁軍行動，但密特朗政府為了維持其利益，不願參加談判之外，反而認為美國應該繼續在西歐進行戰略核武的佈署；而英國的柴契爾政府也不認同這款裁軍條約英國有奉行的義務，其理由是該政府向來認為，英國的核武庫已經無法與美蘇相提並論，因此更不能容許美蘇雙邊的談判必須強迫英國也要遵守大規模裁撤的行動，這對一個中等核武國家來說是不公平的。參見：Robbin F. Laird, “France, the Soviet Union, and the Nuclear Weapons Issue”, London: Westview Press, 1985, p.101. and Edward A. Kolodziej, “British-French Nuclearization and European Denuclearization Implications for U.S Policy”, French Security Policy in a Disarming World: Domestic Challenges and International Constraints, Boulder: Lynne Rienner Publishers, 1989, p.116

Nuclear-Free Zone Treaty or Treaty of Rarotonga，又稱拉羅東枷條約）。不斷地妥協之後，席哈克也表達了反駁之意見，他認為外界要求法國應該要比照從前、讓試爆過程透明化，這種訴求實在是不能與現階段相提並論，也埋怨美俄所進行的次數遠比法國多，為何外界要放大標準來看這次的核試爆？[86]

席哈克政府的堅持導致不久後，「原子能委員會」隨即宣布已經在當地時間 10 月 1 日的下午七點，於方卡陶法環礁引爆了第一枚當量約 11 萬噸的核彈，且陸續完成直到第六次，也就是於 1997 年 1 月 27 日，最後一枚 12 萬 9 千噸的核彈試爆後，法國迫於壓力終止了剩下的試爆作業。不意外地，更強烈的批評和反彈的聲浪即刻接踵而來，有國內的民調顯示，約六成法國民眾反對席哈克的一意孤行，更讓其聲望跌至 36%，「法國科學家聯盟」（National Union of Scientists）也出面譴責政府的行為，批評的內容除了核試可能造成該地區民眾生命安全上的危險，更重要的是，法國的作為等於讓美俄剛簽訂的新條約形同虛設，對於其他國家可能難以達成約束的效果。靠近核試區的波里尼西亞當地居民則以焚燒法國國旗的方式抗議，同時也有許多反核團體或國家單位響應，尤其該年又是二戰結束 50 週年紀念，日本廣島和長崎原爆生還者也出面批評法國政府無視於各造反對或國際安全實為不妥之舉，讓始上任不久的席哈克面臨了一場嚴重的政治危機[87]。

---

[86] 至 1997 年為止，美國一共進行了 1051 次；俄羅斯（蘇聯）進行了 715 次，而法國最後一次試爆之後統計為 210 次。參見：Stockholm International Peace Research Institute (SIPRI), "SIPRI/FOI" Database, http://first.sipri.org/search?country=FRA&dataset=military-expenditure&dataset=nuclear-explosions&dataset=nuclear-forces (accessed May 15 2010)

[87] Ohmy News International Global Watch, "History of French Nuclear Test in Pacific", http://english.ohmynews.com/articleview/article_view.asp?menu=c10400&no=339393&rel_no=1 (accessed Mar 25 2010)

（二）試爆後的改變

當政府了解事態之嚴重性後，席哈克也在事後作出了退讓的動作，原本強硬之立場隨即轉為低柔的姿態。法國政府承諾願意將打擊武力的核武庫和作戰平台作大規模裁撤的動作，以緩和爭議不斷的批評。為了履行當初的承諾，席哈克通過多項決議：（1）M-45 型潛射飛彈已確定可以上線，「凱旋級」潛艦將以該飛彈作為主要戰略武器；（2）「飆風戰機」（Rafale）將取代幻象 2000N（Mirage 2000N），成為下一代的空基核打擊載具；（3）2010 至 2015 年之間，法國預計將 ASMP-A 型與 M-51 型潛射飛彈替換目前的 ASMP 與 M-45 型飛彈；（4）「冥王飛彈」系統全數裁撤；（5）阿爾比恩高原基地的 S-3D 型彈道飛彈全數裁撤；（6）關閉位於馬庫勒（Marcoule）和皮埃爾拉特（Pierrelatte）兩處負責供應核分裂原料之設施；（7）關閉太平洋核試區，並簽署「拉羅東枷條約」；（8）幻象 IV 式轟炸機退役[88]。

[88] Bruno Tertrais, op. cit., p.35-36.

圖 5-3　魯洛亞環礁位置圖

圖片來源：http://across.co.nz/Tahiti.html.

完成上述動作與協調之後，法國只保留海基戰略潛艦與空基核武，以維持小能量的有限打擊力量。和英國廢除空基核武的舉動相比之下，法國說明保留空基核武的理由，是因戰機兼具戰略與戰術用途，攜帶核飛彈的戰機未來可以進行戰區打擊任務，亦或進行國土外的戰略攻擊，可發揮相當彈性的功能。此外，與密特朗不同的是，席哈克宣布，願意將空基型核武提供給歐洲盟邦使用。

法國真正展開核武裁減行動是在席哈克執政期間最為明顯。據統計，法國自 1990 年到 1997 年在核武上的平均支出從 388 億降至 160 億法郎，主要理由乃席哈克認為，維持空基與海基核武的力量便已符合法國所需，導致政府決定撤除所有的陸基彈道飛彈　；除此之外，為了彌補因核試爆問題所造成的形象受損，法國政府也以關閉皮埃爾拉特核設施和太平洋試爆區的方式來平息眾怒，尤其前者乃 50 年來法國儲存核原料的重要場所，另外正式批准了「全面禁止核試爆條約」。原本密特朗政府計畫發展的五艘「凱旋級」潛艦也被席哈克刪減為四艘，除了是履行裁核承諾，該作為對法國財政也是有利的，每刪減一艘即可為政府省下 130 億法郎的經費。而「戰略海軍」也降低核戰備能量，平時只會讓當時四艘戰略潛艦中的其中兩艘維持海上巡邏作業，每艘最多攜帶 96 枚彈頭，統計「戰略海軍部」的核武庫總數為 384 枚。不過，海上戰術核武仍保留了 20 枚 ASMP 核飛彈和 40 架的「超級軍旗」戰機。

（三）席哈克之特色

席哈克的政治風格使外界將之評為一位 21 世紀的戴高樂主義者。在組建歐洲防務力量的過程時，席哈克展現了相當積極的態度，甚至向歐洲國家宣示，法國願意將其核武部隊置入「歐洲軍團」的嚇阻力量中，這和前政府不願分享核武的觀點形成強烈對比。席哈克所表達的法國核武可供其他無核武國家安全保障之倡議，與季斯卡總統時期的延伸庇護政策有類似的觀點[89]，在席哈克的思維裡，國防安全不能再以地理範圍來界定領土保護的策略，而要以廣泛的觀念來定義防務基礎，與盟國一同干預國際衝突也是保衛法國安全的一種方式。因此，法軍的未來主要任務由本土防禦作戰轉變為實施境外干涉，即在境外執行國際維和任務，或預防、對各種地區的衝突和危機採取軍事行動。因此法國不需要傳統冷戰規模設計的軍隊，而是一種全新、具備各種能力與各種手段的軍隊[90]。席哈克不希望在歐洲建立自主性武力時，美國會再度插手歐洲的安全事務，因此，布萊爾與施諾得

---

[89] Pascal Boniface, op. cit., p.4-5.

[90] 何松奇，〈冷戰後的法國軍事轉型〉，《軍事歷史研究 Military Historical Research》，第 3 期，（2007 年），頁 136。

（Chancellor Schröder）便是法國極力拉攏的對象。席哈克表示，法國不排除與北約合作，但是必須要讓法國也能享有北約一部份的軍事指揮權，如果美國不同意，法國便只好尋求歐洲國家協助。法國所提出的要求自然不被美國所接受，席哈克和布萊爾於是在 1998 年共同表了「聖馬洛宣言」（Saint-Malo Declaration），為歐洲同防務力量跨出重要的一步[91]。

關於核武使用之準則，席哈克也再度重申法國維護核武獨立的堅持。為了針對後冷戰時期的國際環境作調整，核子武器雖然非唯一的回應方式，在其他作戰層面上，傳統武力也可發揮其重要功能，但仍會以核武對抗破壞法國生存利益的對手。在政治層面上與密特朗採取相同的立場，席哈克也強調核武使用只有兩種選擇，即為「用或不用」之標準。此外，歷屆法國政府未曾表態會以蘇聯為假想目標，但席哈克不得不將這個擁有龐大核武庫國家視為最主要的威脅因素，尤其蘇聯政權跨台後，除了俄羅斯承繼其大部份核武力外，從中分裂的新興國家也具有潛在威脅性，這些國家的城市都會是法國核武打擊的主要目標；甚至連同中國等傳統核武國家，因政治體制的不同，也可能會對法國造成威脅。可見席哈克政府的核武政策是相當保守的[92]。

（四）改行反美路線

另外值得強調的議題是，原本席哈克政府與美國的關係是比密特朗時期良好的[93]，甚至也表示願意重返北約軍事體系，特別希望

---

[91] Harcel H. Van Herpen, op. cit., pp.8-10.

[92] Pascal Boniface, op. cit., p.5-6.

[93] Anaud Menon, "France, NATO and The Limits of Independence 1981-97: The Politics of Ambivalence", New York: Macmillan Press Ltd., 2000, p.72.

法國能享有南地中海艦隊的指揮權，但這項提議最後被柯林頓總統拒絕[94]。2001 年 911 事件後，席哈克在美國受攻擊後表態會支持美國的反恐戰爭，同年 10 月 7 日，美軍前往阿富汗打擊蓋達組織（Al-Qaeda），這場代號「持久自由作戰行動」（Operation Enduring Freedom）中，法國表態支持美國的立場也相當明確，此外，席哈克也是 911 事件後第一位前往美國訪問的外國領袖。不過，面對國內廣大的慕斯林人口，席哈克一向希望美國能夠過軟性或多邊談判的方式，來解決美國與伊斯蘭教極端主義組織之間的衝突，不過，對於新保守主義立場的小布希而言，該說法可謂相當逆耳[95]。

在席哈克卸任的前幾年，其施政態度愈趨走向反對美國的單邊主義作為。法國從過去至今都採取獨立外交政策，雖然在政治立場上法美皆屬於傳統盟國，但和英美之間特殊的關係有明顯差異，在外交場合與美國產生摩擦也並非近期才發生的事，然而近年來，雙方因為在 2003 年的伊拉克戰爭議題上產生了極大的摩擦，尤其席哈克與施諾得都展現了極為強硬的態度，齊聲譴責小布希政府的戰爭行為，遭反駁的美國政府則採取了所謂「支持我們、否則就是反對我們」（with us or against us）的說法，強迫盟國必須選邊站[96]。在出兵伊拉克的議題上，美國除了已蓄勢待發之外，原本也期盼歐洲能有正面的回應，但結果卻是各歐洲國家之反應不一，而法德兩國正是採取反對立場的一方，會造成法美之間的強烈紛爭，乃因法德皆主張，該軍事行動必須

94 Irwin M. Wall, "The French-American War Over Iraq", The Brown Journal of World Affairs, New York University: Center for European Studies, Winter/Spring 2004, Volume X, Issue 2, p.129.

95 Marcus R. Young, "France, de Gaulle and NATO: The Pardox of French Security Policy", (Ph. D. diss., Maxwell Air Force Base, Alabama, Aril 2006), p.20-21.

96 Ryan Michael Nivens, "The Evolution of Franco-American Relations in The Twentieth Century", Maryville College, Fall 2009, p.108

先透過聯合國決議，等待各國通過後再行動，除了拒絕協助美國之外，更批評美國的作法違反國際法且無視於聯合國的立場。無論其他國家是否接受，2003 年 3 月 20 日，小布希依舊發動「自由伊拉克行動」（Operation Iraqi Freedom），最後也讓巴黎與華府之間的外交關係因這場戰爭而降至冰點[97]。從這場外交衝突當中，吾人也可以觀察到戴高樂主義對於現代法國之政治文化依然有相當深厚的影響力。

三、薩克奇（2007 年-）

現任的法國總統薩克奇於上任不久後便對核武以及北約組織等議題作出重大的改變，本段落以（1）核武最新態勢（2）修補同盟關係與（3）堅持國防獨立來區分，闡述當前法國政府的主要施政方向以及可能的未來發展。

（一）最新核武態勢

未來的核武發展也在薩克奇執政後也受到矚目。在此之前，席哈克政府於 2003 年發布的「2003-2000 年軍事程序法案」（Loi de programmation militaire 2003-2008）內容已經為未來核武的動態與投資計畫的方式提供許多重要的政策參考，而這些計畫也被薩克奇政府所延續。該法案特別統計了近年來預算的支出，每年法國政府花費在核武的經費平均為 282 億 5 千萬歐元，包括了武器裝備的採購、檢查或維護、人事薪資的給付和新式作戰系統的研發等，大約占國防預算的 10%，為了維繫核嚇阻之有效性，法國政府宣稱這些支出

---

[97] Irwin M. Wall, op. cit., pp.128-137.

都是必要[98]。爾後新總統薩克奇在 2007 年 5 月 16 日上任不久之後，也立刻針對敏感的核武態勢發表了該政府的主要政策方針，大部分內容皆以該法案為基礎。

薩克奇表明了未來法國的核武規模將持續縮小，但也會朝向更現代化的戰略嚇阻武力量邁進，並以高度獨立自主的核武國家自居。2008 年 3 月 21 日，第四艘凱旋級潛艦「恐怖號」（Le Terrible）下水時，薩克奇於典禮中發表政治演說，重點多為提倡裁軍的重要性。除了提出了八項未來法國裁軍的施政重點外，薩克奇指出，為了配合核原料控管、禁止核試爆、高度透明化，以及裁軍或限武等國際潮流，法國將會裁減核武庫中的核彈頭至 300 枚以內。然而，提倡該主張之前，薩克奇仍未遺漏重申法國維持核武是為了要保障國家自身安全利益與提供歐洲安全防務的原則，並強調該作為也要使國家免於如同伊朗般國家之威脅[99]。

在薩克奇政府主導下，「戰略海軍部」與「戰略空軍部」乃維持當前核嚇阻的兩支重要力量，前者負責四艘「凱旋級」潛艦。第四艘「恐怖號」下水後，將搭載最新的 M-51 型潛射飛彈，前三艘未來到 2018 年為止也將以新飛彈陸續替換舊型的 M-45 型飛彈，潛射型飛彈的彈頭將占法國核武庫的多數，目前統計有 249 枚。而為了提供艦隊之安全，有六艘的「紅寶石級」攻擊潛艦（Rubis SNA）也隸屬於戰略海軍之麾下，此六艘潛艦將於 2017 年由最新的「梭魚級」潛艦（Barracuda SNA）替代。「戴高樂號」航空母艦（Charles de Gaulle, R91）上已部署約 10 架以上的「飆風 F3」戰機，未來將取代「超級軍旗」戰機，負責海上的核打擊任務；歷史悠久的「戰略空軍」也

---

[98] Loi de programmation militaire 2003-2008, DICoD: Opale/Istra, Octobre 2008, p.17.

[99] Jean-Marie Collin, “Sarkozy and French nuclear deterrence”, British American Security Information Council Getting to Zero Paper, NO.2 (Jul 15 2008), p.1-32.

持續裝配核武，由 40 架的幻象 2000N 負責陸上的打擊任務，該機未來也將由「飆風」戰機取而代之。而這些核武皆以 ASMP 為主要的核打擊武器[100]。

為了使政府的施政目標更加明確，2008 年薩克奇便發表了最新的國防白皮書，當中也對於核武的未來發展態勢，以及兵力結構作了幾項重要的宣示，主要可歸納維以下幾點：

將維持法國的核獨立原則，並由總統支配這項重大的權力。維持核嚇阻的理由依舊是以維護國家政治獨立與國防安全為主要基準，法國將不斷持有並延續其核力量。

最新的 M-51 型潛射飛彈會在 2010 年裝配在最新下水的「凱旋級」潛艦上。

空基核武力量由空軍的幻象 2000 N-K3 與空海軍共用的「飆風」戰鬥機所組成，以 ASMP-A 為主要戰術核武器。空軍的核打擊群將由原本的 60 架戰機縮減成 40 架。

未來將依靠雷射技術、X 光分析與超級電腦為核彈頭進行模擬試爆，以確保彈頭操作之可靠性。

法國目前所配載的飛彈與潛艦之作戰能力將可以延續至 2025 年。

核武現代化的目標將以通訊能力為首要[101]。

從上述的宣示中可得知，薩克奇提出了幾項非常明確的核武政策，基本上承繼了核武議題在法國政軍傳統上的重要地位，也清楚地表明未來之核武態勢與走向。

---

[100] Loi de programmation militaire 2003-2008, DICoD: Opale/Istra, Octobre 2008, p.37-38.

[101] Livre Blanc sur la Défense et la Sécurité Nationale 2008, Paris: Odile Jacob/La Documentation Française, june 2008, p.10-11.

（二）修補同盟關係

除了公布核武政策之外，為了彌補法國與美國及北約之間的關係，薩克奇上任後也致力於改善多年來之法美癥結。由於雙方因伊拉克戰爭的問題爆發了激烈的爭執，前總統席哈克的強硬態度讓法美關係一度緊張。因此薩克奇入主艾麗榭宮後便聲明，首要的外交任務便是將法美關係正常化（normalization）。2007 年 8 月薩克奇以私人度假名義前往美國，與小布希總統在肯尼邦克港（Kennebunkport）會面，最後又在 11 月正式訪問美國，欲藉此化解法美雙方之政治僵局。然而，重新建立兩位領導者的私人關係對為兩國糾紛全面解凍是不足的，薩克奇更在 2009 年 3 月 13 日作出即將重返北約的重大決議，破除了 43 年來法國政治史上始終無法掙脫的勾結，此舉也是法國對美國作出的一種善意，不過，薩克奇的作為也意味著，該施政方向已經相當程度牴觸戴高樂於 1966 年退出北約的決議，在法國內部與國際間掀起了一股討論的熱潮[102]。

薩克奇政府作出了如此史無前例的舉動，雖然得到國內過半數民眾的支持[103]。但是為了安撫國內其他的反對情緒，該政府也提出了重新申請加入北約軍事體系是有條件與前提的說法。薩克奇向北約釋出了幾項重要的原則：首先，希望能夠提升法國在北約內部的影響力，

---

[102] Marchel H. Vanpen, “Sarkozy, France, and NATO: Will Sarkozy’s Rapprochement to NATO be Sustainable?”, The National Interest, No. 95, May/June 2008, p.94.

[103] 法國政府所做的民調顯示，有 58%的民眾支持重返北約的決議，但也遭遇到左派社會黨的批評，認為薩克奇此舉將導致法國喪失長久以來所堅持的國防獨立之傳統。參見：Xinhua News, News Analysis: France returing to NATO amid “independence”, concerns, http://news.xinhuanet.com/English/2009-03/17/content_11027845.htm (accessed Mar 31 2010)

北約必須將部分的最高指揮權交由法國將領來擔任，這也等於重申席哈克於 1995 年向柯林頓提出的請求；其次，美國必須同意提高歐洲人在北約決策中之影響，最後，北約必須將歐洲安全視為首要的目標，不可以將其軍事力量作過度的延伸[104]。前兩項宣示不外乎是法國試圖提升歐洲人對於自身安全事務的主導能力。薩克奇依然重視歐洲安全，更補充「歐盟安全與防務政策」（European Security and Defense Policy, EDSP）與北約的軍事架構並不會產生衝突，自主的歐洲防衛體系與大西洋聯盟仍可以透過合作來共享利益[105]；而最後一項之主要目的也是為了避免美國會藉北約力量發動符合其利益的軍事行動，雖然重返北約的法國在「科索沃維和部隊」（Kosovo Force, KFOR）及北約在阿富汗的「國際安全救援部隊」（NATO International Security Assistance Force，ISAF）中投入了不小規模的兵力，但仍沒有派兵前往伊拉克協助美國維護當地秩序，顯示法國在共同防務的態度上仍保留己見，不願全盤接收美國在其他地區所製造的問題[106]。

（三）堅持國防獨立

薩克奇重返北約軍事架構的主要動機是以強化法國與盟國之間的關係，希望能藉由聯盟的集體安全作用，避免法國在多極化與不穩定的國際環境，面對安全問題時會淪為孤立的局面。2009 年 4 月於史特拉斯堡（Strasbourg）舉行的北約 60 周年高峰會當中，薩克奇與德國總理梅克爾（Angela Merkel）共同向其他西方國家釋出了友善的

[104] Marchel H. Vanpen, op. cit., p.99.

[105] Gisela Müller-Brandeck-Bocquet, “France's New NATO Policy: Leveraging a Realignment of the Alliance?”, Strategic Studies Quarterly, Winter 2009, p.99.

[106] Fédéris Bozo, “France and NATO under Sarkozy: End of French Eception?” Foudation pour l’Innovation Politique, March 2008, p.5-6.

態度，表示願對北約事物表現出高度的配合。在眾多觀察家之眼裡，薩克奇可謂第五共和政府歷史中最親美的法國總統，但是重返組織的諸項要求當中，令法國政府始終無法讓步的底限仍在於核武控制權的問題，該重點依舊為薩克奇政府無法妥協的堅持。北約組織中的核武控制權大部份仍由美軍指揮官所掌控，而法美多年來的衝突也有部分是出自於美國不肯讓出核武指揮權所致，薩克奇掌權後沒有因重新加入北約而放棄這個基本原則。薩克奇認為，重返北約不影響法國持續掌握「核打擊武力」的決策權，且除了核武之外，使用傳統武力得法軍部隊指揮權在平時也不受控於任何國家[107]。

由於法國核武戰略是具有高度自主性，因此，未來的核武態勢與發展是值得作為個案探討的議題，以目前的條件研判，可分為短期與長期性的目標。短期而言，在 2012 年以前，法國可能會出現以下幾點作為：(1) 深化與英國之間的合作關係，(2) 基本的核武戰力不會受到太大的變動，(3) 以節省財政狀況為優先，有限度的裁減核彈頭或飛彈；而長期性是指從 2012 至 2030 年之間的展望，可能的選項包括：(4)「核打擊武力」納入「歐洲軍團」的嚇阻戰力中，(5) 聯合英法的核武兵力，組合成單一的歐洲核力量體系，(6) 有條件地遵守裁軍協議，繼續減少核武庫的武彈頭數量[108]。關於以上幾點，主要出自於學者的研判和臆測，是否能夠真正實現，仍待吾人觀察後續的發展並作近一步的確實。甚至也有部分看法認為法國會放棄核武，但這種觀點在薩克奇政府國防白皮書的堅持維持核嚇阻的說法中被否定，再以法國現階段仍維持中等規模的核力量，並保有發展下一代核打擊武力之能量，以及尚未有核武國家自動選擇放棄所有核武的趨勢來看，本質上，放棄核武的觀點在短期內而言是較難成立的。

---

[107] Gisela Müller-Brandeck-Bocquet, op. cit., pp.100-104.
[108] Bruno Tertrais, op. cit., pp.262-269.

第三節　現階段的核武戰力

冷戰時期，法國仿效美、蘇等國建立了一支由空基、陸基和海基所組成的「核武三元」打擊力量。冷戰結束後，法國在分析戰略形勢的基礎上指出，除了核武裁減之外，仍需要依靠核武器來保衛自身的利益[109]。因此，席哈克在 1996 年所制定的許多核武發展計畫中，一方面決定重新啟動新式潛射彈道飛彈的研製，另一方面也宣布拆除陸基彈道飛彈。同年 9 月 16 日，部署在法國東南部阿爾比昂高原上的 18 枚 S-3D 型陸基彈道飛彈全數退役，並在 1998 年完成這些飛彈核彈頭的拆除工作，法國的「核武三元」態勢也改為了「核武二元」，最後也簽署了之前遲遲不加入的「全面禁止核試爆條約」與「禁止核擴散條約」[110]。本章節以「核打擊武力」的現況作分析，針對法國現有的海基與空基核力量作深入的說明。

一、核打擊武力之核武庫

「核打擊武力」一詞主要是指法國從冷戰自現代所發展出來的核武部隊，或是武力組成之結構[111]。自從撤除陸基彈道飛彈後，法國戰略核打擊力量全部集中在空中和海上平台，法國當前的主要核嚇阻武力是以「戰略空軍」與「戰略海軍」兩者並存。在 2008 至 2015 年這段期間，法國政府預計要針對兩者的戰力作更新的計劃，包括飛彈與

---

109 Bruno Tertrais, "The French Nuclear Deterrence After The Cold War", op. cit,, p.ix.

110 范仁志，〈核武與核子武器戰略發展：歐洲國家的核武戰略〉，《全球防衛雜誌》，260 期，(2006 年 4 月)，頁 97。

111 Encyclopedia.com, "force de frappe", http://www.encyclopedia.com/doc/1O46-forcedefrappe.html (accessed Oct 25 2009)

彈頭等核武的升級[112]。「戰略空軍」配備了 40-50 架的幻象 2000N 戰術核武攻擊機，分別駐紮在法國東南部的伊斯特（Istre）與呂克斯伊（Luxeuil），未來交由「飆風」戰機取代；「戰略海軍」為「核打擊武力」的主軸，其中包含四艘可配備 16 枚的 M-45 型潛射戰略彈道飛彈的戰略核潛艦。還有航母上的兩個中隊、約 24 架的「超級軍旗」攻擊機，另外也有一個中隊的「飆風 M 型」戰機，待升級為 F3 規格之後，後者將逐步取代「超級軍旗」，成為海軍的空中核打擊載具。而法國空中和打擊的主要武器皆為 ASMP 中程地對空飛彈[113]。

為了要面對情勢多變的國際環境，「核打擊武力」首要的目標是要將所有的核打擊武力進行現代化，尤其海軍的角色最為關鍵，無論是戰略或戰術，海軍核武未來仍是嚇阻之主軸。除了要能執行傳統或核子打擊任務，法國的航艦戰鬥群也要能像美國海軍一樣，在短時間內投射至世界上的任何角落，比起境內的空軍，航母戰鬥群具有較強大的機動性和嚇阻效果[114]。

表 5-3　現階段法國核武庫

載具類型	數量	服役起始	射程	彈頭與當量（千噸）	可操作彈頭
陸上飛機搭載					
幻象 2000N×60 /ASMP	50	1988[115]	2750km	1 枚約 30 萬噸的 TN81 彈頭	50
飆風 F3 / ASMP-A	?	2008	2000km	1 枚當量不明的 TN81 彈頭	—

[112] Jean-Marie Collin, op.cit, p.1.

[113] Robert S. Norris &Hans M. Kristensen, “French nuclear forces, 2008”, Bulletin of the Atomic Scientists: Nuclear Notebook, Vol. 64, No.4, September/October 2008, p.53-54.

[114] Thomas Withington, “French’s Naval Nuclear Deterrence – Modernisation nears completion ”, Naval Force, V/2008, p.40.

[115] ASMP 先進中程對地核子飛彈是 1986 年由幻象 VI 戰機搭載並開始服役。下文詳細說明。

載具類型	數量	服役起始	射程	彈頭與當量（千噸）	可操作彈頭
艦載飛機搭載					
超級軍旗×24 /ASMP	10	1978	650km	1枚約30萬噸的 TN81彈頭	50
飆風 F3/ ASMP-A	?	（2010）	2000km	1枚當量不明的 TN81彈頭	—
潛射彈道飛彈					
M45型	48	不明	4000+km	4至6枚10萬噸 TN75彈頭	240

法國彈道飛彈潛艦

潛艦名稱	服役啓始	飛彈射程	彈頭與當量（千噸）	彈頭總數量
凱旋號/M45	1997	4000+	4至6枚10萬噸 TN75彈頭	80
大膽號/M45	1999	4000+	4至6枚10萬噸 TN75彈頭	80
警戒號/M45	2005	4000+	4至6枚10萬噸 TN75彈頭	80
恐怖號/M51.1[116]	（2010）	6000	4至6枚10萬噸 TN75彈頭	0

資料來源：Robert S. Norris &Hans M. Kristensen, ” French nuclear forces, 2008”, Bulletin of the Atomic Scientists: Nuclear Notebook, 9/10 2008, p.53. & International Institute of Strategic Studies, “The Military Balance 2009”, London: Routledge, 2009, p.119.

二、凱旋級彈道飛彈潛艦

「凱旋級」核動力彈道飛彈潛艦是目前法國海軍的戰略核武主力。為了維持有效的嚇阻能力、延續過去核武發展之傳統，潛艦是法國最重要的嚇阻力量[117]。

---

[116] M51.1是M51潛射彈道飛彈的改良型，預計要到2010年後才會服役。下文詳細說明。

[117] Robert S. Norris &Hans M. Kristensen, op. cit., p.53。

（一）建造歷程

1980年代為了在軍備競賽中持續對抗蘇聯的核威脅，法國也進行了潛艦汰舊換新的計畫，1982年開始便開始著手建造海軍的第三代核戰略潛艦[118]。法國海軍提出了研發「新一代的水下核武載具」（Sous-Marins Nucléaires Lanceurs Engins-Nouvelle Génération）之計畫，政府也投入了可觀的資源來發展，如此便造就了「凱旋級」潛艦的誕生。原本後期型的船身計畫要從138公尺加長至170公尺，但因為冷戰的結束和國防預算的縮減，導致該計畫最後被取消；而預計製造五艘的訂單，也在1996年2月23日被席哈克總統縮減為四艘。為了避免縮減後造成戰力上的銳減，「戰略海軍」設定讓平時四艘中的兩艘潛艦能夠維持海上戰略巡邏任務，緊急情況可以有三艘處於備戰狀態[119]。

受到了國防預算刪減之影響，「凱旋級」的建造作業也比原計劃延遲許多。第一艘「凱旋號」（Le Triomphant）於1987年6月18日建造、1997年3月21日正式下水服役；第二艘「大膽號」（Le Téméraire）於1989年10月18日建造、2000年1月下水；第三艘「警戒號」（Le Vigilant）則是到1993年5月27日才動工，過程中因預算使工程延滯到2003下水、2004年服役；最後一艘「恐怖號」2008年下水，預計要到2010年後才會正式服役[120]。從1994年初第一艘「凱旋號」下水做測試開始；到了1999年11月23日第二艘的「大膽號」進行了飛

---

[118] 孫曄飛，〈法國核武，唯海「獨尊」〉，《環球軍事》，第177期，（2008年7月），頁50。

[119] Global Security, “Le Triomphant”, http://www.globalsecurity.org/wmd/world/france/triomphant.htmSNLE (accessed Sep 6 2009).

[120] Naval Technology.com, “SSBN Triomphant Class Ballistic Missile Submarines, France”, http://www.naval-technology.com/projects/triomphant/ (accessed Sep 6 2009).

彈試射[121]，經過了這些測試，以及2008年「可畏級」潛艦的最後一艘「不屈號」除役之後，法國海軍核嚇阻主力進入了「凱旋級」的時代[122]。

（二）性能與配備

「法國艦艇建造局」（Direction des Constructions Navales Services, DCN）聲稱「凱旋級」具有極佳的靜音能力，甚至比「可畏級」還要安靜1000倍[123]。因該艇採用平滑的外型，也設置了消音瓦；且本級艦使用的推進器並非傳統潛艦的螺旋槳，而是採用一組噴水式推進系統，可將推進時產生的氣泡減少[124]；此外，本艦的動力系統皆安裝於減震浮筏（cradles）上，以降低機器震動所造成的音量，如此便能達到絕佳的靜音效果[125]。船體使用HLES 100高張力耐壓鋼板製成，因此其潛深可超過500公尺，是西方彈道飛彈潛艦之首[126]。主要動力來源是一具可輸出150兆瓦的K-15型循環水壓式核反應爐，以及兩具皮爾斯蒂克柴油機，水上航速為20節，水下航速為25節，可在水下巡航時間達60天[127]。

本級艦在的主要武器控管系統包括負責控管彈道飛彈的戰略資料系統（SAD），控管自衛武器的戰術資料系統（SAT）；電子系統有DR-3000電戰支援系統；聲納則採用湯姆遜CSF公司DMUX-80綜合

[121] Global Security, “Le Triomphant SNLE”, http://www.globalsecurity.org/wmd/world/ france/ triomphant.htm (accessed Sep 6 2009).

[122] Robert S. Norris &Hans M. Kristensen, op. cit., p.53.

[123] Ibid, p.53

[124] Global Security, “Le Triomphant SNLE”, http://www.globalsecurity.org/wmd/world/france/triomphant.htm (accessed Sep 6 2009).

[125] 常想、張紳，〈法國的新核武政策與重返北約問題〉，頁101。

[126] 同上註，頁102。

[127] Naval Technology.com, “SSBN Triomphant Class Ballistic Missile Submarines, France”, http://www.naval-technology.com/projects/triomphant/ (accessed Sep 6 2009).

聲納系統[128]。自動化系統的採用使本艦所需人數為 111 人[129]。而估計一艘凱旋級大約花費 16 億歐元，這當中包含了維護、人員訓練與 25 年的操作壽命，若再加上飛彈以及彈頭的費用，一艘潛艦必須花費 32 億歐元[130]。

表 5-4　凱旋級潛艦建造與服役歷程表

艦名	編號	建造廠與地點	建造時間	下水時間	服役時間
凱旋號	S.616	DCN，瑟堡	1989/6/9	1993/7/13	1997/3/21
大膽號	S.617	DCN，瑟堡	1996/10/18	1997/8/8	1999/10/23
警戒號	S.618	DCN，瑟堡	1997	2003/4/12	2004/11/36
恐怖號	S.619	DCN，瑟堡	2002/11	2008/3	2010/7

資料來源：Stephen Sauders, "Strategic Missile Submarines (SSBN/SNLE) - 3+1 Le Triomphant Class (SSBN/SNLE-NG)", Jane's Fighting Ships 2008-2009, Jane's Information Group, 111th edition, p.238.

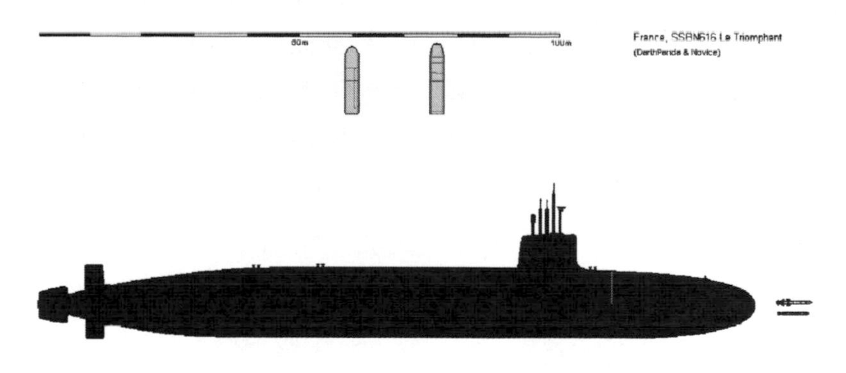

圖 5-4　凱旋級潛艦側視圖

圖片來源：http://s11.invisionfree.com/shipbucket/ar/t1448.htm.

[128] 常想、張紳，前揭書，頁 102。

[129] Global Security, "Le Triomphant SNLE", http://www.globalsecurity.org/wmd/world/france/triomphant.htm (accessed Sep 6 2009).

[130] Robert S. Norris &Hans M. Kristensen, op. cit.,p.53.

（三）武裝與攻擊力

前三艘的「凱旋級」配備的潛射彈道飛彈為 M-45 型，將在 2010 年後服役的第四艘則配備的是最新型的 M-51 型[131]。每艘潛艦的主要武器是裝載 16 枚的 M-45 型飛彈，但通常至少會讓一艘處於整修狀態，因此法國海軍只讓其他三艘配備飛彈[132]。

1.M-45 型潛射彈道飛彈

M-45 型之前身為 M-4 型，後者是法國海軍的第四代[133]潛射彈道飛彈，類似於同時期美製「北極星」飛彈，為一種三節式、固態燃料、直徑 1.93 公尺、長度 11.05 公尺潛射式中程彈道飛彈。發射重量約 35000 公斤並採用慣性導引。三節部分燃料燃燒時間分別為 62 秒、71 秒和 43 秒，酬載分別為 20000 公斤、8015 公斤和 1500 公斤，每節皆具有向量噴嘴。M-4 型飛彈是「可畏級」潛艦的主要配備，射程從 4000 到 5000 公里，一枚飛彈可裝載六枚 TN-70 型或 TN-71 型彈頭。一枚 TN-71 型約 15 萬噸的當量，有重返大氣層並多目標獨立尋標之功能，每一艘「可畏級」潛艦皆可攜帶 16 枚 M-4 飛彈[134]。

改良後的 M-45 型使用之彈頭為 TN-75 型，核當量降低至 10 萬噸，具有更佳的突防與抗電子干擾能力，最大射程也提升到 6000 公里。法國軍方相當重視此型彈頭之效能，因此在 1996 年不顧國際反

---

131 Duncan Lennox, “M-5/M-51”, Jane’s Strategic Weapon System - Jane’s 48th edition”, Coulsdon, Surrey: Jane’s Information Group, January 2008, p.46

132 Robert S. Norris &Hans M. Kristensen, op. cit., p.53.

133 前三代分別為：M-1、M-2 與 M20 型。

134 Duncan Lennox, op. cit., p.45.

對聲浪與財政縮減的壓力之下，堅持對其進行核試爆，也聲稱這型彈頭之堅固足以對抗反彈道飛彈之攔截破壞，以及有同時期的美俄製核彈頭有對等的技術。測試成功之後，M-45 型很快便裝配於 1997 年新下水的凱旋級潛艦第一艘的凱旋號上[135]。因受到軍方的重視，M-45 型曾經要用來取代 S-3 型陸基彈道飛彈，但最後因法國取消所有的陸基飛彈而作罷[136]。

表 5-5　M-4 與 M-45 型性能諸元比較

飛彈	M-4	M-45
彈體長度	11.05m	11.05m
彈體直徑	1.93m	1.93m
發射重量	35 公噸	35 公噸
彈頭承載	六枚多目標重返大氣層彈頭	六枚多目標重返大氣層彈頭
彈頭當量	一枚彈頭 15 萬噸	一枚彈頭 10 萬噸
導引方式	慣性導引	慣性導引
推進方式	三節式固態燃料	三節式固態燃料
射程	4000 公里（M-4A） 5000 公里（M-4B）	5300 公里
近真圓周誤差值	誤差範圍 800 公尺	誤差範圍 500 公尺

資料來源：Duncan Lennox, “M-4/M-45”, Jane’s Strategic Weapon System Vol.8-January 2008, pp.44-46.作者自行整理

[135] Federal American Scientist, “M-4 / M-45 – French Nuclear Forces”, http://www.fas.org/nuke/guide/france/slbm/m-4.htm (accessed Sep 8 2009).

[136] Duncan Lennox, op. cit., p.45.

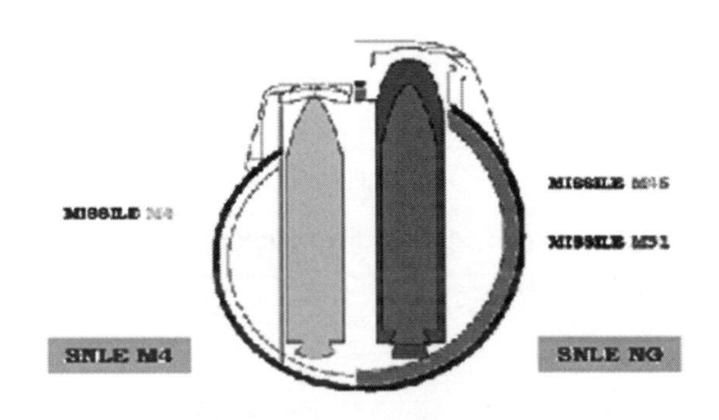

圖 5-5　M-4、M-45 與 M-51 型潛射飛彈之外觀比較

資料來源：三種飛彈之區別：綠色為 M-4 型，藍色為 M-45 型，紅色為 M-51 型三者比較，資料來源：FAS, "M-4/M-45", http://www.fas.org/nuke/guide/france/slbm/m-4.htm.

2.M-51 型潛射彈道飛彈

M-45 型之後法國開發核武飛彈的計畫並沒有告一段落，又緊接著於 1992 年著手研發 M-5 型飛彈，M-5 型的射程為 11000 公里，稱聲擁有有效突穿莫斯科反彈道飛彈系統之能力。飛彈長度約 12.0 公尺、直徑為 2.3 公尺、發射重量 48000 公斤。籌載六枚彈頭時為 1400 公斤，射程可達 6000 公里；籌載兩枚彈頭時為 200 公斤，射程可達 14000 公里，彈頭可以裝備 6 到 10 枚 100 萬噸的 TN-75 彈頭[137]。原本的建案是除了要將取代海基的 M-45 之外，M-5 飛彈要裝配於最後一艘「凱旋級」潛艦上，同時也要將飛彈改良成陸基型，也計畫過要取代 S-3 型陸基彈道飛彈，但因為此型飛彈過於昂貴[138]，在經費有限

[137] FAS, "M-5/ M-51–French Nuclear Forces", http://www.fas.org/nuke/guide/france/slbm/m-5.htm (accessed Sep 8 2009).

[138] 常想、張紳，前揭書，頁 102。

與後冷戰裁軍的浪潮之下，於是決定先進行 M-4 型的升級計畫，再將計畫改變為 M-5 的低價簡化版：M-51 型[139]。

M-51 型預計要到 2010 年才會正式上線，並作為下一代法國海軍的主力戰略飛彈，射程大約在 6000 至 8000 公里之間[140]。該彈體為三節式、重量約 53 噸。飛彈使用固態燃料且具備向量噴嘴，各項功仍優於 M-4 家族[141]。升級後的 M-51.1 射程是將可達到 8000 公里，而新的改良版 M-51.2 型也將於 2015 年上線[142]。每一枚飛彈造價從 M-5 型的 420 億法郎降至 327 億法郎，由此可見，法國是以犧牲飛彈射程來節省發展經費。M-51.1 型預計在 2010 年服役，並逐步取代「凱旋級」上的 M-45 型，估計將製造 57 枚飛彈。而 M-51.2 使用將是新型式的 TNO（Tête Nucléaire Océanique）彈頭，大約可裝備六枚[143]。

表 5-6　M-51 型性能諸元

飛彈	M-51
彈體長度	13.0 公尺
彈體直徑	2.35 公尺
發射重量	53 公噸
彈頭承載	六枚以上多目標獨立重返大氣層彈頭
彈頭當量	一枚彈頭 15 萬噸
導引方式	慣性導引
推進方式	三節式固態燃料

[139] FAS, "M-5/ M-51–French Nuclear Forces", http://www.fas.org/nuke/guide/france/slbm/m-5.htm (accessed Sep 20 2009).
[140] Duncan Lennox, op. cit., p.46-47.
[141] Thomas Withington, op. cit., p.41.
[142] Stephen Sauders, "Strategic Missile Submarines (SSBN/SNLE)", Jane's Fighting Ships 2008-2009 - 111th edition, Coulsdon, Surrey: Jane's Information Group,2008, p.238.
[143] Duncan Lennox, op. cit., p.47.

飛彈	M-51
飛彈射程	6000 至 8000 公里
近真圓周誤差值	未知

資料來源：Duncan Lennox, “M-5/M-51”, Jane’s Strategic Weapon System Vol.8-January 2008,_p.47.

3.其他武器系統

「凱旋級」艦艏配備了四門 533mm 魚雷發射管，可攜帶 18 枚 ECAN 15 Mod 3 主動與被動式重型魚雷，彈頭重量 150 公斤，射程為 9.5 公里，可達潛深為 550 公尺。魚雷管同時可發射 SA-39「飛魚」反艦飛彈，彈頭重 165 公斤，射程 50 公里，採用主動雷達。此兩項武器提供潛艦基本的自衛能力[144]。

法國現階段所擁有的空中打擊武力分別有三個陸基飛行中隊與一個海上艦隊中的兩支飛行中隊。前者主要駐紮在伊斯特與呂克斯伊 40-50 架的幻象 2000N，而法國也預計於 2009 年開始逐步用「飆風 F3」來替換前者。第一個「飆風 F3」打擊中隊也將部署於聖迪斯爾（Saint-Dizier）空軍基地。法國海軍目前有兩支「超級軍旗」中隊部署於戴高樂號航空母艦上，2010 年後該機種也將由「飆風 F3」所取代[145]。

三、達梭超級軍旗攻擊機

1953 年韓戰結束後，法國當局決定研發輕型的攔截機，同時也要具備對地攻擊之能力。與此同時，北約也提出了相同的計畫需求，西方部隊需要一種輕型的戰術戰鬥攻擊機，達梭公司因此而推出了「幻象」（Mirage）與「軍旗」（Etendard）系列戰鬥機。

---

144 Stephen Sauders, op. cit., p.238.

145 Robert S. Norris &Hans M. Kristensen, op. cit., p.54.

達梭當局因應本國與北約之需求，進行了「超級秘密」（Super-Mystère）計畫，要以裝備電力發電機的方式取代傳統後燃器，使之可達到超音速飛行的小型飛機，進而分別設計出秘密 XXII（軍旗 II 式）、秘密 XXIV（軍旗 IV 式）和秘密 XXVI（軍旗 VI 式），這些設計使該機具備出色的短場起降能力。

達梭公司為海軍所設計的「軍旗 IV 式 M 型」於 1958 年 5 月 21 日首次試飛，該型飛機外型特徵是主翼與後水平尾翼採梯型後掠翼、引擎使用一具 SNECMA 亞塔 8K-50 雙進氣口之單渦輪引擎、單垂直尾翼、長機身、機鼻尖細、泡沫狀玻璃座艙的噴射戰機。在航母上停靠時，機翼末端也可摺疊。1961 年至 1965 年期間，法國海軍一共採購了 69 架的「軍旗 IV 式 M 型」與 21 架的「IV 式 P 型」，M 型服役到 1991 年。海軍也進行 M 型的現代化升級，將飛機的作戰系統進行多項更新後，命名為「超級軍旗」[146]，升級內容包括增加了 PCN90 飛行電腦、UN140 導航系統與 DAMOCLES 標定莢艙[147]。首架原型機於 1974 年 10 月 28 日在伊斯特基地進行試飛，1978 年開始在海軍中服役[148]。至 1983 年為止，採購「超級軍旗」的單位有法國與阿根廷海軍，分別為 71 架與 14 架，阿根廷海軍航空隊的「超級軍旗」更在福克蘭戰爭中因表現優異而聲名大噪，伊拉克在 1980 年代也向法國採購「超級軍旗」，但受到國際壓力後，最後只以租借的名義接收了五架，其中也包括了許多對地攻擊武器，這五架「超級軍旗」在兩伊戰爭中也為伊拉克空軍立下了戰功[149]。

---

146 FAS, “Super Etendard”, http://www.fas.org/man/dod-101/sys/ac/row/etendard.htm (accessed Oct 21 2009).

147 Thomas Withington, op. cit., p.41.

148 FAS, “Super Etendard”, http://www.fas.org/man/dod-101/sys/ac/row/etendard.htm (accessed Oct 21 2009).

149 Michael Taylor, “Dasault-Brguet Etendard and Super Etendard”, Encyclopedia of Modern Military Aircraft, New York:Gallery Books, 1987, p.70.

1987 年的巴黎航空展中，達梭公司又宣佈將繼續生產 40 架的「超級軍旗」，同時也對其他舊型機種作進一步的更新，1991 年法國海軍又與達梭公司簽署了進行戰機武器現代化升級的合約，其中包括最重要的 SAGEM 雷達、抬頭顯示器，以及掛載 ASMP 核子飛彈的能力。這些動作意味著老舊的「超級軍旗」戰機在法國當局眼中仍扮演著相當舉足輕重的地位。

「超級軍旗」的基本武裝配備為兩具進氣口下方，兩門裝載 125 發彈藥的 DEFA 30mm 機砲；機身下方可攜帶兩枚 250 公斤炸彈、一具 600 公升可拋棄式副油箱或敵我識別莢艙；機翼下方共有四個掛點，可掛載 250 公斤或 400 公斤炸彈各兩枚、兩枚魔法空對空短程飛彈、四具 68mm 火箭彈莢艙；機翼內側兩個掛點也可攜帶 625 公升或 1100 公升副油箱。核攻擊能力方面，早期攜帶的 AN-52 自由落體核炸彈於 1992 年退役後，ASMP 便成為「超級軍旗」唯一的核子武器[150]。

從 1970 年末期到進入 21 世紀，「超級軍旗」服役時間甚久，是目前歐洲仍服役中的最後一架第二代戰機，至今仍擔任著海軍空中核打擊與傳統地對空攻擊之重任，法國也是目前唯一繼續維持海軍空中核打擊能力的國家[151]，美國、俄羅斯與英國皆已移除這類核武，而中國現階段也不具備此種武器，法國因擁有「超級軍旗」而展現其獨樹一格之處，包括飛機的動力、飛行性能與其他先進性能使其服役年限相當長久[152]。但自從海軍決定採購「飆風」戰機後，「超級軍旗」擔任法國長久以來的核嚇阻角色已經逐步被取代。

---

[150] John W.R Taylor, “Dassault-Breguet Super Étendard”, Jane’s all the world aircraft 1987-88 - 78th year of issue, Coulsdon, Surrey: Jane's Information Group, 1987, p.75.

[151] Thomas Withington, op. cit., p.41.

[152] Center for Defense Information, “French Weapon Database – French Nuclear Delivery Systems”, http://www.cdi.org/issues/nukef&f/database/frnukes.html (accessed Nov 20 2009).

表 5-7　超級軍旗基本諸元

機種	達梭超級軍旗
翼展長度	9.6 公尺
機身長度	14.31 公尺
機身高度	3.85 公尺
機身重量	11.9 公噸
內油箱最大重量	2612 公斤
最大承載重量	200 公斤
最高速度	高空 1.3 馬赫；低空 0.97 馬赫
作戰半徑	750-1080 海哩

資料來源：Federal American Scientists, "Super Etendard", http://www.fas.org/man/dod- 101/sys/ac/row/etendard.htm.

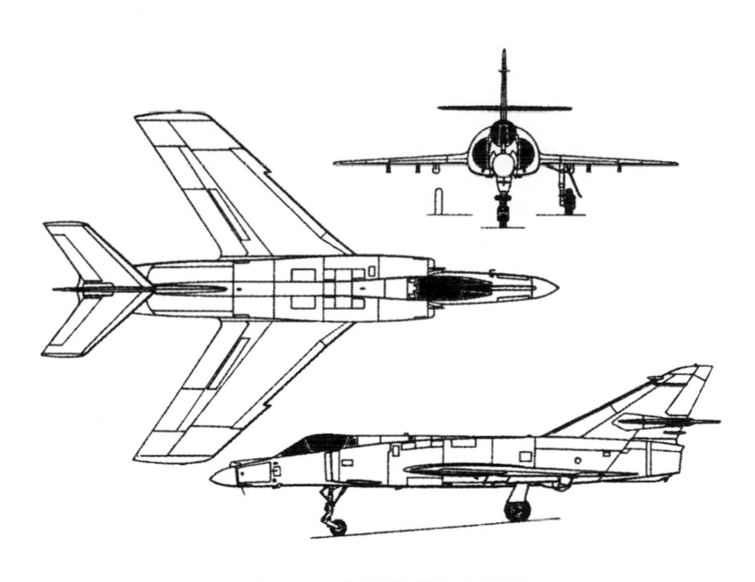

圖 5-6　超級軍旗三視圖

圖片來源：http://www.aviastar.org/air/france/dassault_super-Etendard.php.

四、達梭幻象 2000N 戰鬥攻擊機

幻象 2000 是達梭航空（Dassault Aviation）所開發之多用途戰機，自 1984 年起便於法國空軍服役，同時也由阿布達比、阿拉伯聯合大公國、埃及、希臘、印度、祕魯、卡達與中華民國空軍所使用。該型機是法國空軍發展作為幻象 III/5 和 50 式之後繼機種。雖然前者之系統並沒有與後者有直接性關連，但是發展之初都以高空攔截機之用途為主。幻象 2000 為三角翼、雙進氣口單引擎多用途戰鬥機[153]。機翼與機身下各有兩個與五個基本掛載點，可掛載枚二枚「魔法 II 型」與四枚「雲母」中程飛彈，同時還有 30mm 機砲及熱焰彈[154]。1975 年 10 月 18 日，法國選定幻象 2000 作為開發機種，1978 年 3 月 10 日出單座原型機試飛；1980 年 10 月 11 日雙座原型機試飛成功。配備 SNECMA M53 發動機與湯普森-CSF RDM 多模態脈衝杜普勒雷達（Thompson-CSF RDM multimode pulse Doppler radar），而第 38 架後的幻象 2000C 開始裝配改良後的 M53-5 發動機。第一批量產的幻象 2000C 於 1982 年 11 月 20 日試飛，雙座的幻象 2000B 則在 1983 年 10 月 7 日試飛。1984 年 7 月 2 日法國第戎（Dijon）基地首次名為「鸛」（Cigones）中隊的幻象 2000 成軍。隨後法國又開發出對地攻擊型的幻象 2000N 與 D 型。

第二代幻象 2000-5 於 1990 年 10 月 24 日試飛，此時期出產之幻象 2000N 不再以高空攔機為限，而是以多用途戰機來提升法國空軍力量，同時也促進該機外銷。結至 2001 年為止，統計幻象

---

[153] FAS, “Mirage 2000 (Dassult-Breguet)”, http://www.fas.org/man/dod-101/sys/ac/row/mirage- 2000.htm (accessed Oct 22 2009).

[154] Air Force technology, “Mirage 2000 Multi-Role Combat Fighter, France”, http://www.airforce- technology.com/projects/mirage/ (accessed Oct 22 2009).

2000 戰機在國際市場中獲得了不錯的銷售量，目前包括法國在內，共九個國家空軍使用中，總計累積了 900000 小時以上之飛行時數[155]。

幻象 2000N 為幻象 2000D 對地攻擊型之另一種升級版。法國將之設定為專門進行核子攻擊之雙座戰鬥攻擊機，擁有全天候攻擊能力的導航系統，在「飆風 F3」取而代之以前，幻象 2000N 為法國空軍內唯一可攜帶 ASMP 之機種[156]。1983 年 2 月 3 日試飛成功，隨後空軍便於 1986 年 3 月在伊斯特空軍基地開始裝配。初期的幻象 2000N K1 僅能掛載 ASMP 飛彈執行核子攻擊任務，但 1988 年系統升級後之幻象 2000N-K2 同時具備了傳統和核子攻擊能力，亦可攜帶鐳射炸彈、低速炸彈等傳統武器執行任務，此型機 1993 年停產。而 1998 年空軍又將所有的 K1 型升級成 K2 型。

該型戰機配備一具安提洛普 5 型地形搜尋雷達（Antilope 5 terrain-following radar）、兩具 SAFEM 慣性搜索平台、兩具改良版的 AHV-12 雷達高度儀、一具 CRT 抬頭顯示器與一座整合抗干擾反制系統（Integrated Countermeasures system , ICMs）。可裝配兩枚「魔法」短程空對空飛彈作為自衛武器。達梭為法國空軍所設計的最新型升級版為幻象 2000N-K3，裝配 Reco-NG 偵照莢艙與新式的自衛航空電子設備[157]。

1997 年 7 月，自 1964 便開始在空軍服役的幻象 IV 式退役後，具有多功能與優異作戰能力的幻象 2000N 便獲選為空軍唯一的核打

---

[155] Paul Jackson, “Dassault Mirage 2000”, Jane’s All The World’s Aircraft 2004-2005 - 95th Sub edition (June 2004), Coulsdon, Surrey: Jane's Information Group,2004, p.131.

[156] FAS, “Mirage 2000 (Dassult-Breguet)”, http://www.fas.org/man/dod-101/sys/ac/row/mirage -2000.htm (accessed Oct 22 2009).

[157] Paul Jackson, op. cit., p.132.

擊載具[158]。目前法國空軍擁有的幻象 2000 型號分別為：攔截機單座 C 型、攔截機雙座 B 型、對地攻擊 D 型、核子攻擊 N 型與多用途功能的幻象 2000-5 型五種。自從 2008 年 10 月法國決定重返北約後，空軍的幻象 2000D 也加入了阿富汗戰局，部署於坎達哈（Kandahar）的北約國際安全救援部隊中[159]，逐漸提升其作戰經驗。

表 5-8　幻象 2000N 性能諸元

機種	達梭幻象 2000N
機翼長度	9.31 公尺
翼展面積	41.0 平方公尺
機身長度	14.55 公尺
機身高度	5.10 公尺
空機身重量	7600 公斤
內油箱最大重量	3100 公斤
副油箱最大重量	4140 公斤
外掛武器最大重量	6200 公斤
最高速度	1.6 馬赫
作戰半徑	1445 公里
G 力最大限制	正常+9.0／大負荷+11.0

資料來源：Paul Jackson, Dassault Mirage 2000, "Jane's All The World's Aircraft", 95th Sub edition （June 2004）, p.135.筆者編譯

[158] Center for Defense Information, "French Weapon Database – French Nuclear Delivery Systems", http://www.cdi.org/issues/nukef&f/database/frnukes.html (accessed Nov 20 2009).

[159] Air Force technology, "Mirage 2000 Multi-Role Combat Fighter, France", http://www.airforce- technology.com/projects/mirage/ (accessed Oct 22 2009).

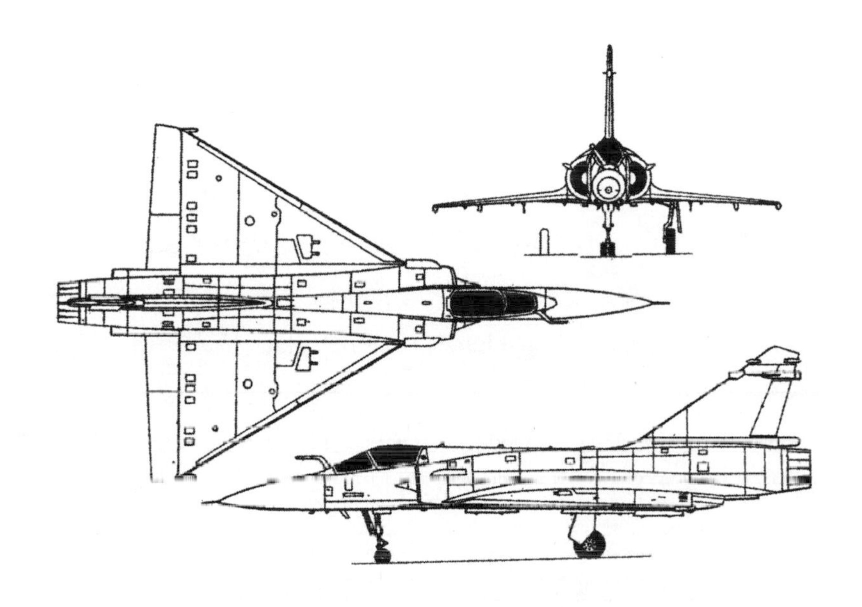

圖 5-7　幻象 2000 三視圖

圖片來源：http://www.aviastar.org/air/france/dassault_mirage-2000.php.

五、達梭飆風戰鬥機

「飆風」戰鬥機為法國新一代的三角翼、雙引擎多用途戰機，綜合了空優、對地、對艦、偵查、精準打擊與核子攻擊的能力，是下一代空海軍之共用機種。法國政府一共採購了 61 架的「飆風」戰機，分別為空軍的 36 架與海軍的 25 架[160]。替代的對象包括空軍的「美洲虎」戰機、海軍的 F-8「十字軍」（Crusader）與「超級軍旗」戰機[161]。

[160] airforce-technology.com, "Rafale Multirole Combat Fighter, France", http://www.airforce-technology.com/projects/rafale/ (accessed Oct 21 2009).

[161] Paul Jackson, "Dassault Rafale", Jane's all the world's aircraft 2004-2005 - 95th

冷戰末期西方國家相信蘇聯會更進一步開發新式戰鬥機，與此同時，前者也尋求新一代的第四代戰機來對抗後者。雖然蘇聯很快的瓦解了，但西方國家仍繼續進行戰機現代化的進程，而法國空軍的第二代與第三代戰機，包括「美洲虎」戰機在內，幻象 III、IV、V 式與 F1，以及海軍的「軍旗」與「超級軍旗」，也都提出了汰舊換新的需要[162]。1985 年英國、德國、義大利與西班牙計畫合作研發新一代的戰機：「歐洲戰鬥機」（EuroFighter），法國因為堅持國防自主性，以及戰機重量與引擎的規格需求與他國不符，因而退出與他國合作的機會[163]，進而自行研製法國需要的戰鬥機，這項決定使「飆風」戰鬥機之科技是完全由法國獨立開發而成的。從 1984 年開始研發，短短兩年後，1986 年 7 月 4 日，「飆風 A」原型機遂進行了第一次試飛，1988 年，法國國防部立刻簽下了訂單，隨後「飆風」戰機也在「克里蒙梭」與「福煕」號航空母艦上進行起落降，令當局振奮的是，「飆風」戰機比起「超級軍旗」與美製的 F-8「十字軍」戰機具有更佳的低速性能。最早接收「飆風」戰機為海軍的「戴高樂」號航母，10 架「飆風 M 型」（Marine，海軍型號）已於 2001 年在該艦上開始服役。「飆風 B 型」與 C 型 2006 年 1 月於法國空軍成立第一支中隊，2008 年又再成立第二支中隊。至 2008 年為止，空海軍一共採購了 120 架的「飆風」戰機。

「飆風」戰機使用兩具 M88-2 引擎，最高速度為 1.8 馬赫，同時採用多數法國軍機常用的三角翼設計，座艙內配備了多視角抬頭顯示器，艙內有良好的 360 角視野，飛行員可透過頭盔瞄準器增加

Sub edition (June 2004), Coulsdon, Surrey: Jane's Information Group,2004, p.135.

162 Greg Goebel, “The Dassault Rafale”, http://www.vectorsite.net/avrafa.html#m3 (accessed 2009 /10 /21)

163 陳拓安，〈曲高和寡，孤芳自賞——法蘭西高空寶石飆風全能戰機〉，《尖端科技》，第 253 期，（2005 年 9 月），頁 64。

近距離空戰能力。空軍型機身有 14 個外掛硬點，海軍 M 型則有 13 個。可掛載「魔法」短程飛彈、「雲母」中程飛彈、「響尾蛇」短程飛彈、AIM-120 先進中程空對空飛彈與 ASRAAM 中程飛彈作為空對空武器；也可以攜帶「百舌鳥」（HARM）或「警鐘」（ALARM）反雷達飛彈、「小牛」地對空飛彈、AASM 精準炸彈與 AS-39「企鵝」執行傳統空對地或對艦任務。戰略武器則可掛載 MBDA「暴風影」（Storm Shadow）空射巡弋飛彈與 ASMP-A 核子飛彈，顯示飆風戰機的確可勝任多種任務。近戰武器為兩具分別攜帶 125 發彈藥的 30mm DEFA 791B 機砲[164]。

目前主要之型號包括空軍的雙座 B 型、單座 C 型與海軍的 M 型，「飆風」戰機從開發至服役進行了多次升級，由 F1、F2 至 F3，未來也將會有 F4，空海軍皆計畫升級至以此型，並作為主要使用機種，F3 可執行制空、對地、反艦等多重任務外，其中包括了最重要的核攻擊能力[165]。舊型的 F1 與 F2 兩者已分別於 2006 年和 2008 年至海軍中服役，未來也將被升級為 F3。法國政府向達梭、SNECMA、Thales 等生產「飆風」戰機公司簽下了升級 F3 之合約，合約中計畫生產 59 架的「飆風 F3」，空軍 47 架（11 架雙座與 36 架單座）與海軍的 12 架單座機。海軍已於 2009 年接收第一支「飆風 F3」，同時也逐步將剩餘的 F2 升級至 F3 型。自 2007 年開始，法國空海軍所屬的「飆風」戰鬥機也部署在塔吉克，支援在阿富汗作戰的北約部隊[166]。

然而，「飆風」戰機雖然在性能上獲得各界的高度評價，但至今為止仍未獲得任何外銷訂單。2002 年南韓曾考慮採購，但最後卻認

---

[164] airforce-technology.com, “Rafale Multirole Combat Fighter, France”, http://www.airforce-technology.com/projects/rafale/ (accessed Oct 21 2009).

[165] Paul Jackson, op. cit., p.136.

[166] airforce-technology.com, “Rafale Multirole Combat Fighter, France”, http://www.airforce-technology.com/projects/rafale/ (accessed Nov 11 2009).

為美製的 F-15K 比「飆風」更適合韓國空軍而排除競爭[167]，其他國家如科威特、巴西和利比亞對「飆風」都表達過高度採購的興趣，但目前仍未達成正式協議[168]，儘管「飆風」為法國最新一代的有人戰機，但現階段的外銷成績卻不及幻象 2000 等舊型機種。

表 5-9　飆風 B 型性能諸元

機種	達梭飆風
機翼長度	10.80 公尺
翼展面積	45.70 平方公尺
機身長度	15.27 公尺
機身高度	5.34 公尺
空機身重量	10450 公斤
內油箱最大重量	4350 公斤
最大著陸重量	22500 公斤
外掛最大重量	9500 公斤
最高速度	1.8 馬赫
作戰半徑	1759 公里
G 力最大限制	+9.0

資料來源：Paul Jackson, Dassault Rafale, "Jane's All The World's Aircraft 2004-2005", 95th Sub edition （June 2004）, Jane's Information Group, p.138.

[167] Paul Jackson, op. cit., p.135.

[168] Pierre Tran, "Brazil Move Could Boost Future Rafale Export ", DefenseNews, 8 Sep 2009, http://www.defensenews.com/story.php?i=4266709 (accessed Nov 11 2009).

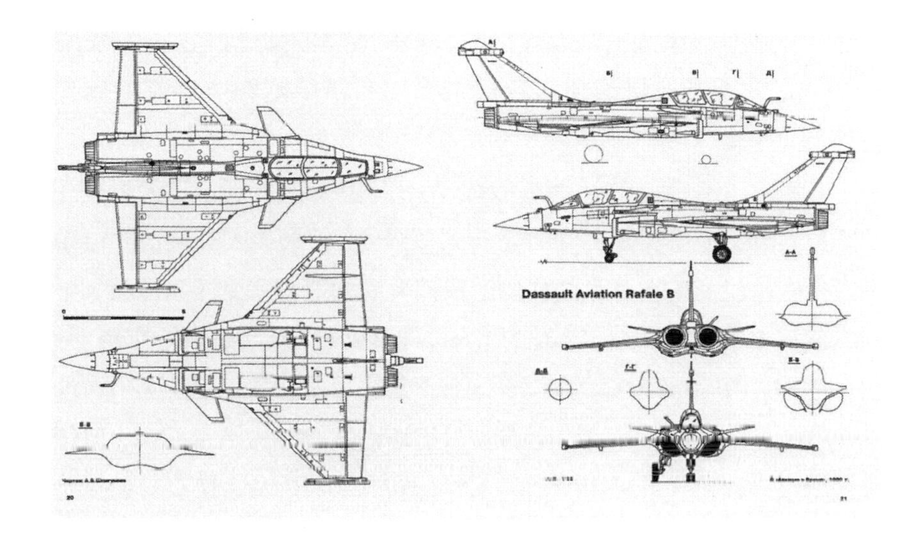

圖 5-8　飆風戰機

圖片來源：http://www.md80.it/bbforum/viewtopic.php?f=46&t=28497.

（一）ASMP 中程空對地飛彈

中程空對地飛彈於 1976 年開始計畫，並於兩年後正式研發，是用來取代幻象 VI 式戰轟機掛載的 AN-22 核炸彈。為了達成比傳統核炸彈更優異的突穿能力，初步設計決定將 ASMP 飛彈能夠掛載於幻象 2000N、幻象 VI 式與「超級軍旗」三種戰機之上，目的是將法國的核空中打擊力量集中於輕型的戰轟機，以作為戰術核攻擊之用。1986 年幻象 IV 式首次配發到第一批的 ASMP[169]，該機 1996 年退役後，所有的核空中打擊重任皆由幻象 2000N 與「超級軍旗」

---

[169] Robert S. Norris &Hans M. Kristensen, op. cit., p.53。

接任[170]。雖不及傳統戰略轟炸機有較高的航程與籌載能力，但使用多功能之輕型戰機搭載超音速核飛彈卻有精準度與突穿能力較高之優勢[171]。

1987 年正當英國也正尋求取代 WE177 核炸彈的新武器裝備時，法國原本計畫要與英國共同研發新式核飛彈，但最後因英國不願再繼續進行空基核武的現代化而作罷。飛彈發展的過程受到多次改變，早期的射程要求是 800 至 1200 公里的長程飛彈，後來又不斷地作修正，當中也包括了對於雷達的需求，為了突破早期預警系統（Airborne Early Warning, AEW），也提出被動雷達導引系統版的 ASMP-R，但是最後都沒有採用。直到 1996 年，改良型的 ASMP-A 才被接受並開始研發[172]。

ASMP 之動力裝置有液體燃料衝壓式空氣噴氣發動機，和裝在燃燒室內的固體燃料起飛助推器各一台。彈頭為核子彈頭。與一般飛彈同樣採用圓體尖頭式的外型，推進器進氣口為長方形、位於飛彈兩邊外側。將氣流導入飛彈內部後，可使飛彈在 5 秒內從 0.6 馬赫加速至 2.0 馬赫。飛彈與推進器尾端採用流線的方式結合，再加上簡單的尾翼設計，目的都是為了要避免氣流阻礙飛彈飛行。

該飛彈使用重約 200 公斤的 TN-80 型彈頭，其當量約有 30 萬噸，升級後的則 TN-81 型彈頭將重量減至 180 公斤，將配備於後期出產的飛彈上。導引方式採用慣性導引的方式，也可採用貼地飛行，幻象 2000N 雷達可與電腦同步追蹤，於發射前先將目標參數輸入，並在飛行途中不斷進行修正，以防受到地形與防空系統之干擾。飛行高度在

[170] Duncan Lennox, “ASMP-A”, Jane’s Strategic Weapon System - Jane’s 48th edition (January 2008), Coulsdon, Surrey , 2008, p.43.

[171] FAS, “ASMP”, http://www.fas.org/nuke/guide/france/bomber/asmp.htm (accessed Oct 21 2009).

[172] Duncan Lennox, op. cit., p.43-44.

10 公里高時約 3 馬赫，降至低高度時可調為 2 馬赫。最大射程大約在 250 公里，低空飛行則降至僅有 80 公里，具有良好的機動性。

ASMP 從 1989 年開始於法國空軍服役，1985 年至 1900 年間，密特朗政府將飛彈的數量限縮在 150 枚，並正式在 1991 年 11 月 11 日宣布取代 AN-52 型炸彈，成為唯一的空基核彈[173]。截至 2006 年為止，軍方估計大約有 70 枚飛彈正在服役中，分別為空軍的 60 枚與海軍的 10 枚。目前尚未有飛彈出售之記錄[174]。

（二）ASMP-A 中程空對地飛彈

繼 ASMP 之後，1980 年代英、法兩國原本也有計劃合作發展長程地對空飛彈（Air-Sol Longue Portée, ASLP），射程大約在 1000-1200 公里，但最後仍無法實現[175]。1996 年，法國政府宣佈要自行繼續研發新的 ASMP-A（意為 ASMP 改良，ASMP-Amélioré），改良後的最大特色是造價比前型更低廉。目前推估飛彈採用的是 30 萬噸級的 TNA（Tête Nucléaire Aéroportée）彈頭，並以新一代的液體沖壓發動機作為噴射助推器，使飛彈的射程會較前型增加許多，估計高空之射程約 500 至 700 公里；低空射程約 180 公里。速度方面，在高空中速度約 3.0 馬赫；低空中速度約 2.0 馬赫，同時飛彈誤差範圍也要求在 10 公尺以內。ASMP-A 研製成功後，2005 年 10 月首先由「飆風 F3」戰機從「戴高樂」號航空母艦上進行掛載測試，2006 年 1

[173] K. Bhushan,G. Katyal, “Nuclear, Biological and Chemical Warfare”, New Delhi: S.B. Nagia, 2002, p.182.

[174] Ibid, p.44.

[175] FAS, “ASMP”, http://www.fas.org/nuke/guide/france/bomber/asmp.htm (accessed Oct 21 2009).

月由幻象 2000N-K3 進行第一次試射。2008 年後逐步在法國空、海軍中服役[176]。

表 5-10　ASMP 性能諸元

飛彈	ASMP 中程空對地飛彈
彈體長度	5.38 公尺
彈體直徑	0.38 公尺
發射重量	860 公斤
彈頭承載	一枚 200 公斤彈頭
彈頭當量	30 萬噸核彈頭
導引方式	慣性或地形掃描式飛行
推進方式	固態燃料噴射器
射程	250 公里
精準度	未知

資料來源：Duncan Lennox, “ASMP-A”, Jane’s Strategic Weapon System Vol.8-January 2008, p.44.

（三）TN-75 型彈頭

TN-75 型彈頭是法國目前服役中最新型的核彈頭，也是法國最近一次進行試爆過的核彈頭，為了完成此型核彈頭的試爆程序與參數蒐集，法國在南太平洋核試爆場進行多次測試，進而飽受國際輿論之抨擊。此型彈頭之科技能力與美製彈頭旗鼓相當，具有強大、小型化與高安全性等特質。即使彈頭輕量化之後，爆炸當量仍可達 10 萬噸。而因雷達截面積較小，使彈頭也具備良好的匿蹤性，不易被偵測與攔

[176] Duncan Lennox, op. cit., p.44.

截。自設計成功到試爆成功後，TN-75 型也取代了舊型的 TN-71 型，成為 M-45 型飛彈的主要彈頭[177]。

（四）TN-80/81 型彈頭

TN-80/81 型彈頭是針對 ASMP 飛彈所設計的戰術核彈頭，設計原理或技術都和 TN-70/71 型彈頭類似，爆炸當量與彈體性能與美製「義勇兵三型」（Minuteman III）陸基彈道飛彈的 W78 彈頭相似，當量約 30 萬噸，彈頭重量約 200 公斤。TN-80 型是在 1974 年開始研發，1985 年 9 月 1 日始服役、並於 1987 年首先提供在 18 架幻象 IV 式戰機上使用。最後於 1988 年 7 月 1 日自幻象 2000N 戰機上除役；改良型的 TN-81 型式在 1984 年進行測試、並於 1987 年製造，先轉交給海軍的「超級軍旗」戰機使用，最後於 1991 年再移交給幻象 IV 式 P 型戰機。總數有 65 枚的 TN-81 型彈頭仍在服役中，軍方表示其役期將至下一代彈頭取而代之為止[178]。

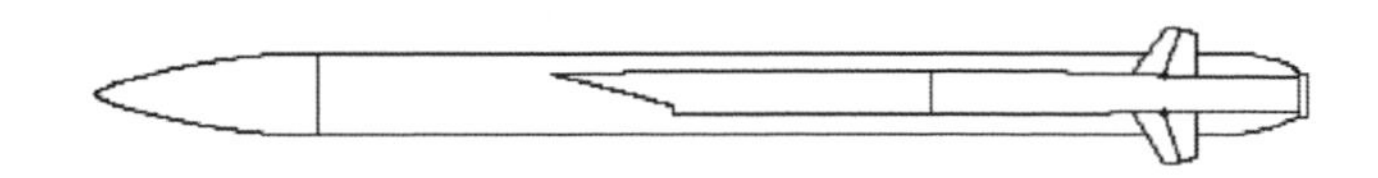

圖 5-9　ASMP

圖片來源：http://www.ask.com/wiki/Air-Sol_Moyenne_Port%C3%A9e.

[177] A Nuclear Weapons Archive – A Guide to Nuclear Weapons, “France’s Nuclear Weapons - Development of the French Arsenal”, http://nuclearweaponarchive.org/France/FranceArsenalDev.html (accessed Nov 18 2009).

[178] A Nuclear Weapons Archive – A Guide to Nuclear Weapons, “France’s Nuclear Weapons - Development of the French Arsenal”, http://nuclearweaponarchive.org/France/ FranceArsenalDev.html (accessed Nov 18 2009).

表 5–11　法國歷年核武器的種類

種類	服役時間	數量	最大當量
AN-11	1963-1973	40	6 萬噸
AN-22	1973-1988	40	7 萬噸
MR-31	1971-1983	18	13 萬噸
MR-41	1972-1979	48	50 萬噸
AN-52	1973-1991	80/100	2 萬 5 千噸
AN-51	1974-1996	70	1 萬或 25000 噸
TN-60	1976-?	不明	100 萬噸
TN-61	1978-1996	82	100 萬噸
TN-70	1985-1997	96	15 萬噸
TN-80	1985-1996	18	30 萬噸
TN-90	1992-1996	30	8 萬噸
TN-71	1987-2004	288	15 萬噸
TN-81	1988-	60	30 萬噸
TN-75	1997-	288	10 萬噸
TNA	2007-	47	未知
TNO	2015-	未知	未知

資料來源：Centre de document et de recherché sur la paix et les conflicts, “Bombes et têtes nucléaires françaises retirées du service”, http://obsarm.org/obsnuc/puissances-mondiales/arsenal-france.htm.

第六章　英法核武戰略之比較

經由前三章節的理論、政策之發展過程與核武器介紹後，本章節將進一步探討其戰略重點。以下包括首節：研究目前兩國的最低嚇阻能力，包括其政策、戰力與經費等層面；第二節：研究英法與北約之間的相互作用，內容涵括政治、體系、經濟與戰略關係；最後第三節：英法對於如何使用核武的態度，包括了「首先使用」、「消極安全保證」和對抗恐怖主義的作法。

第一節　英法的最低嚇阻

本書第三章與第四章皆已探討過英法在冷戰前後時期的兵力結構與發展，吾人可從中得知，兩國的核武態勢在現階段都走向了最低嚇阻態勢，以中小規模能量維持其核嚇阻力量。其中不僅在武力組織上，從財政支出也可觀之。本節將前兩章論述為基礎並作重點論述，再討論英國及法國各自的發展狀況與特徵。

一、英國的最低嚇阻力量

發展「最低嚇阻戰略」是當前英國政府相當重要的政策，其原因乃目前軍事事務變革所影響，進而導致英國無論是財政或兵力，都將核武呈現出其最低嚇阻狀態。

（一）軍事事務變革

由於跟隨美國進行伊拉克與阿富汗戰爭所致，21 世紀後的英國國防戰略也產生新的思維。參謀總長丹納特將軍（General Sir Richard Dannatt）提出未來衝突的模式，到 2018 年都會以「陸上作戰」（land environment）為主的看法；該論述也得到陸軍的史密斯（General Sir Rupert Smith）將軍認同，後者也提出了現代戰爭是「人力戰爭」（war among the people）之理論。受到兩場戰爭趨向於反恐行動與反暴動的方式進行，英國軍方了解到，現代化裝備、高科技武力或核嚇阻皆無法在低強度戰爭下發揮最大作用，取而代之的是最傳統的人力戰鬥模式，軍隊常見的作戰方式已非冷戰時期所構想的全面核戰、大量的戰機、軍艦或坦克對峙，而是回到最舊式的人力搜尋、小規模火拼或維安等；學者葛雷（Colin Gray）也強調，過去以人力方式進行的戰爭，將會在未來的衝突中再度重現。這些說法皆引起英國政府與軍方的重視，並積極將資源集中於發展傳統武力[1]。

（二）最低嚇阻戰略

由於英國目前的國防戰略偏向於上述的作戰型態，以及後冷戰時期所帶來的大規模裁軍浪潮，導致現階段英國的核戰力只以戰略核潛艦為最低核能量之主力。戰略潛艦的戰略價值早在 1960 年代便大放異彩，由於兼具長時間的潛航效能、隱匿與生存性，和靈活的

---

[1] Paul Cornish and Andrew Dorman, “Blair’s wars and Brown’s budgets: from Strategic Defence Review to strategic decay in less than a decade”, International Affairs 85: 2 (2009), p.255.

打擊選擇等優勢。美國、蘇聯、英國與法國皆投入了極為可觀的成本，並將其視為「核武三元」中最重要的一角，目前四國也保有戰略潛艦的科技與技術性優勢。1963 年美國第一艘戰略核潛艦下水時，甘迺迪總統曾說：「一旦看過飛彈發射後，就會發現這種武器系統的嚇阻效果是無庸置疑的[2]。」

從冷戰時期開始，英國事實上從未具備自主的「核武三元」力量。1960 年代部署的「雷神」陸基彈道飛彈是由美國所提供的，英國雖然研發過「閃光」飛彈，但最後因採用「北極星」系統而放棄該計畫。1980 年代後，皇軍空軍的「V 式轟炸機」退出前線、其他戰術機種也相繼退役或取消了核打擊能力、美軍的陸基彈道飛彈系統撤離英國本土。於是英國在 1962 年與美國簽署拿騷協議，正式獲得了美製的「北極星」潛射飛彈，爾後又再度於 1980 年購得「三叉戟」系統，意味著英國從倚重空基轉型為海基力量的戰略走向。英國至今仍以四艘「先鋒級」潛艦和 58 枚的「三叉戟」飛彈作為最低嚇阻的核打擊基礎。

透過裁減核武庫的動作之後，英國持續維持中小規模的核力量，來嚇阻其他可能造成的威脅。工黨政府指出，所謂最低嚇阻力量的標準，乃英國需要的核彈頭不超過 200 枚為基準[3]；剛上任的保守黨則表示，225 枚彈頭是該政府的標準[4]。因各政黨有不同的主張，導致英

---

[2] United States Navy, "Fleet Ballistic Missile Submarine", http://www.navy.mil/navydata/fact_display.asp?cid=4100&tid=200&ct=4 (accessed Apr 20 2010)

[3] Greg Giles, Candice Cohen, Christy Rezzano, and Sara Whitaker, "Future Global Nuclear Threats ", SAIC Strategic Group, 4 June 2001, p.20.

[4] 歷經了 2010 年 5 月的「禁止核武擴散條約審查會議」，英國新聯合政府也繼美國之後，於 5 月 26 日公布其核彈頭的新標準，是以不超過 225 枚為限，同時也重申了傳統武力較核武重要的觀點。參見：DefensseNews, "Britain Releaves New Warhead Levels", http://www.defensenews.com/story.php?i=4643454&c=EUR&s=AIR (accessed Jun 15 2010)

國官方未定義過「最低嚇阻原則」的真實意涵。但布萊爾政府於 1998 年發表的「國防戰略總檢」及 2006 年「英國核嚇阻的未來」，當中皆以小規模核武力量為目標；布朗政府也宣示過核彈頭將減量為 160 枚，諸如以上動作都顯示英國確實走向小規模核武戰力，未來也將邁向長遠的態勢。前國防大臣里夫金德（Malcolm Rifkind）曾強調：「英國以目前小規模的核武力量便可達到有效嚇阻的作用，也符合低強度的作戰需要[5]。」

據「核武裁減行動組織」對英國政府財政支出之觀察報告計算。儘管國防白皮書透露，核武現代化之經費每年約花 150-200 億英磅，但該組織卻指證，真正的支出應該超過 250 億英磅[6]；而到 2024 年為止，三叉戟潛艦的平均費用每年估計約 18 億英磅[7]，投資上來說，英國投入的經費也確實較美法等國低；而目前維持海軍戰略部隊運作的人員大約為 1000 人，代表英國以最精簡的人力執行其作戰能力[8]。

二、法國的中小規模核力量

順應世界潮流之後，法國現在的兵力態勢也產生了改變，導致其核嚇阻規模也進一步縮減。

---

5 T. Milne, H. Beach, J. L. Finney, R S Pease, J Rotblat, “An End to UK Nuclear Weapons”, British Pugwash Group 2002., p.9.

6 Campaign for Nuclear Disarmament, “The Cost of British Nuclear Weapons”, CND Briefing: The cost of British nuclear weapons, March 2007, p2..

7 Swedish Physicians against nuclear Weapons, “Learn About Nuclear Weapons 2008”, Swedish Peace and ArbitrationSociety, p.6.

8 International Institute of Strategic Studies, “The Military Blance 2009”, London: Routledge, 2008, p.119.”

（一）兵力態勢變更

法國在冷戰時期也是以空基發展為優先，進而再提升為陸基與海基武力。自 1971 年後逐步完成自主的「核武三元」能力，後來更兼具了戰略與戰術的打擊力量。直到 1996 年席哈克宣佈裁撤陸基飛彈後，其核武態勢才受到重大的縮減。目前「戰略海軍」保留了戰略潛艦，及 20 多架提供戰術核打擊的「超級軍旗」戰機；另外還包括「戰略空軍」的幻象 2000N 與「飆風」戰機，以維持空基核打擊的能力。因此，法國核武是屬於二元的戰略態勢，儘管維持二元力量對於財政情況有較大的負擔，但其功能性卻比英國更多元[9]。目前雖然保留了戰術核武，但實際上，四艘的「凱旋級」潛艦、M-45 型和 M-51 型飛彈才是最主要的嚇阻武器。之所以選擇該途徑，乃法國與英國都有相同的共識，認為戰略潛艦除了功能較具有彈性之外，且兩國都有足夠的潛艦操作經驗和熟悉度。因此，對於英法而言，戰略潛艦乃最關鍵的嚇阻力量。除了英國正進行「三叉戟」潛艦的延壽計畫之外；法國最新的 M-51 型飛彈也即將服役，雙方的潛艦都將服役至少至 21 世紀 20 年代，代表海基核武對於兩國嚇阻力量的重要性[10]。

後冷戰時期發生國際大規模衝突與全面性傳統戰爭發生的可能性極小，反而因宗教與種族的衝突增加、國際恐怖主義活動頻繁。對付這類非傳統威脅，需要的是結構小而巧，反應靈活高的軍力。也因

[9] Federation of American Scientists, “Doctrine”, http://www.fas.org/nuke/guide/france/doctrine/ index.html (accessed Apr 2010)

[10] Carsten Volkery, “Deterrence Lite: A Look at British and French Arsenal”, http://www.spiegel.de/international/europe/0,1518,688504,00.html (accessed Apr 20 2010)

此，世界大國紛紛裁減軍隊，調整其結構後，將軍隊轉變為對付非傳統威脅的戰鬥部隊。法國也隨著這股潮流開始謀求變革之道，軍隊從過去面對蘇聯的軍事威脅轉為追求職業化、靈活與高機動性，並建立可在世界各地進行部署並從事戰鬥、人道干預或維和任務的快速反應部隊。因為面臨的情況產生改變，也使核子武器的規模和使用方式隨之更變。以行動戰略目標而言，維持足夠的核武規模是目前法國掌握嚇阻軍力之主要方針，使用較小或有限度的力量便可以達到法國的利益，並滿足第二擊報復的能力[11]。

（二）核嚇阻力量縮減

薩克奇政府於 2008 年公布的國防白皮書中也宣示，會再將核彈頭縮減為 300 枚以內，並認為該數量及空海軍所配備的核武便可維持足夠的核武戰力。探討縮減核武規模並主張最低嚇阻能力之動機，是由於對法國而言，核武本身並非真正戰鬥用的工具，而是要發揮政治嚇阻的作用，因此，法國仍強調要以更強硬的政治態度來執行「反嚇阻」(counter-deterrence)，決不容許生存利益受損，這項傳統思維無論在任何時期，其準則本質上都未受到大幅度之變動，關於何謂生存利益，則交由敵方自行判斷，因為法國已很明確的指出，一旦威脅感已經造成，敵方便必需承擔嚴重的後果。

據統計，法國投資於核武庫的經費，由冷戰時期占國防預算的 40%下降至冷戰結束的 20%，目前更降到 10%；載具之數量更比 1985 年之統計縮減了三分之二。2004 年投入經費為 31 億 1000 萬歐元，

---

[11] Claudia Major, “The French White Paper on Defence and National Security”, Center for Security Studies, Vol.3 No.48, December 2008, p.1.

創下了歷史新低[12]；更甚者，根據「2003-2000 年軍事程序法案」指出，未來每年投資於核武上的經費會在 28 億 2000 萬歐元左右，約佔國防預算的 20%、武器裝備開支的 10%[13]；人力規模的部分，「戰略海軍」目前配置大約 2200 名人員，「戰略空軍」約為 1800 名[14]，以上數據與冷戰時期比較之後，可證實法國的核武庫縮減的步調仍在進行中，未來還可能會持續調整。

第二節　與北約組織的關係

北約是自冷戰時期西歐最重要的集體安全防禦組織，在美英法等國之主導下，為西歐安全提供了穩固的屏障。即使法國於 1966 年宣布退出軍事體系，但仍保留會員身分，且仍未忽視北約的防衛作用；英國更是北約組織中最重要的成員之一；近年來，共黨鐵幕卸下後的歐洲世界出現了重視整合態勢的新觀念，北約也逐漸邁向轉型之趨勢，多數歐洲國家皆同意聯盟防禦的功能應該增強，北約組織最後也走向變革，該組織的任務有更深的延展或擴大化之趨勢，對英法雙方而言，北約也就擁有更突顯且高度的戰略價值[15]。

---

12 Bruno Tertrais, “Nuclear Policy: France stands alone”, Bulletin of American Scientists, July/August 2004, p.55.

13 Bruno Tertrais, “Tthe Last to Disarm? The Future of France’s Nuclear Weapons”, Nonproliferation Review, Vol. 14, No. 2, July 2007, pp.252-255.

14 IISS, op. cit., p.158.

15 Ivo Daalder and James Goldgeier, “Global NATO”, Foreign Affairs, Vol. 85, No. 5, September/ October 2006, p.109.

一、英國與北約的相互關係

為了突顯英國與北約之間的互利關係，本段落首先論述雙方密切的同盟關係，英國在美國的帶領下，成為北約組織中重要的貢獻國之一；而戰略的部分，英國同時奉行本國和北約的核體系與政策；核武的打擊計畫始終也和美國與北約進行同步的運作。

（一）密切的同盟關係

在北約內部，美國是英國最重要戰略夥伴。基於兩次世界大戰同盟關係、1940-1945 年間的「曼哈頓計畫」、1947 年美國的「馬歇爾經援計劃」和北約組織皆促使了英美兩國建立緊密的全面關係，長期以來無論經濟合作、政策決議，甚至於高科技武器的選購，英國不僅比過去更靠向西歐，以美國為導向更改變了英國的傳統戰略文化[16]；1950 與 60 年代，英國的核武政策是奉行北約的「大規模報復」及「彈性反應」戰略，象徵英美之間的妥協與共識。英國特別又在 1960 年後進行戰略轉型、向美國採購「北極星」飛彈；1980 年又再度引進「三叉戟」系統作為第三代核子武器，該動作皆顯示英美之間強而穩定的「特殊關係」[17]。而美國也需要英國在許多外交事務上的支持。1956 年的蘇彝士運河危機使英國形象受損，無獨有偶地，美國也 1960 年代的越戰中吃盡苦頭，使後者感受到英國在

---

[16] Magaret Gowing, “British, American and the Bomb”, in Michael Dockrill and John W. Young (ed.), British Foregn Policy, 1945-56, London: ThE Macmillan Press, 1989, p.44.

[17] John Baylis, “The Anglo-American Relationship in Defence”, British Defence Policy in a Changing World, London: Croom Helm, 1977, p.66-67.

全球戰略上支持的可貴[18]。一些英國學者，如古倫（A. J. R. Groom）也認為英美間的核武關係是互惠（reciprocity）的，彼此都可從中得到相當的利益[19]。

若用同盟的相互關係來與其他北約國家比較，現階段北約歐洲地區的核武數量約 150-200 枚，其中大多都是美軍部署在非核武國家中的 B-61 型戰術核武，這些核子武器除了軍事用途外，也象徵美國及其他北約國家之間緊密的聯盟關係[20]。比利時、德國、義大利與荷蘭境內皆部署美軍的核武，和美國也有其核武「特殊關係」，但這些國家平時卻無法使用這批核武，僅有在戰時經過美軍授權後始能使用，嚴格來說，這些北約國家皆不可歸類為核武國家。然而，英國以強調保留潛艦與彈頭的建造技術，以及自由的核武使用權來堅持其獨立性[21]，在特殊的情況下，英國不需要和北約進行諮商，其首相有權力下達動用核武之命令。英國人認為這是一種同時符合經濟與安全利益的雙贏局面，由此可知，英國比其他沒有自行核武能力的國家具有更高的獨立性[22]。

---

[18] 胡康大，《英國政府與政治》，（台北：揚智，1997），頁 389。

[19] A. J. R. Groom, "British Thinking about Nuclear Weapons", London: Frances Pinter, 1974, p.155.

[20] Christos Katsioulis & Christoph Pilger, "Nuclear Weapons in NATO's New Strategic Concept: A Chance to Take Non-Proliferation Seriously", International Policy Analysis, May 2008, p.2-3.
美軍已分別在 2001 年於希臘 Araxos 空軍基地、2005 年於德國的 Ramstein 空軍基地和 2009 年英國的 Lakenheath 皇家空軍基地撤除了歐洲半數以上的戰術核武。參見："'Tactical Nuclear' Weapons: dangerous anarchronism", NPT Briefing: 2010 and Beyond.

[21] Bob Algridge, "Trident Submarines: American and British", Pacific Life Research Center, PLRC, Rvised 7 February 1999, p.3.

[22] John Ainslie, "The Future of British Bomb", London: WMD Awareness Prgramme, 2006, p.10.

表 6-1　美軍戰術核武在歐洲的部署狀況

國家	基地	武器數量（B-61）		
		美軍	駐在國	總計
比例時	Kleine Brogel 空軍基地	0	20	10-20
德國	Büchel 空軍基地	0	20	10-20
	Nörvenich 空軍基地	0	0	0
	Ramstein 空軍基地	0	0	0
義大利	Aviano 空軍基地	50	0	50
	Ghedi Torre 空軍基地	0	40	20-40
荷蘭	Volkel 空軍基地	0	20	10-20
土耳其	Akinci 空軍基地	0	0	0
	Balikesir 空軍基地	0	0	0
	Incirlik 空軍基地	50	40	90
英國	Lakenheath 皇家空軍基地	0	0	0
總計		100	140	150-200

資料來源：Hans M. Kristensen, "U.S Nuclear Weapons in Europe" Natural Resources Defense Council, 2005, p.9. and Hugh Beach, "'Tactical Nuclear' Weapons: dangerous anarchronism", NPT Briefing: 2010 and Beyond.筆者自行編譯（上表中有部分的基地已無核武，原本該地區曾部署過大量核武，但近年來已逐步裁撤，因此筆者仍繼續保留在上表之中）

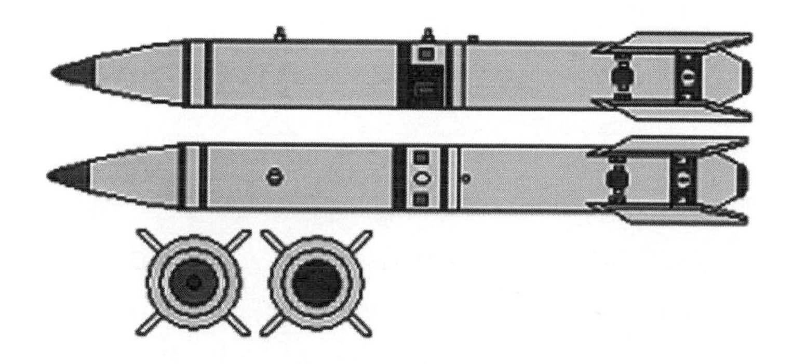

圖 6-1　美軍 B-61 型核炸彈

圖片來源：http://bagera3005.deviantart.com/art/B61-nuclear-bomb-189260133?q=&qo=.

英國是北約組織最重要的財政與軍事貢獻國之，每年平均支付 15 億英鎊提供北約文職與軍事之運作，占北約組織第三。參與北約防衛行動也有充分之經驗，使英國在該組織當中擁有足夠的政治份量，無論是北約或歐洲，英國認為北約這個統合防禦性組織對於國家利益有相當的重要性[23]。1998 年「戰略國防總檢」中，布萊爾政府表示同意繼續奉行北約的核政策，象徵了英國對於全體合作防禦之價值肯定[24]。此外，英國配合北約部隊進行維和或區域型任務也沒有缺席，目前更是北約快速反應部隊（Rapid Action Force, RAF）出力最多的國家。兵力的派駐上，據英國國防部於 2008 至 2009 年之統計，政府投入兵員最多的地區為阿富汗的 9000 名英軍，規模僅次於美軍[25]。

[23] UK Joint Delegation to NATO, "UK contribution to NATO", http://uknato.fco.gov.uk/en/uk-in-nato/uk-contribution-to-nato (accessed Apr 25 2010)

[24] Lawrence Freedman, "United Kingdom", Unlocking the Road to Zero: Perspectives of Advanced Nuclear Nations, The Henry L. Stimson Center, February 2009, p.29.

[25] UK Joint Delegation to NATO, "UK's Operation Effort 2008/2009", http://uknato.fco.gov.uk/en/uk-in-nato/uk-operational-effort-2007-2008 (accessed Apr 26 2010)

（二）「雙軌」核武戰略

長期以來，英國除了積極參與聯盟的軍事行動外，其核武政策也相當支持美國所主導的北約整體戰略。儘管法國曾多次拉攏英國加入歐盟自主的防衛體系，但英國最終仍選擇北約，且不願浪費過多的政治資源參與兩項功能性重複的組織。對英國而言，北約所塑造的聯盟關係與其自我的安全態勢息息相關，比起歐盟自主防禦政策更符合其國家利益。目前北約的核嚇阻力量是由美英法三國所組成，但因各國有不同的詮釋，導致北約的核力量基本上存有分散的特質。

理論上來說，英國與美國提供北約國家使用核嚇阻的態度是較為開放和廣泛的。英國除了將其核武部隊作為盟國嚇阻力量的外，也強調獨立使用的自由性，尤其當核心利益受到威脅時，英國也會毫不猶豫選擇後者。2010 年 1 月 15 日，布朗於下議院召開了二十人小組會議，探討先前比利時、荷蘭、德國與挪威等國公開要求北約修正目前的核政策與應對方案。尤其德國外長威斯特威勒（Guido Westerwelle）更請求歐巴馬政府撤除其境內的所有戰術核武。身為北約軍事體系中第二大的核武國家，布朗政府也受到盟國壓力，對於其裁減核武之議程也有高度的重視，進而慎重地再度檢視當時的核政策，更宣佈必要時會再做變動[26]。且從冷戰時期至今，由於美國核保護傘主宰北約會員國安全之故，英國未表現出尋求主導的態度。

在北約體系中，軍職有設立於布魯塞爾的「北大西洋議會」（North Atlantic Council, NAC）與「國防計劃委員會」（Defence Planning Committee, DPC），二者是最初高層的決策機構，後來又增設了「核

[26] Martin Butcher, "Redoutable on Nuclear Policies and NATO Strategic Concept Review", House of Commons, London, January 12 2010, p.1-2.

武策畫小組」（Nuclear Planning Group, NPG）。英國與美國是該小組內兩個常任且主要的核武國家，儘管其他國家有提出建議的權利，但北約整體政策之運作仍依照英美兩國的各自表述與模式進行，但英美也有職責以核武維護全體會員國的安全[27]；文職部分有「軍事委員會」（Military Committee, MC），負責發布北約所有的軍事戰略與政策，由北約秘書長領導，一共有 19 位來自不同國家的成員參與，共同商議北約的戰略決策。自從 1966 年法國以保留會員國身分的方式退出北約軍事體系之後，「軍事委員會」成員國便更改為 18 席[28]。冷戰時期，北約分為負責陸上作戰的歐洲盟軍指揮部（ACE），及擔任海上作戰任務的大西洋盟軍指揮部（ACCHAN）兩大軍事架構，歐洲盟軍指揮部的最高指揮官（SACEUR）及大西洋指揮部最高指揮官（SACLANT）由資深美國軍官勝任；隸屬大西洋指揮部麾下的海峽盟軍指揮部（ACLANT）最高指揮官（CINCCHAN）和前二部門的副指揮官由英籍軍官擔任，代表英軍於北約指揮體系中的重要性[29]。

---

[27] Alastair Cameron, Edited by Alexis Crow, "France's NATO Reintegration: Fresh Views with the Sarkozy Presidency? ", RUSI Occasional Paper, Frbruary 2009, p.3. 北約「核武策劃小組」是 1967 年成立的機構，內部一共有七個席位。主席是北約秘書長，與會國皆派該國的國防部長或大臣參與，而會議決策後直接向「北大西洋議會」報告。該部門原本受北約中的強國所主導，但自美國前國防部長麥納馬拉應其他國家要求後，便開始擴大其他國家參與的資格。七席當中，美國、英國、西德和義大利是當冷戰時期小組內的常任國家，另外三席由其他六國輪流分配。當然，獨立作業的法國不在該小組之內，但核武政策執行時仍不會忽視法國的存在。目前的「核武策劃小組」的開會重點大多在探討美軍所部署的戰術核武。此外，北約在 1979 年 10 月增設了「高層級小組」（High Level Group, HLG），目的用來研究「美蘇中程彈道飛彈條約」東西雙方核武的部署態勢，後來也逐漸成為「核武策劃小組」開會中負責提供重要資訊之單位。參見：Jaffery A. Larsen, "The Future of U.S Non-Strategic Weapons and Implications for NATO: Drifting Toward the Foresseable Future", A report prepared in accordance with requirements of 2005-06 NATO manfred Wörner Fellowships for NATO Public Diplomacy Division, 31 October 2006, pp.23-25.

[28] Paul Gallis, "NATO's Decision-Making Procedure", Congressional Research Service, May 5 2003, p.2.

[29] Clayton R. Newell, "The Framwork of Operational Warfare", New York:

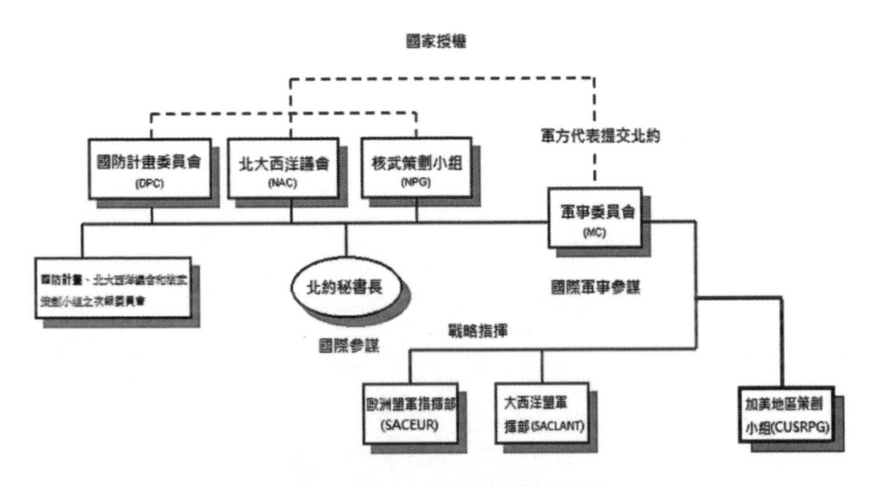

圖 6-2　北約文職與軍職架構圖

資料來源：NATO Handbook, ”Nuclear Policy“, Brussel: NATO Office of Information and Press, 2001, p.517.

（三）聯合行動的打擊計畫

英國冷戰時期的打擊目標是與北約採取聯合計畫而成。早期皇家空軍的「V 式轟炸機」和北約的「戰略空運能力」(Strategic Airlift Capability, SAC) 合作，與美國空軍共用核彈及計劃目標區；政府也委任其戰略潛艦部隊加入美國的「統一作戰行動計畫」之中；戰術核武的部份，除了少部分駐外部隊，英國大多保留獨立使用的能力。

總體而言，英國的打擊計畫會因武力與情勢的改變而調整。理論上莫斯科是最重要的打擊目標，但英國也重視摧毀蘇聯的核武基地與設施。1955 年邱吉爾曾指出，英國的打擊目標以蘇聯的發射基地、

Routledge, 1991, p.123. and Encylopedia, “Allied Command Channel”, http://www.encyclopedia.com/doc/1O63-AlliedCommandChannel.html (accessed Jun 15 2010)

機場、大型行政指揮與工業中心、石油運輸或儲藏點等，尤其前兩者的重要性最高，必須在開戰幾小時內將之摧毀，但行政與工業重心難區分是軍事或民用目標，通常會一併列入打擊。這項計畫又來也被「北約空運能力」與英國「轟炸機指揮部」所接受[30]。

但又受到二戰轟炸德國城市與美方政策的影響，打擊城市在早期計畫中也占有相當的比例。1959 年，英國的「轟炸機指揮部」將「V 式轟炸機」列入美軍「統一作戰行動計畫」中，當時的任務分配為：摧毀 69 座城市、37 座軍事目標；1962 年古巴飛彈危機後，美國提升對核設施攻擊的重視，導致英國分配的任務便更改為打擊 16 座城市，82 座軍事目標（包括 44 座機場，28 座飛彈基地和 10 座防禦基地），顯示英美擬定打擊計畫的合作關係，更代表英國準則之彈性。然而，由於 1962 年轉型將海基核嚇阻作為主軸後，英國的核規模與部隊逐漸縮編，打擊計畫再度提升反城市任務之比重[31]。

「北極星」系統服役之後，該部隊和空軍的「海盜式」、「美洲虎」、「龍捲風」等核打擊戰機一同納入「美國戰略空軍指揮部」（U.S. Strategic Air Command）的「聯合戰略目標策劃機構」（JSTPS）中，英籍軍官也可參與決策。「北極星」潛艦的目標除了蘇聯的陸海空基地、通訊指揮中心之外，也負責對敵國 48 座重要大城市進行第二擊報復[32]。1960 年代末，轟炸機和潛艦因為受到蘇聯防空飛彈和反潛作戰能力提升的影響，讓英國的打擊武力無法全數摧毀對方的立即戰力，因而計畫先從蘇聯的管制或通訊中心著手，迫使後者失去指揮中

---

30 DEFE 7/1111 Note enclosed with Melville to Chilver, 24 May 1957.

31 Michael Quinlan, “The British Expirence”, Edited by Henry D. Sokolski, Getting MAD: Nuclear Assured Destruction, Its Origins and Practice, Army War College (U.S.). Strategic Studies Institute, Nonproliferation Policy Education Center, November 2004, p.264-265.

32 Lawrence Freedman, “British Nuclear Targeting”, Strategic Nuclear Targeting, New York: Cornell University Press, p.119-120.

樞，進而破壞其戰力[33]。以上作戰概念與北約的「彈性反應」政策相當有關聯。由於該政策不斷強調「有限戰爭」的重要性。有效摧毀敵國的作戰能力並迅速止戰，乃北約「彈性反應」政策最重要的任務，因此英美當時皆極為重視「反軍事」目標，目的都是希望戰爭的傷害能降到最小[34]。

由於「北極星」飛彈與「雪弗羚」彈頭無法有效突穿蘇聯的「橡皮鞋套」防空系統，導致英國再向美國採購「三叉戟」飛彈。該型飛彈宣稱可以摧毀高達 94%的蘇聯飛彈發射井，更可以達到「莫斯科標準」[35]。1994 年之後，英國與俄羅斯達成協議，不再以核武瞄準彼此。不過英國當代的「最低嚇阻戰略」依然有「莫斯科標準」之概念隱涵。現階段的英國「三叉戟」部隊可併入美國的「戰略指揮部」（U.S Strategic Command, STRATCOM）中，由美國提供打擊資訊和操作軟體，持續兩國聯合作戰的能力[36]。

表 6-2　英國海基戰略核武之比較

潛艦與系統	北極星（1970 年代）	北極星+雪弗羚彈頭（1980-1990 年代）	三叉戟前期型（1995 年-）
潛艦數量	4	4	4
每艘潛艦彈頭數	48	32	48
打擊目標之能力	16	16	48
飛彈射程	2500 英哩	2500 英哩	4600 英哩

資料來源：CND Information Department, ”Trident: Britain’s weapons of massive

[33] Magnus Clarke, “The Nuclear Destruction of Britain”, London: Croom Helm, 1982, p.138-139.

[34] Paul Rogers, “The Nuclear Connection”, Bulletin of American Scientists: A New European Defense, September 1988, p.20.

[35] Answer by Minister of State, FCO, Peter Hain, Parliamentary Debates, House of Commons, Vol. 349, London: HMSO, 3 May 2000, 84WH.

[36] Bradford Disarmament Research Centre, “Facts about Trident”, Univisity of Bradford, 2008, p.3.

destruction", CND Briefing, June 2003, p.1.

二、法國與北約的相互關係

法國和北約的關係較為特殊，雖不滿意美國主導指揮聯盟的指揮權，但法國依舊積極參與北約的作戰行動，其貢獻的財力也相當可觀；但唯獨核武發展、政策與打擊計畫，法國完全不受北約控制，並有自己的一套作法。

（一）互利的夥伴關係

法國是北約創始國之一，對於該組織的防衛功能起初也是採取高度認同的態度。但戴高樂主義出現後，法國的政治思維便開始改變，該主義對法國政治傳統有極深遠的影響，並認為英國的方式不符合真正獨立之意涵，因為法國無論是從設備、載具乃至彈頭皆堅持由自行研發與完成。從第一代的幻象 IV 式戰轟機、幻象 III 式戰機；第二代的 S-2 及 S-3 型彈道飛彈、「火成岩」機動式飛彈；第三代的「可畏級」和「凱旋級」潛艦、「超級軍旗」和幻象 2000N 戰機等，法國強調獨自達成「核武三元」與戰略、戰術核武能力。其政策也保留極高的自主性，以行動證明不願單方面配合美國與北約的核戰略，歷屆政府也都奉行「以弱擊強」的核武戰略，並和北約劃清界線，該作法和英國之間有明顯的差異。儘管冷戰前後皆出現過較親北約體系的季斯卡與薩克奇當政，但兩者也未改變法國堅持核獨立的原則。法國人認為核武乃政治與軍事的核心利益，即使法國於 2008 年宣布重返北約軍事體系，卻仍以法軍平時的指揮權不受他國管制為前提，顯示法國的核武利益有絕不妥協的標準。相對於英國視嚇阻力量可為不同的安全局勢提供多方位配合的彈性；法國的思維則是相當保守、並帶有封閉之特質，但無庸置疑的是，後者的獨立性比前者更為完整[37]。

自從法國於 2009 年 3 月到 4 月召開的北約高峰會中提出申請加入後，其國防重心再度傾向北約。薩克奇為此表示，法國與北約的關係不再會是一場「零合遊戲」(zero-sum game)，雖然未同意將其核力量納入北約之麾下，但強調促進北約內部的同盟關係會更有助於歐洲力量的團結[38]。法國同時需要歐盟與北約集體安全力量，以確保國家的生存利益。法國目前共投入 4650 多名部隊參與柯索沃及阿富汗維和任務，分別是第三大及第四大的軍援國家；每年提供之經費占北約文職預算的 12.87%、軍事的 13.75%，更使法國成為北約組織中的第五大財政（有一說為第四大）支付國，此乃重視該組織防禦功能的一種認同行為[39]。

（二）獨立的核武戰略

法國自戴高樂總統上任及 1966 年宣布退出北約以來，便象徵了其獨立路線之開端。長期以來不滿美國單方面壟斷聯盟中的主導地位以外，也不同意美國所制定的許多核武政策。最明顯的例子為 1962 年古巴飛彈危機，美國體認到蘇聯核力量與其達到了均勢狀態後，便開始倡導「彈性反應」政策，以避免大規模核戰爆發。但戴高樂不以

---

[37] Jean-Pierre Maulny, Edited by Alexis Crow, "France's NATO Reintegration: Fresh Views with the Sarkozy Presidency?", Royal United Services Institute, Occasional Paper, February, 2009, p.5.

[38] Marcel H. Van Herpen, "Why France returns NATO: Wooing Britain?", Cicero Foundation Great Debate Paper No. 09/1, 2009, p.1-2.

[39] Luc Chatel, "La France dans l'OTAN", Le secrétaire d'Etat chargé de l'Industrie et de la Consommation, Porte-Parole du Gouvernement, N°94 - 12 mars 2009, p.3.

為然，認為「大規模報復」始能達到真正的嚇阻效果。法國退出北約後，美英德皆達成共識，發表了北約軍事委員會指令 14/3 號與 48/3 號，並正式採用該政策；但法國仍選擇使用「以弱擊強」核戰略，不認同核嚇阻採用分級的方式運作，堅持以其思想為原則[40]，之後也造成法國情願以脫離聯盟的方式，並建立出符合其國情所需要的嚇阻力量。此外，法國並非不重視聯盟的功能，但必須排除美國參與的可能，強調歐洲安全事務要由歐洲國家自行合作與管理[41]。儘管法國也宣示自己的核武可作為歐洲之安全屏障，但其使用的定義卻非常狹隘，延伸的對象不僅未涵蓋其他非歐洲國家，且重返北約後的法國，其核指揮與戰力仍獨立於北約之外[42]。密特朗總統也曾明確地表示，其核武的控管權不容其他國家分享，唯有法國享有核武之使用與指揮權。即便席哈克願意分享其核武指揮權，但法國寧可將第二把核武鑰匙交付西班牙或德國人，也不同意將之交至美國人手上[43]。法國在主導歐洲統合議題時，非常積極主張應由歐洲人自行控管屬於歐洲的嚇阻力量。實際上，其主張的真正目的，乃是法國希望能主導歐洲核武戰略的最高統領權和指揮體系[44]。

法國自加入北約以來皆為完全獨立於該決策團體的國家，「軍事委員會」中並沒有法籍人士出任。對此，薩克奇聲明，法國核武仍以自身的利益考量為使用標準，最高指揮者只有共和國總統[45]，在法國，

---

40 Fédéric Bozo, Translated by Susan Emanual, op. cit., p.126.

41 Michael Moran, “French Military Strategy an NATO Reintegration”, http://www.cfr.org /publication /16619/#p5 (accessed Apr 20 2010)

42 Sian Jones, “NATO and Nuclear Weapons: A Challenge across Europe”, The Broken Rifle, February 2009, No. 81, p.8.

43 Stuart Croft, “Europe Integration, nuclear deterrence, and Franco-British nuclear cooperation”, International Affairs, Vol. 72, No.4 (1996), p.787.

44 Nicolas K. J. Witney, “The British Nuclear Deterrence After the Cold War”, Washington D.C: RAND, 1995, p.115-116.

45 Crispian Balmer, “France will rejoin NATO command: Sarkozy”, http://www.

任何核武的調動、使用或戒備狀態皆由總統全權負責，戰略潛艦的彈道飛彈必須透過總統與艦長的雙鑰與雙重密碼始能發射，突顯其單一指揮系統之特質[46]。

（三）「反城市」為主的戰略計畫

離開北約體系之後，法國的打擊計畫都以獨立作業方式進行，並不像英美一樣可發揮聯合作戰的能力。在沒有美國的協助下，法國必須以小規模的核武基礎來對抗蘇聯[47]。戴高樂建立核武部隊時，初期僅有「戰略空軍」麾下最多 62 架的幻象 IV 式戰機可用，因此，戴高樂提倡將蘇聯大城市列為攻擊重點，而該思維也維持了相當長的一段時間。季斯卡的總理莫魯瓦（Pierre Mauroy）指出：「要以較小的核武庫對抗大國，最好的辦法便是使用『反城市』」準則」[48]。並將該時期的計畫，設定為發展可造成蘇聯 1400 至 1800 萬人傷亡之能力。後來更揚稱，法國會不計一切代價報復傷害其生存利益者，甚至造成對方 5000 萬人（等於法國人口數）死亡也在所不惜。

然而，進入 1970 年代後，法英兩國同時面臨蘇聯反彈道飛彈能力強化的困境。因此，雙方都尋找更優異的突穿武器。英國選擇「三叉戟」系統；法國也開始重視海基核武的戰略價值，尤其最新開發的

Vancouversun.com/news/France+will+rejoin+NATO+command+Sarkozy/1378274/story.html (accessed Apr 25 2010)

[46] Hans Born, "National Governance of Nuclear Weapons: Opportunities and Constraints", Geneva Centre for the Democratic Control of Armed Forces (DCAF), Policy Paper – №15, p.8.

[47] Philip F. Parmedo, "The debate on the Force de Frappe takes shapes", Bulletin of the Atomic Scientists, June 1964, p.30.

[48] David S. Yost, "French Nuclear Targeting", Strategic Nuclear Targeting, New York: Cornell University Press, pp.129-139.

M-4 型潛射飛彈，具有多目標獨立尋標的功能，足以增加蘇聯防禦系統攔截的困難[49]。法國也將軍事目標列入打擊範疇之內，但由於敵方所具備的機動型核武發射台或戰略潛艦，相形增加軍事目標鎖定上的困難，況且法國的彈道飛彈不比英美製的精準，導致針對城市發動攻擊仍是法國達成有效嚇阻的最佳途徑[50]。不過，法國的戰術核武依舊有針對軍事目標攻擊的能力，例如陸軍所管轄機動型的「火成岩」短程飛彈，其核打擊範圍被設定在離法國最接近的德國，其理由是，一旦紅軍進犯到法德邊境時，法國就會以戰術核武攻擊其部隊，避免敵軍繼續向前侵犯[51]。

其他的戰術打擊單位，如幻象 III 式和「超級軍旗」戰機之任務可較有彈性，但長期以來的戰略打擊原則始終沒有改變。1981 年，密特朗政府的海軍上將拉卡茲（Jeannou Lacaze）指出：「以大城市或高價值設施為戰略目標，是法國在進行核打擊時，最能夠符合其成本效益之途徑。」由於不需要大費周章地搜尋敵方的軍事目標。直到 2001 年，席哈克也同意其觀點，並重申：「為了要達到『以弱擊強』的嚇阻效果，朝政經軍或行政中心進行核攻擊乃法國首要的打擊方式[52]。」顯示法國在打擊城市立場上之堅定。

但是在後冷戰時期，為了規避可能引起的道德或合法性問題，西方核武國家已鮮少在公開場合發表「反城市」目標的打擊方式，但該方法至今未被法國所放棄，在內部仍然是一種心照不宣的作法[53]。

---

49 Ibid., p.139.

50 Geoffrey Kemp, “Nuclear Forces for Medium Powers: Part I: Target and Weapons Systems”, Nuclear Warfare and Deterrence, New York: Routledge, 2006, p.172.

51 Fredrik Wetterqvist, op. cit., p.91.

52 Bastien Irondelle, “Rethinking the Nuclear taboo: The French perspective”, CCW Research Fellow, p.2.

53 Bruno Tertrais, “A Comparison Between US, UK and French Nuclear Policies and Doctrines”, op. cit., p.3.

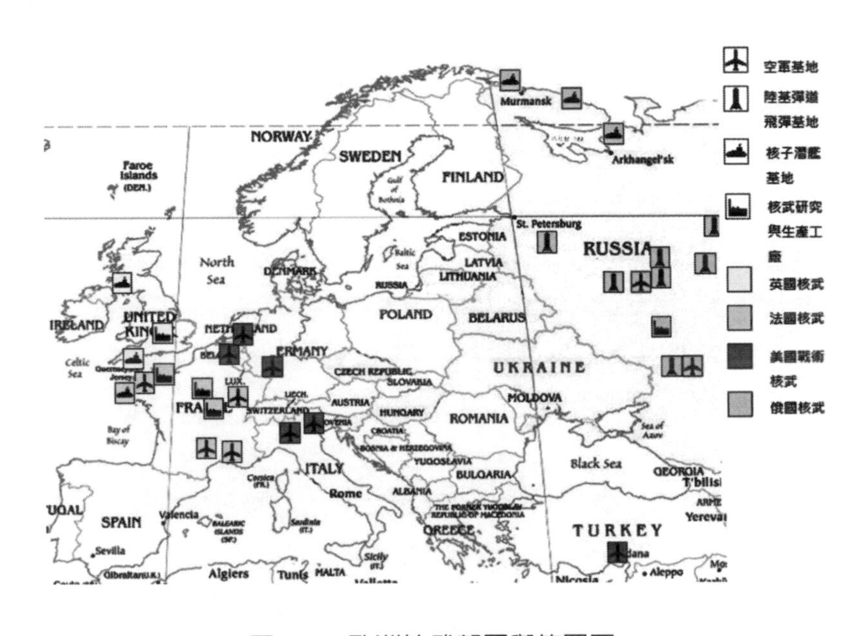

圖 6-3　歐洲核武部署與位置圖

資料來源：http://www.abolition2000europe.org/map/.筆者自行編譯

第三節　使用核武的方式

關於使用核武的方式，英國也受到了美國或北約的影響，在「首先使用」核武和「消極安全保證」兩種議題有其重要的表述，而該兩種方式在回應恐怖攻擊或持有大規模毀滅性武器者時，則另外有不同的反應途徑。

一、英國的使用準則

英國首用核武的方式可編列為三項：（1）首先使用核武（2）消極安全保證和（3）對抗恐怖主義的方式。

（一）「首先使用」核武

「不首先使用」核武的議題自冷戰時期到現在，始終都被英國政府所否認，英國對於預防性的攻擊有著模糊的認同感，因為畢竟該議題在政治層面中非常的敏感，許多非核國家（Non-Nuclear-Weapon State (s), NNWS）對於擁核國（Nuclear-Weapon State (s), NWS）的使用態度也非常關切，國內也經常造成執政黨了不小的輿論壓力。在冷戰時期，英國支持這項原則的理由是避免蘇聯大規模傳統攻擊。但蘇聯瓦解之後，英國依舊不願輕易放寬核武的使用方針，原因在於俄羅斯仍擁有大規模的戰略核武，以及英國也要防範其他擁有大規模毀滅性武器國家可能出現的不穩定舉動[54]。1998 年「戰略國防總檢」發表之後，面對下議院質詢總檢內容沒有針對此議題作探討時，政府國防發言人霍伊爾勳爵（Lord Hoyle）則回應：「我們在戰略國防總檢中有考慮過（不首先使用）這個問題，但我們沒有理由改變現行的北約核政策[55]。」

---

[54] Cook's comment, Memoranda submitted by the Foreign and Commonwealth Office, 28 June 2000, Q.207.俄羅斯政府於 1993 年曾聲明不首先使用核武的立場，但是後來有附加許多條件，1999 年後反而表示，即使俄羅斯只面對大規模的傳統攻擊，也將會在第一時間選擇以核子武器反擊。參見：Marcel de Hass, "An Analysis of Soviet, CIS, and Russian Military Doctrines 1990-2000", The Journal of Slavic Military Studies, Vol. 14, No. 4, December 2001, p.12. p.43.

[55] Nicola Butler & Mark Bromley, "The UK's Trident System in the 21st Century", UK: British American Security Information Council, November 2001, p.14.

而北約早在 1960 年便將首先使用的政策納入其核武準則當中。冷戰結束後，北約在 1991 年發表了「倫敦宣言」(London Declaration)，當時聯盟仍表示，核子武器是北約武力執行嚇阻的最後憑藉（last resort)，不會對「不首先使用」的議題作出任何保證。北約高層經常刻意忽視這項議題，尤其美國總是將「首先使用」列為重要核武準則。與「戰略國防總檢」同時期，1997 年的柯林頓（Bill Clinton，任期 1993-2001 年）政府也發布了「總統決策指令第 60 號」(Presidential decision Directive, DDP 60)，內容強調美國的官方政策包含了以核武嚇阻擁有大規模毀滅性武器國家之行動準則，對於五角大廈如此明確之立場，讓英國國防部也選擇避談「不首先使用」的問題[56]。

該指令發表六個月之後，施諾得當選德國總理，上台後立即對北約高層提出採行「不首先使用」核武之建議。1999 年北約各成員國展開高峰會，內容也探討了新的核武態勢，但德國政府所提議的政策改變很快又被英美兩國所否決，並且再次重申「倫敦宣言」當中所表示的最後憑藉原則。顯然無論如何，北約的核政策依舊是英國所奉行的標準，因此英國也不可能放棄「首先使用」的原則[57]。

（二）「消極安全保證」

儘管無法對「不首先使用」核武的議題作出改變，但北約另外採取了作一種可以和緩反對意見的方式，那就是宣示除非遭受到大規模毀滅性武器攻擊，否則不會任意動用核子武器的「消極安全保證」，這也讓英國的核政策變成了一種被動式的反應。基本上這又導致北約對於核武的使用態度，還是有考慮「不首先使用」之模糊立場存在。

---

[56] Ibid, p.14-15.

[57] Ibid, p.15.

1968 年的第三次「聯合國裁軍特別會議」（UN Special Session on Disarmament），美蘇英三方都達成不會對非核武國家或是「禁止核武擴散條約」締約國使用核武之共識。但英國所表達的前提是，其他國家不得侵害英國或其盟友，否則這項承諾將不被遵守。過了 30 年之後，工黨政府雖然在「戰略國防總檢」中再次重申了該原則，當工黨在野時，布萊爾也曾尋求其他國家共同合作這個問題，但上任之後但卻迫於美國國防部與國際環境不確定的壓力下，導致布萊爾政府最後仍表示，未來若遭受到核生化攻擊，無論對象為何者，英國會不排除立即使用核武反擊，如此更表明了英國使用核武的最低門檻[58]。

探討這些議題充滿了許多複雜的要素，吾人也無法從政治宣言中定義出明確的答案或標準，因政策的宣示總是會受到時事的衝擊而有所改變。因此，許多事件可見印證英國採取「消極安全保證」的作為。英國曾在 1961 到 1975 年間於塞浦路斯部署過核彈；1963 年馬來西亞與印尼發生衝突戰爭時，英國政府也將「V 式轟炸機」派至新加坡巡防；1982 年福克蘭戰爭期間，英國皇家海軍也攜帶過核彈參戰，該作為皆為確保自身的安全[59]；1996 年「勝利號」潛艦同時攜帶多彈頭戰略與單彈頭戰術型的「三叉戟」飛彈，在波斯灣地區進行巡航，以嚇阻或監視當地的潛在威脅國家[60]；2001 年的 911 事件後，小布希政府積極地重視使用核武的可能，英國則因選擇與美國站在同一線，視布希政府的態度來作決定[61]。在 2003 年（事實上 1991 年波斯灣戰爭也是如此）出兵伊拉克的軍事行動中，縱然面對只有傳統武力的攻擊，英國政府也深怕伊拉克會使用生化武器報復，除了很謹慎地不肯做出不

---

58 Ibid, p.15-16.

59 鄭大誠，〈英國核武政策〉，《空軍學術雙月刊》，第 21 卷第 1 期，（國防大學：2006/1/1，龍潭），頁 31。

60 Bob Algridge, op. cit., p.4.

61 Rebecca Johnson, Nicola Butler, Stephen Pullinger, op. cit., p.17.

使用核子武器的承諾[62]，國防大臣胡恩（Geoff Hoon）更為此表示：「一旦英軍遭受生化武器的攻擊，英國便會發動核武反擊[63]。」很顯然的，在可預見的未來裡，英國仍會以較模糊的態度面對如此敏感的問題。

最後，目前英國也不斷地研究如何避免核武所造成的負面效應，因此出現了一種運用「三叉戟」飛彈的新觀點。「原子武器研究所」和英國政府皆曾提出將該飛彈的核彈頭改裝成傳統彈頭、以取代傳統「消極安全保證」使用核武的方法。這是一種較創新的思維，由於「三叉戟」具有精準打擊的優點，使用傳統彈頭打擊不但不會造成慘重傷亡，更可展現彈道飛彈的嚇阻能力，讓這種需要實戰經驗的武器得以有效發揮其作用[64]。不過這種方式存在了許多複雜與爭議性，要採用前勢必要以非常謹慎的態度來面對。

（三）對抗恐怖主義

關於核嚇阻適不適合針對恐怖主義使用的問題，很特別的是，英國雖然也深受恐怖主義之威脅，但是布萊爾卻曾經表示，英國並不考慮使用核子武器打擊恐怖份子。這種說法的理由在於，以邏輯性而言，對於這些激進恐怖組織，用核子武器嚇阻他們似乎並不恰當，因為這些組織通常選擇藏匿或分散在一些主權國家內部，如果這些國家也擁有大規模毀滅的報復能力時，那麼英國仍用核武打擊這些國家，

---

[62] James O'Connell, "Decision over the future of British Nuclear Weapons ", London: Seacourt Ltd., December 2006, p.10.

[63] WMD Awareness Programme, "Nuclear Weapons: Nuclear Policy", http://www.wmdawareness.org.uk/nuclear-weapons/view/nuclear-weapons-nuclear-policy (accessed Apr 20 2010)

[64] Douglas Holdstock (ed.), "Britain's New Nuclear Weapons: Illegal, Indiscriminate, and Catastrophic for Health", Medact: Challenge barrier to healths, p.3.

勢必也可能會遭受到報復，即使這些國家是西方口中所謂的流氓國家，但以合法性或道德觀來說也會面臨爭議。因此嚴格比較起來，傳統武力是較適當的回應方式。英國前任外交大臣顧問克拉克（David Clark）也提出相同的看法，認為過去核子武器是針對潛在侵略性國家為嚇阻對象，但是現在對這些流氓國家使用核嚇阻，恐怕無法達到一樣的效果[65]。不過，英國仍強調北約的核戰略之嚇阻作用，1999 年的北約發表的「戰略觀念」文件中，揚稱核武會針對潛在侵略者不理性之行為進行報復，象徵英國使用核武的決心仍不容小覷[66]。

若無法以核武來有效嚇阻恐怖活動，除了訴諸於傳統軍事途徑之外，致力於維護核不擴散機制或是設法事先獲取可靠情報與資訊等方式，會是比較符合安全利益的方法。如果能夠預先獲知恐怖行動的計畫並建立防範措施，必然會比事後處理來的更有效率，亦可以降低不必要的傷害[67]。2008 年官方發表的「英國國家安全戰略報告」（National Security Strategy of United Kingdom）也闡述了布朗政府會如何因應恐怖活動之威脅，除了聯合美國、歐洲或其他伊斯蘭教盟國建立合作關係外，還進而提出了四項重要的能力：

追查（Pursue）：追捕恐怖份子，並停止其恐怖活動；

保護（Protect）：強化並保護免於恐怖攻擊；

準備（Prepare）：降緩恐怖攻擊後之衝擊；

預防（Prevent）：防止更多的人加入恐怖組織或支持暴力攻擊行動。

---

65 Rebecca Johnson, Nicola Butler, Stephen Pullinger, op. cit., p.17.

66 Bruno Tertrais, “A Comparison Between US, UK and French Nuclear Policies and Doctrines”, op. cit., p.2.

67 Frank Barnaby, Nuclear Terrorism: The Risks and Realities in Britain, London: Oxford Research Group, 2003, p.9.

報告書當中的這四項反恐的應對方式都未提及要使用核子武器[68]。如此便可得到進一步的結論，英國所具備的最低嚇阻能量依舊是以國家為嚇阻對象，針對非國家行為者主動使用核武打擊的可行性並不高。

二、法國的「首先使用」核武

法國的核武使用方式並沒有像英國那般複雜，「首先使用」核武乃其重要的戰略方針。從冷戰至今，法國政府雖然延續了「以弱擊強」的戰略傳統，但也從未允諾不使用核武對抗較小核武國家的義務。1991 年波斯灣戰爭時，面對可能使用生化武器的伊拉克，密特朗以模糊的態度表示：「無論是核生化任何一種武器，使用它就是一種野蠻行為。」間接否定了法國使用核武對付伊拉克的可能，但先決條件是，伊拉克沒有侵犯到法國生存利益。外交部長杜馬（Ronald Dumas）則指出，法國和英美採取不同立場的緣故，乃在於對方不能侵犯到法國領土為條件，此觀點乃密特朗政府對於核嚇阻的使用政策[69]。

但至席哈克時期則有所轉變。席哈克曾表示，要擁有可靠、足夠且具有彈性的核嚇阻力量，目的是為了要繼續維持法國獨立和其大國的安全利益，在面臨重大威脅也能夠確保國家的安全，避免法國受到擁有大規模毀滅性武器的較弱小國家之威脅，也為保障歐洲和為北約組織作出安全上的貢獻，因而會堅守「首先使用」和對「反城市目標」之準則[70]。在現階段，多數法國人也認為國家有權力對潛在威脅對象

68 National Security Strategy of United Kingdom: Security in an independent world, Cm7291, Chapter Four: The United Kingdom's Response, March 2008, p.25-26.

69 Bruno Tertrais, "The French Nuclear Deterrence After The Cold War", op. cit., p.39.

70 Bruno Tertrais, "Nuclear Policy: France stands alone", op. cit., p.50.

使用核武[71]。薩克奇上任之後，法國不僅堅守擁有核武的立場。更宣示，在恐怖主義盛行與不穩定環境所形成的挑戰下，強調核子武器在現階段國際社會中的作用，該政府不忌諱地表示，使用核子武器對抗恐怖組織或是流氓國家是必要之舉，同時也再次否定承諾「不首先使用」的核武原則，尤其現階段的安全觀當中，薩克奇較重視使用核武率先對抗如伊朗等有潛在威脅的國家、或是其他非國家行為者，其動機都是為了要先保障法國自身的安全[72]。

---

71 Avery Goldstein, op. cit., p.231.

72 Henning Riecke, op. cit., p.17.

第七章　其他議題的差異

論述英國與法國核武戰略時，基本上除了軟硬體的發展外，有許多相關議題也值得深入研究，本章便作為獨立探討其他議題之用。其中包括第一節：英法核武技術的合作歷程，以補充形式描述其狀況；第二節：關於裁軍、廢核與防擴散議題上，兩國所發表的觀點與內部的意見；第三節：反彈道飛彈系統對核武戰略的影響；最後第四節：探討目前歐巴馬政府所宣示的無核目標，及其他國家採取的看法和或觀點。

第一節　英法的核武技術合作

儘管英國與法國的技術合作的議題並非本書之探討重點，但在許多文獻當中皆有描述此二西方中等核武國家進行核武技術分享或是政治合作的過程。因此，本章節以補充說明之形式來研究雙方往來的過程與未來。

在論述雙方的發展過程前，本段落先介紹兩國的負責發展核武的重要機構，各別為英國「的原子武器研究所」（AWE）及法國的「原子能委員會」（CEA），接續再研究其合作之動機與沿革。

一、原子武器研究所

1944 年開始，英國的核燃料是與美國共同製造的；1963 年以前，其濃縮鈾也是從美國所購得，只有鈽元素是可以由英國自行生產，但這項技術也是等到 1951 才開始正式運作[1]。自從「原子武器研究所」於 1973 年由國防部「行政採購局」（Executive Procurement）組織成立後，便成為英國具備獨立核發展的重要機構，並有自行生產核燃料的能力。其負責之領域除了設計、製造、組裝和維護英國核子武器的全盤作業之外，也包括核彈拆解與銷毀之工程，整個作業程序及各部會皆由英國政府全權管理。執行作業設施分屬於英國巴克夏郡（Berkshire）的兩個地點：奧德馬斯頓（Aldermaston）和巴勒菲爾德（Burghfield）。該兩處是英國最重要的核武生產中心。其運作是由國防部的國防大臣（Secretary of State for Defence）所管轄。自 1964 年開始，最高首長皆從國會議員或首相內閣當中挑選並委派，身分也都以文人為主。此外，國防部體系中也有文人出任的軍械後勤次長（Minister of State for Defence Equipment and Support, DE&S），負責直接監督「原子武器研究所」的作業情形[2]。

近年來，「原子武器研究」所位於奧德瑪斯頓的「數理部門」（Mathematic Physic Department）致力於發展不必核試爆便可進行測試核彈爆炸威力的技術，若成功之後，英國便可以在不違反「全面禁止核試爆條約」的前提下，繼續擁有核武生產的能力[3]。

二、原子能委員會

「原子能委員會」於 1945 年 10 月 18 日由戴高樂所成立。在本書第五章第一節已有論述，成立該機構最初是同時從事民用與軍用兩

---

1 Bruce D. Larkin, op. cit., p.210.

2 Derek Mix, “United Kingdom”, Nuclear Weapons R&D Organization in Nine Nations, Congressional Research Service, March 16 2009, p.8-9.

3 Bruce D. Larkin, op. cit., p211.

種核能研究。直到 1954 年 10 月 26 日，孟戴斯－弗朗斯總理下令開始生產核彈後，才使該機構之研究重點轉型為核武開發。相對於英國核彈製造過程採用分散處理的方式，「原子能委員會」包辦了核分裂和核融合所需的氚、氘和鋰等元素燃料之生產，突顯了法國採用集中運作的特性[4]。

法國的核武研究與發展是由國防部負責監督，其授權給「原子能委員會」生產和製造。核子研究的項目相當多元，包括能源、資訊、健康及最重要的國防科技，更不同於英國的是，在行政與財政領域上，「原子能委員會」是屬於獨立作業的單位，不受制於任何政府部門的管轄。其最高首長由政府委派，負責指揮與管理該機構之運作。核武研發作業由該機構中的「軍事事務部門」（Direction des applications militaries, DAM）所負責。核武研發的程序必須先得到國防部充分授權後、「原子能委員會」進行設計、最後才再交由該部會開始研製核彈。而整套執行過程是由機構內的「聯合軍種委員會」（Comité Mixte Armées）負責監督其執行程序，除了技術審查外，財政調動或支出也受其控管[5]。

三、核技術合作之動機

英法兩國的核武合作關係自冷戰時期便已開始進行。其主要動機可歸納為幾點：首先，起初雙方展開合作的動機都是為了避免過度依賴美國的核保護傘。雙方對美國的不信任皆有相同的感受[6]；其

---

4 Ibid, p.221-222.

5 Jonathan Medalia, “France”, Nuclear Weapons R&D Organization in Nine Nations , Congressional Research Service, March 16 2009, p.3-4.

6 Nicholas K.J. Witney, op. cit., p.86.

次，兩國的核嚇阻主力也是以空基與海基為基礎，因財政限縮導致雙方發展出中等核武庫的規模，與美蘇之間有明顯的差距，因此，在經濟與兵力結構上已有許多相似之處[7]；第三，英法於冷戰時期的政治思維也視蘇聯為最大的安全威脅，雖然法國官方未曾公開宣示蘇聯為主要的軍事假想敵，但事實上依然是以西方的觀點為主，並與英美採取同樣的政治立場；最後，儘管英法兩國皆為傳統的歐洲強權，但是受到二次大戰的摧殘後，經濟衰退與資源匱乏等問題已造成國防力量無法如同過去一般再度取得絕對的優勢，需要彼此合作以降低發展成本[8]。藉由較高的戰略相容性與歐洲地緣政治版圖之接壤等許多共通點，雙方便以相同的目標而達成共識，並合作展開核武現代化。

四、雙邊合作之歷史與過程

由於自身科技、資源和政治上的缺乏，也基於國情因素具有不少的共通性，而得以開啟英法雙方技術上之合作。在初期各自發展核武的過程中，英國占有較明顯的領先優勢。直到 1962 年英國人認同法國也是一個核武強權後，才逐漸接受法國合作的要求[9]。若以時間來區分，雙方核武合作的過程中可分為三個階段：

---

[7] Olivier Debouzy, “A European Vocation for The French Nuclear Deterrence?”, Western European Nuclear Forces: a British, a French ,and an American View, Washington D.C.: RAND, 1995, p.57.

[8] Panayiotis Ifestos, op. cit., pp.311-314.

[9] Yves Boyer, “Franco-British nuclear co-operation: the legacy of history finally overcome?”, Franco-British defence co-operation: A new entente cordiale?, London: Routledge, 1989, p.18

（一）1946-1961 年：各行其道

1946 年，身為「原子能委員會」最高執行長的居里前往英國，負責代表官方向英方探討，進一步延續雙方在 1940 至 1945 年大戰期間的技術合作，但結果卻是英國「原子武器研究所」婉拒的態度。主要的原因為，美國已經和英國達成協議，不能將「曼哈頓計劃」中的研究成果透露給其他國家。1954 年，法國也再度尋求英國一同實驗與建造氣態核能發電設施，但最後之結果也因面臨相同的困境而宣告破局。

美國政府雖然以「麥克馬洪法案」否決了起初多邊分享核技術之約定，但爾後也發現，在冷戰時期圍堵蘇聯擴張的任務中不能沒有英國的參與。1948 年爆發柏林危機時，美國需要英國提供戰略轟炸機用的前進基地；而 1952 年邱吉爾也願意讓美國在英國境內部署陸基彈道飛彈，以縮短其打擊蘇聯的投射距離，交換條件是英美於防務歐洲的問題上必須共同作決定。同年英國的「全球戰略報告」中，也表示同意艾森豪政府所提倡的「新樣貌」政策，象徵英美在「大規模報復」戰略上達成共識[10]。英國所奉行的核政策是以北約的態勢為基準，對於無論是思想或系統上，和法國自行發展的特徵更顯得格格不入。諸如許多事件皆印證英美的「特殊關係」較為密切，但對於英法合作之願景而言則是相對不利的[11]。

---

[10] Ibid, p.18-19.

[11] Olivier Debouzy, op. cit., p.57.

（二）1962-1990年：前仆後繼

1962 年之後，法國也已具備成熟的核打擊能力，雙邊合作的積極態度反而由英國來開始表示。兩位麥克米朗首相的內閣人員：國防大臣霍尼戈夫（Peter Thorneycroft）和民航部長艾墨里（Julian Amery）以私人名義代表官方前往法國，共商兩國的「核武共議」（nuclear understanding），希望重啟技術面的合作。然而，該年英美已簽定拿騷協議，並由美國提供英國所需的核武能力，導致當時兩者在國內下議院只是能形成少數的意見，無法影響整體局面的變動[12]。之前多次遭受英國冷漠以對的法國，也逐漸掀起了反彈的態度，反美情緒鮮明的戴高樂總統向麥克米朗表示，若要再次進行合作，條件便是英國便不能主導雙方的發展。此外，受到拿騷協議簽訂的影響。1963 年 1 月，法國也不客氣地否決了英國政府提出加入「歐洲共同市場」（Common Market）的申請案，此時英法欲進行的合作的可能逐漸走向了不樂觀的未來[13]。

由於「北極星」系統軍購案所構成的英美「特殊關係」之建立，法國直到 1980 年季斯卡總統時才再度擁有和英國協商共組歐洲核嚇阻力量的機會。但儘管柴契爾政府也釋出善意，卻因受制於雙方皆已有自行更新戰略核武裝備的計畫而受阻。且論技術層面，柴契爾政府選購的美製「三叉戟 D-5」飛彈也比法國自製的 M-4 型與 M-5 型有更佳的精準度，自然能對英國構成較大的吸引力。因此，英法至多僅

[12] Wilfrid L. Khol, "The French Nuclear Deterrence", Proceedings of the Academy of Political Science, Vol. 29, No. 2, The "Atlantic Community" Reappraised (Nov., 1968), p.90.

[13] Wilfrid L. Khol, "French Nuclear Diplomacy", op. cit., p.328-329.

能在戰術核武裝備上進行部分系統性的統合。1987 年初，英國就曾考慮讓空軍的「龍捲風」戰機使用法製 ASMP 中程空對地飛彈。然而英國軍方評估後卻認為，該系統並不適用於英國之戰略需求。更重要的是，英國比較了從倚靠美國轉為使用法製武器之差異後，發現本質上並沒有真正提升國防自主性，英國政府向來以「第二決策中心論」自居，目的也是為了要確保核武獨立使用的能力，因此英國最後仍考慮不採用該方案[14]。

導致雙方關係不斷面臨阻礙的最主要原因，乃英美自二戰以來建立的密切外交與國防關係，英國自知沒有核武便無法再維持傳統的大國地位，和美國進行建立良好的夥伴關係，可謂快速獲得國防保障和核武技術之捷徑[15]。事實上，自從艾德里首相致力於發展核武時，便是英國的核發展逐漸向美國的自由世界靠攏之開端。但對法國而言，美國進行核壟斷的霸權態度、核保護傘的可信度不佳和戴高樂強調的歐洲自主性都和英美關係發生衝突，最後成為英法無法在合作領域上達成全盤共識之故[16]。

（三）1991 年至今：舊橋不斷

1991 年「馬斯垂克條約」簽定後，密特朗與梅杰政府正式為核武部隊一體化之進程展開對話，該議會稱為「核武準則與政策聯合委員會」(Joint Commission on Nuclear Doctrine and Policy)，目的是探討將兩國的核武部隊結合為單一的歐共體核嚇阻力量之可能性，該議題

---

[14] Yves Boyer, op. cit., p.20-21.

[15] Peter Nailor, “The difficulties of nuclear co-operation”, Franco-British defence co-operation: A new entente cordiale? , London: Routledge, 1989, p.29.

[16] Yves Boyer, op. cit., p.19.

也是「歐洲共同外交暨安全政策」重要之一環。歐洲在後冷戰時期開始加速邁向高度整合的步調。但英國對核武控制權的態度則是較為保守的。英國官方宣稱，這次會議會以「試探性和非正式」（exploratory and infomal）的方法來檢視其可行性；法國則釋出相對開放的態度，並建議應該共擬一套符合歐洲安全環境所需要的核武政策，且為了建立高度互信機制，英法雙方曾在會議中研擬共同開發下一代戰略潛艦計畫之可能性[17]。

1993 年 7 月和 1994 年 11 月，雙方高層再度與會，主要是為了深入探討合作的項目，其中包括組織小規模的「歐洲航空團」（Euro Air Group），指揮雙方的空基核打擊武力；以及歐洲自組導引核彈的衛星導航系統等。尤其後者對長期依靠美國衛星系統提供核武資訊和精準打擊的英國影響最深。儘管英國期盼與法國合作得以降低對美國的依賴，這對政府財政之前景也有長遠的助益，但是否能真正讓英國在脫離美國協助後，仍可獲得足夠的核力量，顯然需要更進一步的努力[18]。1995 年 10 月，英法兩國首腦於倫敦發表了「核子合作聯合宣言」（Joint Statement on Nuclear Co-operation），內容宣示將深化彼此之間的合作關係，目標是在各自保有獨立性之前提下，共同強化核嚇阻力量，另外也對外聲明，對其中一方所造成之威脅也就是對另一方利益的威脅。此外，英國政府也允許法國科學家前往「原子武器研究所」進行實驗與考察，象徵歐洲聯合防務跨出了重要之一步[19]。

---

[17] Bruce D. Larkin, op. cit., pp.173-175.

[18] Robert H. Paterson, "Britain's Strategic Nuclear Deterrence: From before the V-Bomber to beyond Trident", London: Frank Cass & Co. Ltd, 1997, p.148.

[19] BASIC Research Report, "Nuclear Futures: Western European Options for Nuclear Risk Reduction: Chapter 4: Nuclear Co-operation", http://www.basicint.org/pubs/Research/1998nuclearfutures5.htm (accessed Apr 14 2010)

即使到了近期，法國向英國尋求合作並沒有因一再的挫折而放棄，而是依舊維持著相當積極的精神。2008 年與 2010 年 3 月，薩克奇總統兩次訪問倫敦期間皆向首相布朗提出夠消除不必要的資源浪費、降低雙方在核戰備巡邏上的投資等好處，希望能夠將兩國的「凱旋級」與「先鋒級」潛艦之巡邏任務合為一體，藉此謀求共同利益。英方慎重地思考這項問題，除了重申使用核武的獨立性外，更在意核武高度機密可能外漏的問題，布朗政府而保留了態度[20]。2010 年 11 月，雙方簽署了一連串協議，內容包括地面快速反應部隊的組建，航母、核武器等高科技裝備的技術交流或分享，不過保守派的英國國防大臣福克斯（Liam Fox）則補充，核武器的部分英國會重思考慮它的可行性。有此可知，雙邊除了必須面對無法突破的科技障礙外，政治問題更是舉步維艱，英國有自身的利益考量，未必凡事都能和法國志同道合，更無法排除美國的介入[21]；對一系列對話展現出高度期待的法國而言，在探討未來由誰主導核武控制權的問題時，雙方也難以達成有效共識。自信心高的法國人理當樂見自己主導歐洲核武的控管力量，但由於北約的核力量仍為歐洲嚇阻之主要屏障，以致美國也不會坐視「英法核保護傘」的出現，這也意味著英法核嚇阻力量統合之路仍需要長遠的努力[22]。

---

[20] Julian Borger and Richard Norton-Taylor, “France offers to join forces with UK's nuclear submarine fleet”, “France offers to join forces with UK's nuclear submarine fleet”, http://www.guardian.co.uk/world/2010/mar/19/france-britain-shared-nuclear-deterrent (accessed Apr 14 2010)

[21] Staff Writers, “Britain, France talk about nuke projects”, Energy Daily, http://www.nuclearpowerdaily.com/reports/Britain_France_talk_about_nuke_projects_999.html (accessed Apr 28 2011)

[22] Nicolas Witney, “The British Nuclear Deterrence – A European Vocation?”, Western European Nuclear Forces: a British, a French ,and an American View, Washington D.C.: RAND, 1995, p.18-19.

五、檢討

雙方在合作問題上除了有正面的成果外，也面臨許多負面且尚待日後發展來解決的問題。由上述的經過可將雙方的衝突或癥結歸納為三點：(1) 核武指揮和控制上的主導權；(2) 核武機密共享的問題及 (3) 英美的成熟關係不利於法國所強調歐洲自主機制的建立。若要達成一體化共識，勢必需要克服這些長期以來不斷面臨的困擾。然而，儘管受到許多挑戰與掣肘，英法核武合作最大的成果並非只侷限於技術層面。經由長期的經驗累積和協調，在政治領域上所能形成之共識和互信，乃這段發展過程中最重要的成效，顯示兩國在國防發展的議題上仍有許多彈性發展之空間。實際上，英法之間的特殊關係經常會因彼此的變動而構成相互影響的作用。例如未來英國政府決定將選用什麼方式取代「先鋒級」潛艦和「三叉戟」飛彈也會牽動法國的核發展之走向，足以顯示此二傳統歐洲國家於多領域發展所展現的戰略文化[23]。

第二節　裁軍、廢核與防擴散

本節針對兩國面對該三項議題時所採取的方法，分類為第一部分的英國之觀點與第二部分的法國之觀點，以兩國對於該議題的態度分別研究，並以示比較。

---

[23] David S. Yost, "France's Evolving Nuclear Strategy", Survival vol. 47 no.3, Autumn 2005, p.137.

一、英國之觀點

對於核武之存廢，英國內部存在著複雜的意見，本段落先論述正反兩面的情況與觀點，再探討現行英國政府配合限武與防擴散機制之情況。

（一）支持核武的看法

英國在冷戰前後對於持有核武的議題有明顯的差異。在軍事衝突程度較高張的冷戰時期，英國始終保持著獨立擁有核武的態度。1968 年美蘇簽訂的「禁止核擴散條約」是英國當時所面臨到的一項重要議題，儘管英國批准了該條約，但如果要全盤接受去核化的要求，那麼當時所具備的有限核嚇阻能力也幾乎因規範約束而消失，這是長期以來英國未能完全接受該條約限制的主要原因。英國最不願面對的狀況是，其他具備核武的國家仍然擁有或潛在威脅國家獲得核武，而英國卻要單方面放棄自己的核武。相對的，只要能夠延續一定程度的核武能量，就表示能保有武力上的優勢[24]。而除了提供自我防衛的力量之外，英國另外還解釋保有核武的目的，是為了要提供美國遭受核打擊之後、可發動第二擊報復來協助美國，更可保衛歐洲免於受到傳統攻擊[25]。

到了冷戰結束之後，在美國的指導之下，理論上英國應該配合長期以來英美合作關係，與美國一樣有裁軍的共識，但以兩個國家的核規模作比較，英國核武庫實在是相距甚遠，美國可以承受核武庫被裁減的事實，但英國仍要維持最低嚇阻所需要核武能量，如果要以美國

---

[24] Jeremy Stocker, “The United Kingdom and Nuclear Deterrence”, London: Routledge, 2007, p.63.

[25] Nicolas K. J. Witney, op. cit., p.24.

的標準來作裁軍的話，等於讓英國喪失了核武力量，如此讓英國自然不可能全盤接受美俄雙方所達成的裁軍協議。要一個已經擁有核武的國家全面放棄核武是很困難的一件事。在英國內部，雖然工黨與保守黨對於持有核武的問題都有各自不同的主張，但是無論是哪個政黨上台，都不曾同意完全放棄核武。尤其在國際無政府狀態的情勢下，縱使 1990 年後沒有了蘇聯的威脅、國際衝突模式轉變成區域性戰爭居多、核子大戰的可能性大幅降低。但處於一個充斥許多不穩定因素的新環境中，導致英國政府仍不願意輕易接受全面放棄核嚇阻武力之要求。冷戰過後，英國、法國與中國皆以條件的方式同意加入美俄所制訂的限武機制。但這加入項協議之前提是，這些中等核武國家還要繼續保留部分的核武，以維持一定程度的嚇阻戰力[26]。

維持一定的核力量有也就表示能夠獲得足夠的政治份量。根據 2007 年統計，仍有約 58%之社會民調表態繼續支持核武[27]。英國皇家海軍前任海軍大臣利戈上將（Adm. Raymond Rygo）曾表示：「擁有核嚇阻能力，就表示在進行傳統低強度的軍事作戰時，我們在政治行動上能有足夠的自由度。」這種觀點可謂英國延續核力量的最終理由，不僅是面對傳統核武大國，其他中小型核武國家或是非國家行者都會是英國繼續保留核嚇阻力量之原因[28]。核子武器在英國人的思維裡已經從軍事力量的層次移轉為政治戰略的層面，冷戰時代所強調的維護生存利益或是提升國防力量之目的，也衍生成為現在一種政治性質的工具[29]，顯然要讓現階段的英國徹底放棄核武似乎是一件相當困難的事。

---

[26] Ibid., p.107-108.

[27] Hans Born, op. cit., p.8-9.

[28] Rebecca Johnson, Nicola Butler, Stephen Pullinger, “Worse than Irrelevant: British Nuclear Weapons in the 21st Century”, London: Acronym Institute for Disarmament Policy, 2006, p.15.

[29] Avery Goldstein, op. cit., p.226.

（二）廢止核武的意見

有關裁軍或甚至是廢止核武之議題在英國內部長期以來都是富有相當爭議性的話題，無論是政府內部、黨派主張、社會團體或甚至軍方的立場都有不同的意見。

單以持有核武正反兩面的議題來說。國內各黨派與利益團體也都持不一樣的看法。傳統上保守黨是採取正面的想法，該黨多年以來都支持維持獨立核嚇阻並主張發展下一代武力[30]，且對國防事務有較積極的思維，未來還計畫以刪減文職人員額度的方式來平衡的國防預算，作為 2010 年國會選舉政見[31]；相對的，工黨是以比較鮮明態度來反對核武，不過，受到眾多因素之影響，該黨上任多年以來也未曾作出徹底廢核的決定；其他像是社會民主與自由黨聯盟（Liberals-Democrats）等小黨派則是採取較模糊的立場[32]。

除了政黨之外，國內最具影響力的團體為「核武裁減行動組織」。早在 1980 年代探討替代「北極星」飛彈的替代方案時，該團體便已經在國內掀起一波反核武運動的熱潮。該組織表達了多項主張，其中包括反對以「三叉戟」系統取代「北極星」飛彈、撤銷英國所有的巡弋飛彈、英國領土與領海去核化、不讓英國基地放置任何核子武器，以及降低國防預算等要求。該組織事實上也承認，英國單方面放棄核武無法促使美蘇也跟隨其理想。但英國不需要核武的理由是，一方面英國可以在其他領域上作努力，以軟權力的方式也能讓英國成為一個

[30] Walter C. Ladwig, “The Future of British Nuclear Deterrence: A assessment of Decision Factors”, USA: Center for Contemporary Conflict, January 2007, p.11.

[31] Andrew Chuter, “U.K. Conservatives Target Civilian cuts at MoD ”, DefenseNews, http://www.defensenews.com/story.php?i=4315467 (accessed Mar 3 2010)

[32] Walter C. Ladwig, op. cit., p.10-11.

大國、並聯合其他無核國家並發揮其影響力。要成為一個大國其實根本沒有必要萬事都訴諸於核武；另一方面，維護核武所花費的經費如果能投資在醫療保健、養老津貼、教育發展、公共建設或其他社會事務上將可以解決許多民生問題，核武的存在在該組織眼裡從冷戰至今始終都是既多餘又浪費國家資源的物質[33]。

由於英國海軍的核潛艦是以蘇格蘭的法斯蘭基地為母港，過去曾遭到蘇格蘭民族主義組織或是反核武團體抗議，抗議理由包括了要求政治獨立、維護安全或財政問題等，當地政府或組織不斷對中央施壓，要求必須將核武撤離該地區[34]。據統計，蘇格蘭地區就有高達 70%的民眾反對核武。而最近一次選舉中，左派的蘇格蘭國民黨(Scottish National Party, SNP)也投出了 52%的核武反對率，使得該問題仍不斷困擾著英國官方[35]。

此外，不僅政治領域上戰略潛艦與核武有諸多反對聲浪，就連皇家海軍對於新型戰略核潛艦的發展也缺乏興致，尤其這項政策已經占用到未來海軍最關心的航空母艦之預算。海軍所期待的下一代新航艦「伊麗莎白女皇級」（Queen Elizabeth）是 65000 噸級的大型航母，未來將搭載美製的 F-35「閃電 II 式」（Lighting II）聯合打擊戰機（Joint Strike Fight, JSF），為英國海軍添增全球投射的能力。比起長期以來只有備而不用的核武與戰略潛艦來說，航母事實上更受到軍方的青睞，但受到官方政策與政治人物主張之影響，海軍依舊得承擔未來數十年內戰略嚇阻的責任[36]。

---

33 John Baylis, "Britain and the Bomb", Nuclear War and Nuclear Peace, London: The Macmillan Press Ltd., 1985, p.137.

34 Rebecca Johnson, Nicola Butler, Stephen Pullinger, op. cit., p.31.

35 Patrick M. Cronin and Audrey Kurth Cronin,"Challenging Deterrence: Strategic Stability in the 21st Century", A Special Joint Report of International Institute for Strategic Studies and Oxford Unversity Changing Character of War Prgramme, February 2007, p.13.

36 Walter C. Ladwig, op. cit., p.5-6.

（三）全力配合限武與防擴散

既然無法作出完全放棄核武的決定，選擇遵守 1968 年「禁止核武擴散條約」和 1996 年各國簽署同意的「全面禁止核試爆條約」另外提供了英國一項折衷的辦法，英國也在美蘇（俄）簽定的同時批准了這些條約[37]。加入該兩項機制的規範，乍看之下會有導致英國核力量遭削弱的可能，但事實上有幾點正面的幫助。首先，蘇聯的威脅消失以後，英國本身也沒有繼續維持大規模核武的必要，不用全數裁撤，只需要留下小規模的核武庫，便可以滿足英國的核嚇阻要求[38]；其次，禁止核武試爆乃全球性的共識，其他核武國家都願意遵守該條約，英國身為常任理事國之一，理當配合該項機制的規範，始能受到其他國家的尊重[39]。面度眾多來自各造所釋出的壓力，歷屆的英國政府雖然未能單方面作出放棄核武的決定，但提高對多邊核裁軍的重視度，顯然是一種比較符合國家利益的選擇，這對政府形象與經濟發展都有正面的助益。更重要的是，有關於伊朗或北韓獲取核技術的國際問題也是眾人矚目之焦點，尤其美國對此議題也極為關切，讓英國也希望為這方面的糾紛作出貢獻。因此，表達強烈反對伊朗與北韓等其他國家輕易獲得核技術或原料之立場也是必然之舉[40]。

2009 年美俄雙方戰略武器裁減條約到期後，美國歐巴馬（Barack Obama）政府於 2010 年 4 月 30 日到 5 月 11 日期間，在聯合國所舉

---

[37] Bruce D. Larkin, Nuclear Design: Great Britain, France, & China in the Global Governance of Nuclear Age, New Jersey: Transaction Publishers, 1996, p.97.

[38] Ibid., p.195.

[39] Nicolas K. J. Witney, op. cit., p.99.

[40] National Security Strategy of United Kingdom: Security in an independent world, Cm7291, Chapter Three: Security Chllengers, March 2008, p.11-12.

行的「禁止核武擴散條約審查會議」（NPT Review Conference）中，探討新階段的核裁軍議題，屆時核武裁減與防擴散議題將再度被國際所重視，身為重要核武國家又重視核不擴散建制的英國政府理當不會忽視，未來新政府會走向何種態勢，吾人拭目以待。

二、法國之觀點

由於法國時以利益優先的姿態，因而在限武及防擴散之歷史沿革中，經常採取不同的動作，第一部分將描述過去與現在法國對於該機制的態度；第二部分則研究法國對於核武存廢的看法。

（一）盡力配合限武與防擴散

所謂盡力配合，乃由於冷戰前後法國的態度和思維不一所致。

1.冷戰時期的否定態度

對於法國而言，關於核武裁減議題的討論總是充滿了眾多爭議。法國在 1992 年成為「禁止核擴散條約」的締約國，該條約早在 1968 年便已經由美國、蘇聯與英國等國家所承認。當時通過後也曾邀請法國一同加入，但法國不僅未同意，也不願出席日內瓦「八國裁軍會議」（Eight Nations Disarmament Conference）。導致法國到冷戰後才加入的原因，主要為法國在冷戰時期始終認為該條約不夠符合國家利益，並表示法國的核武是用於防衛，只有在受到其他國家威脅的時候，法國才會主動使用核武，因此法國不需要為任何國家做這樣的承諾[41]。

[41] Bruce D. Larkin, op. cit., p.15.

但是到了後冷戰時期與蘇聯解體之後，法國卻發現核不擴散機制有助於國家安全的保障，由於部分國家或團體會利用國際體系改變後所產生管理鬆散的缺失出現，將核零件、原料或技術流入具有潛在威脅的對象，除了要防範這種情勢可能對法國造成的損害，也可以解決長期來法國受到的外交壓力與或輿論抨擊等負面問題。考慮這些因素之後，法國因而同意配合該建制的規範[42]。

除了討論核不擴散之外，另外應論述之重點是自冷戰時期以來，長時間面對裁武裁軍的議題時，法國也經常採取較保守立場或難妥協之態度。1969 年美蘇進行「第一階段戰略武器限制談判」（SALT I）時，龐畢度政府便已經宣示，法國核武庫不受到美蘇雙邊達成的條約之約束；1971 年法國外交部長舒曼（Maurice Schumann）針對這條由美蘇所簽署的裁核條約發表了法國的立場。首先，法國認為這場會議是美蘇為了避免雙方龐大的核武庫繼續增長，而訂定該條約來限制彼此的核武發展，但法國沒有相同的標準，因此不能受其他國家擺佈；其次，舒曼也再度重申法國維持核武的目的，是為了要維護國家的生存利益，以及國防的獨立性。

同時期的國防部長戴伯爾也不樂見美國將駐歐的戰略核武數量減少，並認為這項條約會造成歐洲面臨更危險的安全問題；「第二階段的戰略武器限制談判」（SALT II）於 1972 至 1979 年間召開，蘇聯表示希望法國考慮接受核裁軍的協議。季斯卡卻認為英國或法國都沒有必要遵守這項規範，限制核武庫的雙邊協議不應該將歐洲核武國家納入，因而拒絕加入談判。除此之外，密特朗時期的法國國防部長艾爾尼曾於 1982 年表示，美國作出限制核武的動作是一種讓步的行為，更象徵美國國力的退步，這會導致歐洲核保護傘失效的可能性增

---

42 Benoit Morel, "French Nuclear Weapons and the New World Order ", Strategic Views from the Second Tiers, New Jersey: Rutgers University, 1995, p.113-114.

加。總而言之，從過去之經驗顯示，法國對於裁減或限制核武始終抱持著負面的觀點[43]。

2.後冷戰時期開始配合

進入後冷戰時期後，法國必須要面對國際社會對於裁減核武形成共識的壓力。1991 年 7 月 31 日，美國老布希總統與俄國總統葉爾欽（Boris Yeltsin）進行了「第一階段削減戰略武器條約」（START I）談判；1993 年 1 月 3 日，雙方又再度簽署了「第二階段削減戰略武器條約」（START II），美俄承諾將兩階段談判時間內，兩方的核武庫必須各自裁減 70%。法國和中國兩個中等核武國家因整體環境的變革，也逐漸轉向配合裁減核武的機制，個別同意會依照條約的指示，在 2000 年以前，將核武的數量裁減至俄羅斯標準的三分之一[44]。席哈克就任後，法國也終於願意跟進國際共識，批准了「全面禁止核試爆條約」，正式為控管核武擴散以及停止核試爆負責[45]。

法國目前擁有 348 枚核彈頭。2008 年 3 月薩克奇已宣布法國將其核武庫裁減至 300 枚之內，其中三分之一的空載型核彈頭會被率先被裁減[46]。在國防白皮書當中更作出了未來法國核武庫裁減的計畫，主要是重申薩克奇於「恐怖號」下水典禮時所發表的八點計畫，最後在白皮書中綜合為以下幾點目標：

---

[43] David S. Yost, “France’s Deterrent Posture and Security in Europe Part II: Capabilities and Doctrine”, op. cit, p.50-51.

[44] Bruce D. Larkin, op. cit., p.134.,p.8-9.

[45] Declan Butler, “France seeks to clean up nuclear image”, Nature 380, no. 6569, 7 March 1996, p.8.

[46] Henning Riecke, “Nuclear Disarmament and the 2010 NPT Review Conference: The Position of Major European Players”, European Foreign and Security Policy Programme, Ap: 2008nr4/11, p.3.

(1) 全面通過「禁止核試爆條約」，同時也積極協助如美國與中國未完全簽署的國家同意該項協議。

(2) 向國際社會公開拆除法國在莫魯洛亞環礁以及其他地區尚未移除的核試爆設施之作業。

(3) 迅速展開「核分裂物質減量條約」（Fissile Materials Cut-off Treaty, FMCT）之談判。

(4) 法國迅速終止生產核分裂原料。

(5) 讓核武五強國家公開承諾遵守「禁止核武擴散條約」。

(6) 迅速展開地對地飛彈中止談判。

(7) 促使各國加入「海牙國際反彈道飛彈擴散準則」（Hague Code of Conduct against Ballistic Missile Proliferation）、並遵守該規範[47]。

薩克奇的裁軍決定主要也是受到降低核武經費之影響，在維持核武力量與節省國家財政開支中所做的折衷辦法[48]。但國內也面臨部分反對的意見，不同於英國的左派政黨，法國社會黨是最大的反對力量，該政黨除了不同意薩克奇重返北約的決策之外，也認為核裁軍會導致國防獨立的優勢減弱。但配合限武和防擴散已經成為目前法國核政策的重點之一，短期內也難以受到改變。

（二）堅決不放棄核武

冷戰時期法國國內有大部分的共識要繼續維持龐大的核力量，但該思維於後冷戰時期開始轉變，尤其傳統戰爭的可能性大過於核戰

---

47 The French White Paper on Defence and National Security, Paris: Odile Jacob/La Documentation Française, June 2008, p.11.

48 Henning Riecke, op. cit., p.3.

時，社會內部也出現不同的聲浪。反對核武的意見主要來自於右派支持者，然而在此領域的群眾或團體於國內仍占少數；相對的，支持核武繼續現代化的，通常集中於左派團體或政黨，並占有意見之多數[49]。右派的主要兩大黨為薩克奇所屬的人民運動聯盟（Union pour un Mouvement PopulaireM, UMP）與目前在野法國民主同盟（Union pour la démocratie française, UDF）。兩者雖然都強調核獨立，但前者重視國際合作；後者則堅持要以歐洲國家為合作對象[50]。社會黨則通常和前兩者形成鮮明的對立。

法國曾經作過一份關於民眾對於核武觀感之調查。有 58%的人認為，該國國防安全不能沒有核武。但當中的 49%卻也承認，核武在現代的國際環境中是無用的（useless），因為一旦使用，只會造成互相滅亡的結果，即使民調中呈現了矛盾之現象，但可知大多數法國人仍認為核武的存在是必要的[51]。而反對的意見包括了法國太過依賴核武的看法。著名經濟評論員巴維列（Nicolas Baverez）便曾表示：「核武準則是法國現代版的馬其諾防線。」批評現代法國人依賴核武的態度如同二戰前的舊式戰略思維，將馬其諾防線視為一道堅不可摧的國防屏障，卻無法想像法國人充滿自信與滿足的力量會在瞬間崩潰，這種故步自封的思維可能只會導致法國再度陷入潛在的危險當中。因此，當前法國必須審慎思考核嚇阻該作出何種變化，將舊式的認知作彈性的修正[52]。除此之外，就如同英國反核武團體所發表之主張，法國內部也有分析家認為，核武的開發是阻礙經濟發展的主因之一，尤其指

---

49 Bruce D. Larkin, op. cit., pp.229-231.

50 Bruno Tertrais, “The Last to Disarm? The Future of France’s Nuclear Weapons”, op. cit., p.263.

51 David S. Yost, “France’s Evolving Nuclear Strategy”, Survival vol. 47 no.3, Autumn 2005, p.137.

52 Bruno Tertrais, “The Last to Disarm? The Future of France’s Nuclear Weapons”, op. cit., p.264.

出，「2003-2000 年軍事程序法案」內容所提出的遠程計畫與核武現代化勢必會造成未來財政分配上的困擾[53]。

然而，反對核武的意見通常只能在國內占少數，2008 年國防白皮書曾表示：要維持「絕對足夠之標準」（Principle of Strict Sufficiency），此觀點就如同英國的「最低嚇阻戰略」[54]。法國檯面上的主要政黨當中，沒有任何黨派曾主張過法國應該要全面廢核[55]，儘管也有存在反對核武的意見，但卻不像英國社會一樣造成政府極大的壓力。最大的原因乃上至政府、下至民眾，大多不反對維持擁有核武之現狀。國內達 60-70%的民眾對於擁有核武抱持正面之觀感，咸認戴高樂主義所主張的大國地位和安全保障，是為法國的一種獨特文化[56]。

第三節　反彈道飛彈系統的影響

彈道飛彈防禦（Ballistic Missile Defense, BMD）系統與機制乃核武戰略中一環，不少擁有核打擊能力的國家也會重視反擊的能力，但有方法打造出完善條件的國家只有少數，且更充滿了爭議。建立反彈道飛彈之相關機制最早是在二戰末期進行，而正式走入研究是自冷戰開始。1940 年末期，美國便已經著手「國家飛彈防禦」（National Missile Defense, NMD）系統的研究；1960 年代開發出「勝利女神 X」（Nike-X）

---

[53] David S. Yost, “France’s Evolving Nuclear Strategy”, op. cit., p.138.

[54] Stockholm International Peace Research Institute, “SIPRI Yearbook 2009: Armaments, Disarmament and International Security”, New York: Oxford University Press, 2009, p.363.

[55] Pascal Boniface, op. cit., p.15.

[56] Hans Born, op. cit., p.8-9.

系統，該飛彈是以裝配核彈頭的方式攔截來襲的蘇聯彈道飛彈，主要部署在大城市週圍；1967 年，國防部長麥納馬拉宣布，以勝利女神飛彈為基礎，美國繼續研發「哨兵」（Sentinel）系統來對抗來自中共的導彈威脅；而尼克森政府為了讓飛彈基地免於第一波攻擊後的損害，便將「哨兵」計畫改名為「衛兵」（Safeguard），並改以軍事目標為守備的重心，但龐大的費用、缺乏保證的技術能力和存在軍備競賽的憂慮等因素，導致該議案在國會費盡九牛二虎之力始能通過[57]。1975 年 10 月至隔年 2 月，部署在北達科他州聖福克斯（Grand Forks）的基地更因為上述原因被拆除；1972 年反彈道飛彈談判展開，美蘇雙方互以裁減反制系統之部署以作為利益交換，諸多因素皆使該系統之開發在這段時期充滿阻礙[58]。

1980 年代中期，反彈道飛彈的計畫有了極大的轉變。重視國防的雷根政府開始對這項科技展現高度之興趣，也得到國會的支持。據估計，1985 年美國投入了高達 1 兆 1000 億美元研發展「戰略防禦計畫」。其任務不再像過去採用核彈頭反擊來襲的核飛彈這種較粗糙的手法，而是用陸海空基飛彈與太空武器等多重武器攔截，特別是利用衛星武器發射雷射或 X 光攔截彈道飛彈的構思，在當時可謂充滿了前衛與創新，同時也避開了反彈道飛彈條約之規範，諸多特點都造成蘇聯方面不小的震撼。但該計畫不僅技術過於困難，所需之開發費用更是天文數字，因此老布希政府將該計畫修正為「全球有限攻擊防禦系統」（Global Protection against Limited Strikes.），此乃「戰略防衛計畫」的縮減版本，預定陸基與太空攔截武器各減量至 1000 具。到了

---

[57] Departement of Army Historical Summary, FY1969, “Sentinel-Safeguard”, Washington D.C: U.S Army Center of Military History, 1973, p.31.

[58]

1993 年柯林頓執政後，這項耗資不菲的計畫便宣告終止。自此，美國大量部署反彈道飛彈的構想也就無疾而終[59]。

即使許多條件不利於反彈道飛彈系統的發展，但它也從未被美國的國防安全思維放棄。因後冷戰時期彈道飛彈零件或技術流入其他國家可能性增加，讓美國在 1990 年代後更加強調反飛彈系統的功能。1991 年的波斯灣戰爭，乃現代化飛彈防禦系統接受實戰洗禮的機會，伊拉克使用俄製飛雲（Scud，亦稱飛毛腿）飛彈攻擊美軍基地與以色列，欲藉此誘使以色列參戰，並煽動阿拉伯國家的反美與反以情緒。為避免情況失控，美國緊急調派了愛國者（Patriot）飛彈攔截伊拉克所發射的戰術短程彈道飛彈。而後此種作戰模式不僅喚起了美國的注意，更促使許多國家展開研究，包括中國、敘利亞、北韓、巴基斯坦和伊朗等。這些國家與美國之間除了持有明顯的對抗或競爭抗意識外，在彈道飛彈技術也有顯著的能力，尤其伊朗和北韓的飛彈威脅最受當今美國政府關切，也造成後冷戰的美國持續在反彈道飛彈領域中保有可觀的投資[60]。

1996 年柯林頓政府提出了「3 加 3 戰略」（3+3 Strategy），除了策劃「國家飛彈防禦系統」以對抗俄羅斯和中共的洲際或長程飛彈之外，對美軍駐紮的區域及盟邦的安全也相當地關注，也因此強化了對「戰區飛彈防禦系統」（Theater Missile Defense, TMD）的重視，目標是防範中短程彈道飛彈之攻擊。而小布希更在 2002 年 6 月宣布退出反彈道飛彈條約，直到目前為止，美國仍持續在阿拉斯加、加州與歐洲進行相關測試，以對抗各種可能的威脅；另外在海基的部

59 Steven A. Hidreth, “Ballistic Missile Defense: A Historical Overview”, Congressnal Research Service, July 9 2007, p.3-4.

60 Jeremy Stocker, “Missile Dfence – Then and Now”, The Officer Magazine 35, November/ December 2004, p.37.

分，神盾（AEGIS）系統的研發和性能提升也仍持續進行中，許多國家也較有興趣投入。儘管飛彈防禦系統之擴張與部署是個爭議性十足的議題，但幾十年來仍未有終止之跡象[61]，在歐洲或亞洲等地的美國盟國也在此領域有著不同的行動與意見。

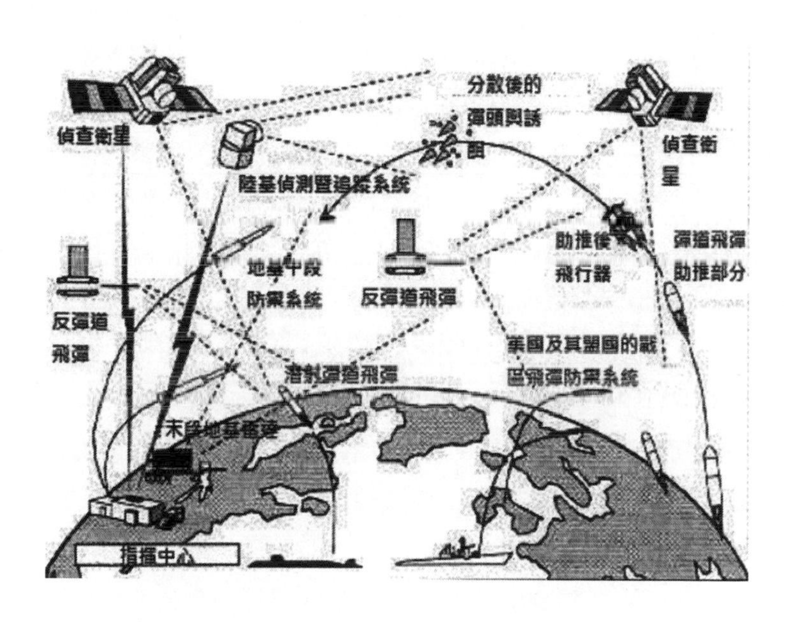

圖 7-1　戰略防禦計畫示意圖

圖片來源：http://obscurantist.com/oma/sdi/.作者自行編譯

一、英國歷史的經驗

如前文所述，自二戰末期開始，英國在反彈道飛彈機制的建立已有充足之經驗。1944 年 6 月 12 日，也就是諾曼第登陸一星期後，德

[61] Steven A. Hidreth, op. cit., p.4-5.

國發射了 V-1 火箭攻擊倫敦，這是一種類似於現代巡弋飛彈的無導引火箭，接下來的九個月當中，一共有 10000 枚的 V-1 火箭被發射，造成上百萬倫敦居民撤離，並導致 6000 多位平民死亡。但英國很快便找到攔截 V-1 火箭的方法，該火箭的速度較慢，且無法閃躲戰鬥機的攻擊，1945 年 3 月統計，當時德國所發射的 275 枚 V-1 火箭只有 13 枚成功攻擊目標[62]；真正的威脅乃德國發射超過上千枚的 V-2 火箭，用以攻擊倫敦與安特衛普。該火箭的彈頭採用的是 1000 公斤的高爆彈藥，擁有超音速與高軌道運行之能力，是希特勒對盟軍報復之用的戰略主力。雖說該飛彈也是採用無導引攻擊，但也約有 80%的 V-2 火箭抵達目標，一但遭命中的損害也不在話下。1944 年 11 月 25 日，一枚 V-2 火箭集中安特衛普的盟軍港口，造成 567 人死亡和上打的船隻沉沒。其後德國更有計畫將開火箭發展成具備攻擊紐約的跨洲打擊能力，但最後因德國的戰敗而未能實現[63]。

彈道飛彈的威脅因進入冷戰而有增無減，1950 年代後的蘇聯不只吸收了許多德國飛彈科學家，核武技術的進步更造成了西方國家前所未有的恐懼。在美國的核保護傘之下，英國以有限能力扮演西方嚇阻的角色，同時也加入的反彈道飛彈條約，這是用來彌補英國難以自行開發反彈道飛彈系統的方法。除此之外，受限於財政、技術和時間，1980 年代美國大力提倡「戰略防禦計畫」時，柴契爾政府選擇了較謹慎的態度，參與的程度不及美國[64]。

基於歷史經驗的相同性，英美在反彈道飛彈系統之建構上皆有著力，尤其現代飛彈及核武技術擴散的問題叢生，兩者在該領域仍較他

---

62 Jermery Stocker, “Missile Defence- Tnen and Now”, op. cit., p.35.

63 Ministy of Defece, “Missile Defece: a public discussion paper”, December 2002, p.9.

64 Paul B. Stares, “The Impliacation of BMD for Britain’s Nuclear Deterrence” in Hans Günter Braunch (ed.), Star Wars and Europeean Defence: Implication for Europe: Peceptions and Aseessments, Basingstoke: Macmillan, 1987, p.333-334.

國積極。然而，英國所展現的態度主要仍然是政治與外交上的努力。加強武器控管的機制或條約，乃是英國對抗威脅的首要對策，如此和美國的行動方式便顯得有所區別。例如英國皇家空軍部署在菲林岱爾（Fylingdales）的早期預警雷達或曼威斯希爾（Menwith Hill）的太空人造衛星紅外線系統（Space-Based Infrared System, SBIRS）都是由美國所提供，除了英美之外，也提供北約作戰使用。兩者雖然是位在英國本土境內的設施，但基本上都算是美國的基地[65]。單獨作業對英國在經費和科技上皆存在相當大的難題，因此出現猶豫的態度也是情有可原，只有與美國或歐洲地區國家共同合作，英國始能以間接達成這種能力，因此至今的成果仍相當有限[66]。

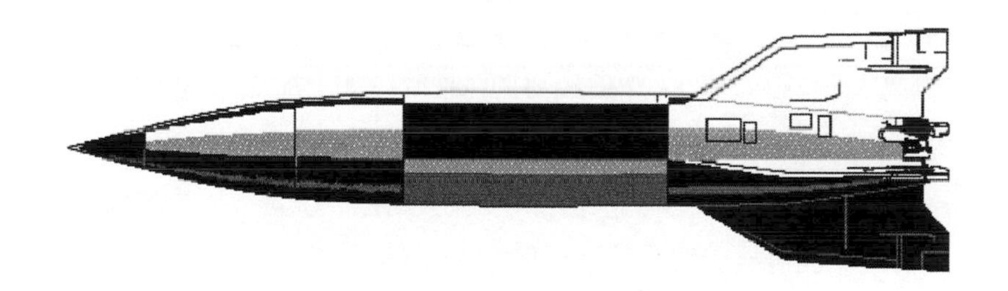

圖 7-2　德軍 V-2 火箭

圖片來源：http://www.uwgb.edu/dutchs/CosmosNotes/sputnik.htm.

---

[65] Compaign for Nuclear Disarmament, "Missile Defence", http://www.cnduk.org/pages/binfo/mdrole.html (accessed Jul 5 2010)

[66] Lord bach of Lutterworth, "Missile Defence – UK Policy" in Jeremy Stocker and David Wiencek (ed.), Missile Defence in a New Strategic Enviroment: Policy, Architecture, and International Industrial Co-opertion After the ABM Treaty, UK: Stephen Austin & Sons Ltd., 2003, p.1-2.

二、法國的反對

針對美國所主導的反彈道飛彈議題上，法國採取反對的態度較英國明確。法國曾對雷根政府的「戰略防禦計畫」感到較不以為然，原因和英國大同小異，且法國更著重發展突穿蘇聯反彈道飛彈系統的打擊能力，積極主動嚇阻的概念深植法國的戰略思維。密特朗的外交部長韋德里納（Hubert Védrine）曾指出；「法國不希望這項計劃破壞美蘇之間在歐洲的安全平衡[67]」。而近年來對於小布希政府在東歐建立的歐洲飛彈防禦系統之議題，席哈克總統也表示過同願意進行公開辯論，但仍不改法國堅決反對的立場。席哈克在 2001 年 6 月的北約高峰會曾解釋，該國並非不重視防禦系統的功能，相對的，彈道飛彈確實構成歐洲安全上的威脅，但法國卻憂心，建立該系統會減弱反彈道飛彈條約之約束力，加入該條約是冷戰時期美法兩國在核武相關約定上的少有共識，各造都應化干戈並建立互信[68]。因此雖然法國一向贊成核嚇阻之作用，卻懷疑建立反制系統的動機，後者不但會讓條約缺乏公信力，也可能導致不利地區穩定的軍備競賽[69]。實際上，法國真正的疑惑乃技術的有效性，建立該系統或機制不僅要擔負龐大的軍事開銷，武器能否拿出高效率的攔截數據總是充滿問題。初步研判，欲研發反制系統必須投入 600 至 1000 億美元的天價費用，就過去冷戰的經驗來表示，在現今的國際局勢當中，發動核戰的機會已相當渺

---

[67] Ivo H. Daalder, “The SDI Challenge to Europe”, Massachusettes: Ballinger, 1986, p.22-23.

[68] Justin Vaisse, “French View on Missile Defense”, http://www.brookings.edu/articles/2001/04france_vaisse.aspx (accesse Jul 14 2010)

[69] Bertel Heurlin, “Reluctant allies? Europe and Missile Defence”, in Bertel Heurlin and Sten Rynning (ed.), Missile defence: international, regional and national implications, New York: Rouledge, 2005, p.122.

茫，即使仍有北韓這類不穩定的行為者存在，也不足證明反彈道飛彈系統值得法國政府大力投資，即使國防預算雄厚的美國也必須藉由挖東牆補西牆的方式，以裁減核子武器來降低軍事開支，始能撥出其他足夠經費來研發。經過眾多考量後，美國人所提倡的反彈道飛彈系統始終無法獲得法國人的信服[70]。

第四節　對無核武理想的看法

由於美國歐巴馬政府大力提倡無核武世界的目標，本節也針對該議題來作探討，也進一步提出俄、英和法國看法之研究。

一、美國之倡議

自從歐巴馬上台後，其政治團隊皆以無核世界（nuclear-free world）為最終理想。2009 年 4 月 5 日，歐巴馬於捷克首府布拉格發表了政治演說，內容大力提倡裁軍與反核武擴散等政治目標，並期待美國與俄羅斯即將於隔年 4 月所舉行的裁減戰略武器條約（START）[71]簽訂高峰會。此外，歐巴馬也積極的表示，希望美國

---

[70] Justin Vaisse, "French View on Missile Defense", http://www.brookings.edu/articles/2001/04france_vaisse.aspx (accesse Jul 14 2010)

[71] 美俄雙方於 1991 年簽訂的「第一階段戰略武器裁減條約」（START-I）已於 2009 年 12 月 5 日失效，該條約是冷戰結束大規模核裁軍的指標性協議。內容限制了雙方只能各自擁有 1600 具的核武載具，以及 6000 枚核彈頭。目前統計美俄各自擁有 900 與 600 具核武載具，和分別 2468 與 4650 枚的核彈頭，該約也是雙方有具體性成果的條約；而 1993 年簽訂的「第二階段戰略武器裁減條約」（START-II），則由於蘇聯解體、北約東擴影響俄羅斯國家安全、

國會通過多年以來無法過關的「全面禁止核試爆條約」，歐巴馬之信念成為美國近代政治史上史無前例的舉動，象徵該政府試圖打造一個無核武世界的終極理想[72]。

2010 年 4 月至 5 月，美國與俄羅斯雙方首腦於布拉格會晤，為檢視 1991 年所簽署的「削減戰略武器條約」舉行新一波的會談，該會議最大之成果乃雙方再度達成裁減核武的協議。4 月 8 日，歐巴馬與俄羅斯總統梅德維捷夫（Dmitry Medvedev）再度簽署了「新戰略武器裁減條約」（New START Treaty）。歐巴馬表示這項新約是近 20 年來最具體的裁軍協議，內容將大幅削減美俄兩國約三分之一核子武器。該條約也正式取代先前簽署的「第一階段裁減戰略武器條約」；依約定，雙方實戰部署核彈頭數量上限為 1550 枚，較 START-I 縮減 74%，且比 2002 年「莫斯科條約」再降 30%，是一紙擁有充足政治意義的條約[73]。

小布希政府於 2002 年 6 月 13 日單方面退出「反彈道飛彈條約」，及俄羅斯於 2008 年 8 月出兵喬治亞之後，美俄雙方關係降至冰點等眾多因素，導致該條約的談判結果不彰。但小布希與俄羅斯總統普丁（Vladimir Putin）仍在 2003 年 3 月 6 日簽署了「削減進攻性戰略武器條約」（Strategic Offensive Reduction Treaty, SORT），又稱為「莫斯科條約」（Moscow Treaty）。條約規定，到 2012 年年底之前，美俄雙方將各自進攻性戰略核彈頭削減到 1700 枚至 2200 枚以內，該條約 2003 年 6 月正式生效後，其功能也取代先前形同廢紙的 START-II。參見：Greg Thielmann & Senior Fellow, "New START Verification: Fitting the Means to the End", Analysis on Effective Policy Responses to Weapons- Related: Security Threats, February 22 2010, p.2. and Amy F. Woolf, "Strategic Arms Control After START: Issues and Options", Congressional Research Service, March 4, 2010, p.9-10.

[72] Vibeke B. Thomsen, "President Obama: A Leader for European Nuclear Disarmament?", European Security Review, Number 46, October 2009, p.1.

[73] The International Institute of Strategic Studies, "New START provides for significant arms cuts", IISS Strategic Comments, Volume 16, Comment 13 – April 2010, p.1.

除了裁減戰略武器條約之外，5 月也繼續召開另一項議程，召集其他國家，共同探討五年一度的「禁止核武擴散條約審查會議」、及進行「核分裂物質減量條約」之談判，目的是為了促使各國能達成更高的安全共識，並建立更嚴密的國際規範，避免恐怖組織獲得核武的情況發生[74]。相對於 2005 年小布希政府釋出的否決態度，並宣稱美國核武使用權不會受到「禁止核武擴散條約」之約束，歐巴馬團隊卻極為重視此回會議之功能，和前政府形成強烈對比[75]。

歐巴馬表示，會在其有生之年以耐性與堅持的態度，來達成無核武世界的遠景。為了創造更安全與更穩定的國際環境，美國有責任盡力完成這項使命；但同時也強調，只要核武繼續存在，美國也會維持現階段的核武庫，如此不僅是提升自我安全的保障，其核保護傘更是其他盟國的安全依靠，也要讓潛在的威脅者了解，任何觸犯這些利益的行為將招致嚴重的後果[76]；美國國務卿希拉蕊·柯林頓（Hillary Clinton）也認為，目前握有核武庫仍可保障美國自身的安全。然而，美國願意與俄羅斯共同邁向無核化的遠景，並強調將各自核武器儲備削減 30%之決議，乃一項具有里程碑意義的政治決定，也希望其他國家共勉之；國防部長蓋茲（Robert Gates）同意希拉蕊的觀點外，更強調裁減核武庫有助於預算的精簡，表示美國也不必再斥資龐大經費於核武上，此乃符合利益之決議[77]。

---

[74] New START Treaty U.S Senate Breifing Book, A Joint Product of United States Departments of States and Defense, April 2010, p.8.

[75] William Walker, “President-elect Obama and Nuclear Disarmament: Between Elimination and Restrain”, Security Studies Center, Winter 2009, p.15.

[76] George Perkovich, “The Obama Nuclear Agenda One Year After Prague”, Carnegie Endowment for International Peace, March 31 2010, p.2.

[77] Mc Parry, “Long road’ to nuclear-free world: Robert Gates”, World Military Forum, http://www.armybase.us/2009/05/long-road-to-nuclear-free-world-robert-gates/ (accessed Apr 30 2010)

二、部分核武國家的看法

（一）俄、中的反應

正當歐巴馬信誓旦旦地發表意見時，其他國家是如何看待美國政府的說法可謂耐人尋味。儘管俄羅斯重視新核武條約的作用，並認同歐巴馬之觀點，願對核武裁減展現高度的配合，但梅德維捷夫卻也表示，該條約不能和飛彈防禦談判相提並論，理由為美國在東歐國家所部署的彈道飛彈防禦系統始終令俄羅斯感受芒刺在背。俄國進而強調，兩種談判完全是不同的形式的政治交易，美俄雙方必須針對該議題再進行更深入的商議，俄國也希望美國部署飛彈之動作能有所節制，避免傷害兩國逐漸緩和的良好關係[78]。而這項議題會在 2012 年莫斯科條約到期時，進行同步的檢討。俄羅斯外長拉夫羅夫（Sergei Lavrov）更強硬地警告：「若美國繼續堅持己見，試圖以反彈道飛彈系統影響俄國的核打擊能力，俄國將不排除單方面退出甫簽定之新約[79]。」由此可見，基於現實主義和維持國家利益之考量，俄羅斯依舊會對雙邊協議的態度有所保留，在國家單獨與世界共同利益之間的拉距，美俄欲形塑的核武裁減共識與互信機制之建立仍需要長遠的努力[80]。

---

[78] Anna Smolchnko, “Russia: Arms Pacts: Missile Defense Talks Separate”, http://www.defensenews.com/story.php?i=4566345&c=POL&s=TOP, DefenseNews, (accessed Apr 23 2010)

[79] Steven Grove, “The “New START” Treaty: Did the Russians Have Their Fingers Crossed?”, The Heritage Foundation, No. 2861, April 14, 2010 , p.1.

[80] IISS, op. cit., p.3.

中國在美俄新約簽訂後的態度是大力的支持與配合。胡錦濤表示，中國是支持「防止核武擴散」、「禁止核試爆」和「不首先使用」核武的立場。一般而言，中國對於核武議題向來都是採取配合的態度[81]，但中國至今仍未正式批准「全面禁止核試爆條約」，顯然在利益優先的考量下，中國在檯面上和私底下的態度仍有所差異[82]。

（二）英、法的態度

對於美俄新約的簽定，英法也有各自異同的觀點與表述。英國是除了美俄以外，進行核武裁軍動作最積極、且具有長遠計畫性的國家。之前的工黨政府致力在國內醞釀核武裁減的共識；而保守黨的立場卻明顯與前者產生對立，對後者而言，核武的重要性依然存在，儘管美俄雙邊協議會影響保守黨之施政方向[83]，但 2010 年 5 月的大選結果出爐後，工黨失去了執政權，也因為沒有黨派是過半數當選，保守黨新首相卡麥倫（David Cameron）與自由民主黨必須組成聯合政府，未來新政府的核武政策走向值得持續觀察[84]；而法國也肯定美俄英三國在核武裁軍議題上的努力，並透過關閉核試爆區及生產核武原料設施的方式，表示法國有履行裁減核武之義務。目前薩克奇政府也擬定了縮減

---

81 吳寧康，「胡錦濤：中國堅持反對核武擴散」，中央廣播電台，http://news.rti.org.tw/index_newsContent.aspx?id=1&id2=2&nid=239008（檢索於 2010 年 6 月 4 日）

82 Robert J. Enhorn, “Controlling Fissile Materials and Ending Nucleat Testing”, International Conference on Nuclear Disarmament, February 26-27 2008, p.6.

83 George Perkovich, op. cit., p.8.

84 季平，「自民黨議員願與保守黨共享權力 英聯合政府成形」，中央廣播電台，http:// news.rti.org.tw/index_newsContent.aspx?nid=242351&id=1&id2=2（檢索於 2010 年 5 月 3 日）

核武庫的計畫，但全面廢核的意見從來沒有被國內群眾或任何團體所接受，法國政府更拒絕承諾任何廢核的建議[85]。

美俄的雙邊協議確實有助於引起各國提高核武控管與裁減之重視，由於該條款極強調避免數量較多的戰術型核武，流入恐怖組織的可能，歐洲因而關注目前部署其境內的核子武器。英國不具備戰術核武，且布朗政府為了節省經費，更計畫刪減 4 艘「三叉戟」潛艦為 3 艘。在國內約 42%的群眾認同「三叉戟」系統的更新計畫，顯示英國的小規模核武能量並未中斷；法國擁有約 60 枚左右的戰術核彈頭，另外還有大量戰略核武，儘管當前政府採取肯定歐巴馬的態度，但若法國也採取大規模裁軍，民意勢必成為薩克奇政府最大的壓力。因此，未來歐洲或歐盟得以共舉更具規模的裁軍行動、或是朝向無核區（nuclear-free-zone）的目標邁進。然而，近期之內要達成全面廢核的機會卻是極為困難的，5 月後的「禁止核武擴散審查會議」將成為世界無核武遠景的第一項重要測試[86]。

表 7-1　現階段世界各國戰略與戰術核武數量

國家	戰略核武數量	戰術核武數量
俄羅斯	2600	2050
美國	1968	500
法國	300	60
英國	160	0
中國	180-240	
印度	60-80	

[85] Ibid, p.7.

[86] Vibeke B. Thomsen, "President Obama: A Leader for European Nuclear Disarmament?", European Security Review, Number 46, October 2009, pp.3-5.

國家	戰略核武數量	戰術核武數量
巴基斯坦	70-90	
以色列	80	
北韓	<10	
總計	5400	2550

資料來源：Aleander Pikayev, “Tatical Nuclear Weapons” Research Paper of International Commision on Non-Nuclear Prolideratiotn and Disarmament, p.5. and FAS, “Status World Nuclear Forces”, http://www.fas.org/programs/ssp/nukes/nuclearweapons/nukestatus.html（Last updated May 16 2010）筆者自行整匯

（二）北約的觀點

四、五月的兩場會議結束後，除了英法已經作出反應之外，北約其他國家也有一些重要的意見。在無核武理想的倡議當中，尤其以德國的呼聲最高。德國從 1950 年代開始部署核武，至今仍是美軍重要的核武據點。德國國防部長古登柏格（Karl-Theodor zu Guttenberg）在 2 月的慕尼黑安全會議時已經向美國提出撤離所有戰術核武的要求[87]。目前北約各國正商議新的「戰略觀念」(New Strategic Concept)，政策發布前，德國和比利時等國不斷地重伸這些訴求。但華府的反應卻是，除非俄國削減所有的戰術核武，否則美國不會跟進。除了避免俄國取得優勢之外，美國也憂心一旦所有核武撤離歐洲後，土耳其便會自行開核武[88]。北約秘書長拉斯穆森（Fogh Lassmusen）表示：「北

[87] Anne-Marie Le Gloannec, “The EU and Nato’s New Strategic Comcept”, CERI, mai 2010, p.2.

[88] 章念生，「聚焦核政策和反導係統問題 北約商討新戰略構想」，新華網，http://big5.xinhuanet.com/gate/big5/news.xinhuanet.com/world/2010-04/23/c_1250624.htm（檢索於 2010 年 6 月 5 日）

約需要可靠、有效率和安全的核嚇阻力量。」另外更補充：「北約也必須建立更完善的飛彈防禦系統。原因在於，核嚇阻可能不夠對抗一些非理性國家或行為者，但有了這些措施之後，便讓這些行為者了解他們的飛彈在防禦系統前是非常的弱小的。」拉斯穆森也希望今年11月得里斯本高峰會上有所進展[89]。顯然在北約主導的防禦態勢下，要讓歐洲無核化有效執行有相當程度的困難。

（四）不穩定要素

除了西方各國共識難達成之外，最需要面對的問題仍是潛在的不穩定行為者，尤其要讓伊朗或北韓皆摒棄成見、參與裁軍或限武協議勢必為一項艱鉅的任務；同時，禁止核武擴散機制也有約束力較弱的缺陷，導致許多恐怖組織仍積極以非法管道尋求核武技術。不僅恐怖主義之因素無法掌握，眾多國家國雖承諾裁減核武，但從現實國情角度分析，要兌現核子高峰會成果的理想支票變成遙遙無期，許多問題都是歐巴馬政府提倡無核武世界所亟待克服的問題[90]。

---

[89] People's Daily Online, "NATO needs "credible" nuclear deterrent: Rasmussen", http://english.peopledaily.com.cn/90001/90777/90856/6960853.html (accessed Jun 5 2010)

[90] eJournal USA, "A World Free of Nuclear Weapons", U.S. Department of State / February 2010 / Volume 15 / Number 2, p.7.

第八章　結論

經過第二章核武戰略、理論之整理、第三章英國與第四章法國核武的發展與沿革後、第五章中英法核武戰略之比較，並研究更多的重點和特徵後，筆者在最後第六章中提出本議題之研究心得、發現、檢討與建議。研究心得為全書的最後感想，以示筆者對比較英法核武戰略的研究總結；發現的部份，筆者以前面研究心得為基礎，將歐洲統合之遠景為議題，做個人的部分預測；研究檢討的部份，吾人必須思考現階段核武存在的價值或用途，探討該武器與人類政治之間的相互關係；最後之建議，乃是針對台灣國防與社會議題之個人觀點，提出對國防自主及安全問題之省思。

一、研究心得

（一）研究英國後的感想

關於英國之研究，本段推斷出三個研究心得。分別為：（一）複雜的思想、（二）過程的演變和（三）最終的觀察。

1.複雜的思想

英國的核戰略思想分為了兩大類別，以傳統戰略融和核武時代的戰略思想。實際上後者並非純正的英國傳統思維，而是順其時代的考量與聯盟的外部因素所構成、為了配合美國與全球戰略發展態勢所作之選擇。以「大規模報復」與「彈性反應」為例，這兩項政策都是以北約聯盟的整體安全利益為基礎，讓英國的國家安全與核武力量融入集體安全系統之中；然而，英國人也未放棄追求核武獨立的自主性，以「第二決策中心論」與「最低嚇阻戰略」更可見，英國人也不願將美國人所主導的核戰略照單全收，而是發展出符合英國自身利益的決策體系，保留住國家的最後安全屏障與基本利益。

2.過程的演變

綜觀整個冷戰時期的發展與始末，英國的核武發展歷程出現了三個重要的變革。從「草創」、「互助」到「分工」，每段時期都產生不一樣的思維與政策。儘管在草創階段有非常重要的突破，但是英國始終沒有選擇像法國一樣，在獲得原子與氫彈之後，繼續完成國防自主性這條路。而最重要的時期應歸屬於 1962 年拿騷協議簽定的這項決策，之後的發展注定了英國必須與美國建立牢不可分的合作關係，始能達成現在所見的英國核嚇阻。英國所面臨的限制很明顯，以一個不能夠再像過去一樣發揮強權影響力的中等強國，及受到相當有限的經濟條件約束之下，英國獨立擁有核武的願望並無法真正達成。但是良好的英美政治、軍事與經濟等關係卻提供了英國得以透過美國的協助。從邱吉爾到柴契爾政府之政策皆可見，尋求美國提供相關技術是英國的選擇，也是英國人認為最能符合自身利益的方式。對於眾多質疑英國可能失去核獨立性的說法，英國政府向來只強調，所謂真正的獨立性不是指技術方面，而是在於控制與指揮核武的層面，英國仍保留當前所擁有的核子武器使用權與政策方針，以及與美國組成「雙鑰」的共管與作戰能力，這都表示英國在戰時仍然具有按下核武發射鈕的能力[1]。從冷戰時期所沿續下來如此

---

[1] Jeremy Stocker, “The United Kingdom and Nuclear Deterrence”, London: Routledge, 2007, p.21.

特殊的戰略態勢，已逐漸成為長期以來英國作為一個核武國家所奉行之政治傳統。

從後冷戰時期所建構出的核武態勢可以發現，英國要摒棄核武事實上是一件很困難的事情，作為一個重要的大國，英國也僅能以遵守國際共識之態度來作出部分的調整，並跟隨著其他國家（尤其是美國）之變動作出些許的修正。但是在整體原則性或政策準則上並沒有打算做出大幅度的變動，而是在去核化與繼續持有核武的兩種選項當中尋找折衷的辦法。一方面要繼續模糊焦點，避免引發國內外不必要的政治風險或紛爭；另一方面又要避免失去嚇阻能力後，會讓政治地位下滑或國防安全亮起紅燈的問題發生；最後又要考慮到經濟衰退會對國防發展造成何種程度的影響。在英國內部無論是保守黨或工黨執政，都能在以海基力量為獨立嚇阻主力的做法上形成共識[2]，面對諸多如此複雜的情況，以維持少量的戰略核潛艦作為最低核嚇阻力量，並延續配合國際建制之傳統應會是未來發展的主要方向。

3.最終的觀察

英國之所以會選擇遊走於如此不明確的路線，事實上是要給予自己保留彈性選擇的空間，在一個不知未來為何走向的國際環境中，包括了國際恐怖主義盛行、部分國家行為模式不穩定、氣候變遷情況惡化、全球金融風暴尚未有完全歇息之跡象等問題，無時無刻都在影響每個國家的運作與認知，更導致英國整個國家也因此充斥了的許多不安全感。2011 年 3 月 11 日爆發的日本大地震，引發了福島第一核電廠福涉外洩等嚴重事故，喚起了世界各國對核能安全的憂慮。日本將

---

[2] Avery Goldstein. "Deterrence and Security in the 21st Century: China, Britain, France and Enduring Legacy of Nuclear Revolution", Stanford: Stanford University Press, 2000, p.176.

此次核災列為與車諾比爾（Chernobyl）事件相等的七級危機，災害問題未能得到完善解決，更有事故擴大的危險，英國與歐洲等國也在事後作出核能安全與替代能源之檢討，而核武器的存在也牽動政治圈的敏感神經。英國表示，未來興建新型核子反應爐的計畫將會延遲[3]。類似而這種不穩定因素所造成之挑戰，將持續左右英國將來的決策與發展。

（二）探討法國後的感想

本段也以三個研究心得為區分。此乃：（一）動機的檢討、（二）過程的演變和（三）法國核武文化。

1.動機的檢討

法國發展核武的動機與戴高樂推動民族主義有密切關聯，而法美兩國所發展的特殊關係也扮演了極為關鍵的地位。這段追求獨立與依靠同盟的過程中，法國最後選擇前者，因核武使法國人重新找回信心與尊嚴；也獲取了有效的嚇阻力量。過去的文化背景、地理環境與歷史經驗顯示，法國在每個時期皆面臨不同層級的安全威脅，從十七世紀的德國（或普魯士），到二戰以後的蘇聯，法國所處的地位使她擁有許多國家所沒有的危機意識。相較於其他核霸權國家，法國的動機與思想並不複雜，是以政治威望和國防安全為基礎，蘇聯於戰後成為超強之一，當這種威脅能量超越了傳統力量可以抵抗之能力，法國無法再以傳統方式抵抗如此巨大之威脅，便尋求具

3 Staff Writers, “Britain, France talk about nuke projects”, Energy Daily, http://www.nuclearpowerdaily.com/reports/Britain_France_talk_about_nuke_projects_999.html (accessed Apr 28 2011)

有強大毀滅性的核子武器，進而得以彌補國防力量的不足。同時也以這種硬權力的方式，從一連串的失敗與挫折當中重振低靡的國家士氣，並取得了大國之地位。以核子武器取得兩項重要的利益，讓法國無論動機或思想皆顯得較為單純，但也因為如此，加入核武俱樂部後的法國，促使核武在國際政治中有不同面貌，核武不僅僅是超強之間相互嚇阻或軍備競賽用之工具，更可以是中等國家建立強大政治力量或保護自我安全的重要王牌。更重要的是，核武也讓政治獨立與法國幾乎畫上了等號，不斷以這項傳統延續至今日的政治發展之中，讓法國人得以為國家而自豪。

2.過程的演變

在冷戰時期當中，法國的國防、外交政策與核武發展充滿了許多轉折與變動，對於每位總統而言，或許戴高樂的主張或民族主義是重要的政策指標，但吾人也可觀之，受到國際環境的影響，每段時期法國的政策思想或作為也出現過許多彈性的變動。尤其在聯盟安全合作的議題上，法國有戴高樂與密特朗所堅持的獨立性；也有季斯卡和薩克奇的多邊合作。但無論如何，戴高樂所建立國防自主性與大國原則依舊發揮了深遠之影響力，第五共和歷任的總統皆以其主張為不可動搖的政策主軸。不依賴其他國家在核武上的援助是政治與國防力量的中心思想，它所引申的意涵是一個國家國防力量的自主性與政治主權，而這種觀念已經在法國內部形成一種特殊的政治或社會文化，對於北約核戰略的看法，法國人認為北約事實上就是美國的核戰略，全盤接受將喪失了一個核武國家應具備的自主性[4]。

---

[4] Beatrice Heuser, "NATO, Britain, France and the FRG: Nuclear Strategies and Forces for Europe 1949-2000", London: The Ipswich Book Company Ltd, 1997, p.121.

同屬於中等的核武國家，法國比英國和中國都還重視「核武三元」力量的發展，也是以一已之力完成了每的單位所具備的戰略與戰術核武能力之國家，足以證實法國人確實會「以弱擊強」的精神、並選擇挑戰美蘇兩強的堅持。在發展核武的領域上，法國作出了比其他歐洲國家更積極的舉動，其他國家雖然也不信任美國的核保護傘，但卻已經熟悉了美國的安全保護，反而難以接受獨立核力量的出現。然而，法國卻與一般歐洲國家思想背道而馳，堅持以自己的主觀意識來行動，足以顯示法國獨特的政治思維與特質[5]。

秉持擁有核武的原則在法國內部是暨保守、又嚴謹的傳統，現階段的核武器未來法國也計畫至少延用到 2020 或 2025 年，即使進入了後冷戰時期，這種以核武象徵國家獨立的思維在可預見的未來之內也很難受到改變。但是與聯盟的關係，或是配合核裁軍的努力，法國實際上還是擁有許多彈性選擇的空間，法國會因應國際環境的改變、國家財政力量的變動或是科技條件的發展，而產生不同的決策，無論是任何黨派的執政，與其他國家的關係都可以再作適當的調整。這兩點突顯法國自冷戰時代以來，是以兩個顯著的決策路線，而這種政治傳統已經深入影響到當代法國關於核武發展或決策之走向，在未來的發展當中，這種模式依舊會是法國核武進程中最重要的途徑[6]。

3.法國核武文化

法國全國有 75%的民用電力來自核能發電，足以證明對核子科技的依賴，即便有日本核災的教訓，薩克奇在訪問日本時只表示，建立

---

5 Lawrence Freedman, “The Evolution of Nuclear Strategy”, London: Macmillan, 2003, p.313-314.

6 Bruno Tertrais, “The Last to Disarm? The Future of France’s Nuclear Weapons”, London: Routledge, Nonproliferation Review, Vol. 14, No. 2, July 2007, p.270.

嚴格的安全措施是絕對必要的，但立刻放棄核能是不可能的[7]。而核子武器是法國歷史上一種無法取代的力量，甚至可以說是一種迷思。自 1966 年戴高樂總統大力提倡核武的價值以來，就好比法國具有象徵性的艾菲爾鐵塔、藝術時尚或舉世聞名的美食，法國人將核武思想融入並成一種特有的戰略文化或民族特色。它不僅是一種安全憑藉，更是一種國家象徵，代表著法國在國際環境中是個具有舉足輕重地位的大國，也有宣示國土與利益不可侵犯的涵義，若法國沒有核武，其上述的許多條件也幾乎會喪失殆盡，無論未來是靠向聯盟或堅持獨立之路、亦或是裁減核武的發展趨勢為何。在可預見的未來之內，法國的核武會持續運作下去，而這種傳統也會由後續的領導者所奉行。

二、研究發現

（一）北約的重要性會增加

由於美英法三國在歐洲安全事務之多年發展上貢獻良多，更是歐洲嚇阻力量的主要來源。然而，核武的關鍵地位與歐洲軍事體系統合的議題，也經常引起各國之爭議。從冷戰至今，歐洲的安全憑藉始終是由北約來提供，美國更是最重要的安全保護者；但進入 21 世紀後，歐洲國家出現提高防務自主的聲浪也愈來愈高，尤其受到歐洲聯盟政經統合成效可觀的推動下，許多歐洲國家更希望能進一步邁向軍事力量統一的遠景。不過，造成歐盟朝向全面統合的難題，居然是長年以來提供各國安全保障的北約組織，以及歐洲國家不同的意見。

7　BBC News, "Japan nuclear crisis: Sarkozy calls for global rules" (accessed Apr 28 2011)

由於北約組織的集體防禦效果成彰，導致該組織於後冷戰轉型成功之後，更能夠為會員國提供完善的安全保障。從早期的抵禦華約與蘇聯軍隊大舉入侵的任務，轉變為處理中小規模傳統戰爭或區域衝突。北約的存在對許多國家而言，不僅未喪失其功能性，更可以藉由發揮傳統防禦之功能，進一步地發展並擴大。過去共產政權跨台的東歐國家更對該體系展現濃厚的興趣，顯然北約所形塑的政治環境，已經獲得了多數國家的認同與肯定。

法國乃美國獨占北約指揮體系的最大反對國家，由戴高樂時期所延續下來的傳統，不僅對法國政治文化有極深的影響，更使法國希望能夠將獨立自主的思維擴展至其他歐洲國家。「歐盟共同外交暨安全政策」便是由法國和德國所提倡一、種較新的安全建制，其最大目的乃促使歐洲能獨立於北約和美國外，並強調建立可應對國際危機或人道援助的新措施。法國特別期盼歐盟自主防務體系的能夠依靠該政策，並得到其他國家的支持。2003 年的伊拉克戰爭，由於法德與英美關於出兵之意見相左，導致席哈克和施諾得希望能加速促成歐洲防務力量的形成。然而，歐洲國家之間卻是看法不一，原因包括北約組織與歐盟防禦計畫的功能性重疊，及該機制的成熟與完善度不足以抗衡北約。因此，近年來歐盟及北約皆倡導合作之重要性，未來也有可能突破政治障礙，成為歐洲兩個最重要的政治、經濟與安全等各項議題的統合組織，進而達成雙贏的共同利益[8]。

核武國家的關係在這當中扮演極重要的角色。英國與法國由於是歐洲國家除了俄羅斯以外，唯二可以提供歐盟嚇阻力量的國家。

---

[8] Frances G. Burwell, David C. Gompert, Leslie S. Lebl, Jan M. Lodal, and Walter B. Slocombe, "Transatlantic Transformation: Building An NATO-EU Security Architecture", The Atlantic Council of the United States Policy Paper, 2006, pp.2-4.

但英法兩國是否能夠形成共識卻是非常關鍵之因素。然而，英國卻始終展現配合度不高的態度。受到美國因素的影響，英美之間長期所建立的成熟且特殊之關係，乃法國建立歐盟嚇阻能力長年未能突破的關鍵，甚至其他歐洲國家對於法國所倡導的新嚇阻力量也難達成成全盤共識。

由筆者之觀察後所得到結論，乃法國期盼其獨立思維擴大至歐洲全體之願景，從歐盟憲法被否決開始，便已經顯示歐盟想要深化統合的未來似乎並不樂觀。更重要的是，法國已經宣布重返北約，未來也將更進一步擴大與北約會員國的合作關係，從薩克奇施政作為來看，法國應該也默認了北約的防務力量確實較為可靠。由於薩克奇父親帕爾·薩克奇（Pal Sarkozy）二戰時期躲避過納粹德國之迫害，更有 1956 年匈牙利革命逃離祖國至法國的經歷，這些遠因也間接影響了薩克奇之政治立場，導致其政治信念較為親美，也直接改變了歐洲目前的政治版圖[9]。受到國際環境所充斥的許多變因，法國即使擁有足夠的國防強度，也未能避免多元外交和合作所建構出來的全球化潮流，沒有任何國家能以單邊作為獨善其身。由於歐美依舊存在共同的意識和思想形態，因此美英法德等國也已呈現出許多相同的價值取向。未來英法依舊會持續奉行核武與外交獨立的作風，將核武作為其利益尋求上的，政治工具但歐洲統合方向將以兩種途徑呈現：歐盟會持續以政治與經貿發展為主軸，成為促進歐洲與世界各國間商業利益的地區性組織；而北大西洋國家與歐洲地區的安全局勢，仍會依靠北約組織的防務架構。而其能力更會隨法國的參與而有更強化的功能。

---

[9] Kim Willsher, "How Nicolas Sarkozy's father once lived rough in Paris?", http://www.telegraph.co.uk/news/worldnews/europe/france/5142049/How-Nicolas-Sarkozys-father-once-lived-rough-in-Paris.html (accessed Apr 30 2010)

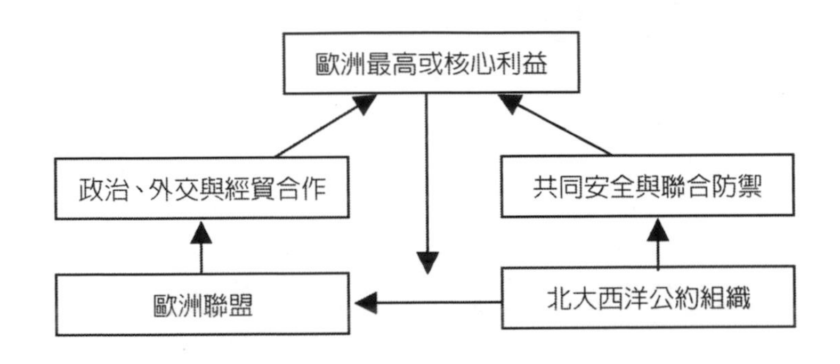

圖 8-1　歐洲核心利益因素之相互關係

資料來源：筆者自行整理繪圖

（二）地緣環境影響鉅深

筆者以地緣政治的角度來觀察，兩國雖然兼具了民主自由及中等核武國家之相同特色，但核武發展的過程卻是天差地別。其最大的不同在於英國是個島國，需要依賴貿易來補足其自然資源之不足，且從古至今在全球戰略的布局上有著相當豐富的經驗，接觸各種文化的程度也比法國或德國等歐洲國家更高，這點從航海殖民時代與權力平衡戰略的歷史中便可發現。擊退了法西德等國的挑戰後，英國海上霸主之地位是無庸置疑的。再受到同文同種、又重視海權的美國影響，英國在空間上比任何歐洲國家更需要海洋，如此觀之，英美的安全關係之所以會形成共識的最大原因，乃在於該兩個國家根深柢固的海權思想，因而造就其核武戰略帶有著相當明顯的海權國家特質，而海洋國家最大特色便在於重視多元、互助與改變，安全思維總是隨著時間是不斷地在演進，並從中尋求最大的利益。無論是建立「核武三元」之過程和打擊計畫的擬定等，英國的戰略明顯具有上的特性；相對的，因西面大西洋的緣故，儘管法國的陸權色彩不比德國，但法國的戰略文化卻比英國更像一個陸權國家，且對陸上安全的觀點更勝於海上，畢竟法國與歐洲大陸是領土接壤的關係，沒有高山或海洋等天然屏障，導致法國與週邊國家充斥了許多兵戎相見的歷史。在軍事力量最強盛的拿破崙時期，法國的海上力量仍不及英國，如此更加深了法國是陸權國家之形象。但在航海時期的潮流當中法國並沒有缺席，因此法國也兼具了海權戰略的部分特徵，然而，兩次大戰的重創卻讓陸權觀點重新成為法國戰略主流，如上述所言，法國的核武戰略比英國更為保守，核武就如同一種攻防兼備的馬其諾防線，緊密地圍繞在法國週邊。其理由為法國的威脅始終來自於陸上強權，進而導致法國不得不將國土安全視為優先利益。最後筆者認為，地緣環境對核武國家而言有非常重要的影響，而這種關係若運用在其他核武國家也能得到許多層面上的契合。

美蘇（俄）之間也是一種海權與陸權核武國家發展之案例；而中國的核武戰略更具有陸權國家的特質，甚至印度與巴基斯坦之間也具備陸權思想之內涵。這些國家皆可印證地緣環境在核武發展與戰略文化中的功能與重要性。

三、研究檢討

核嚇阻是否符合非國家行為者使用？該議題已經成為現階段核武國家執行其政策時最需要探討的問題。恐怖組織目前可能行使的攻擊途徑包含了傳統與大規模毀滅性武器等多種方式。一般主權國家與其對立關係呈現「敵明我暗」之劣勢，除了要阻止非法組織獲得該武器之外，也得防範部份國家暗中援助恐怖團體獲得任何武器或相關技術。一旦有任何可能獲取的管道，恐怖份子會使用的手段也相當廣泛，若不能製造出傳統的核爆能力，「髒彈」（dirty bomb）乃一項既特殊又危險的方式，只要運作簡單的到爆炸方式，並產生出輻射污染，恐怖行動的目的便可以達成。為了完成恐怖行動的目的，通常恐怖組織不會運用理性的方式。相對的，擁有核武的國家本質上都是以理性方式處理其核武政策，從冷戰至今，無論是美蘇或印巴之間的相互嚇阻，對立的雙方都能理解互相使用核武的後果，因此避免使用核武才是真正獲益。

然而，國際恐怖組織的優勢在於不必遵守國際法，以非國家行為者的方式可以游移在任何國家內部，一旦藏匿在一般民主國家或甚至流氓國家，都不利於傳統核武國家搜索或報復。在 911 事件過後，美國政府發動軍事反應時，也必須顧及與其他阿拉伯國家的外交關係，且發動攻擊的蓋達組織行蹤也難以掌握，而再像冷戰時期一樣擁有明確的目標，一切傳統核武可以打擊的條件皆不再適用。國際社會現階段對抗核武恐怖主義之途徑多集中在預防或防衛機制的建立，避免任何疏失或漏洞造成無法彌補的損失[10]。而該限制也引申出另一項問題，不能使用核武時，事後應該運用何種反應方式？核武是否還繼續適合目前的軍事作戰與國際環境？儘管各核武國家皆不斷強調核武會在迫切的情形下使用，延續核嚇阻之觀念，但甚至美國至今也不會貿然發動核戰，造成了所謂「核武無用論」（useless weapons）之辯論產生。

前國務卿鮑威爾（Colin Powell）探討過去冷戰時期，擔任麾下部署於歐洲的 28000 枚核武之指揮官時，有感而發地指出：「當我擁有愈多的核彈，就愈發現這些核武都是派不上用場的……，現階段吾

[10] Joint Working Group of AAAS, the American Physical Society, and the Center for Strategic and International Studies, "Nulcear Weapons in 21st century U.S National Security", CSIS, December 2008 p.1-2.

人應該設法讓這些武器減量或使之從地球上消失[11]。」美國每年斥資龐大預算於軍事用途時，核武始終是備而不用的武器，無論是面對冷戰的蘇聯，或是 21 世紀的反恐戰爭，核子武器從未派上用途。前英國陸軍的拉姆斯伯頓將軍（David Ramsbotham）也指出：「英國政府已經投入 200 億英磅於『三叉戟』系統的延壽計劃之中，但這些武器面對國際恐怖主義時卻是一點用處也沒有，我們的所謂獨立核嚇阻除了在國內政治圈內具有話題性外，其他幾乎是毫無意義的。」；另外更直言：「吾人需要的是更精準且有效的傳統武器，而不是一種僅適用於冷戰、且使用前還需要經過美國同意的核子武器[12]。」儘管英美對該議題擁有共鳴，法國則發表了不同的看法，法國戰略基礎研究所（Fondation pour la Recherche Stratégique）學者特確斯（Bruno Tertrais）提出，法國人認為，除非能確保未來核武能夠從根消除，否則法國很難在現階段充斥危險的環境中完全放棄核武。面對恐怖威脅，法國仍保留使用的可能[13]。

在各方意見當中，可以得知每個國家對安全利益仍有不同的認知或現實考量。然而，是否使用核武絕非從一般政治宣言得以判讀或解釋的，無論是政治嚇阻或軍事用途，核武的價值由於核戰未曾爆發，因此也沒有人可斷言安全受創時是否會使採取如此激進的回應方

[11] The Wonk Room, "Colin Powell: Nuclear Weapons Are Useless'", http://wonkroom.thinkprogress .org/2010/01/27/colin-powell-nuclear-weapons-are-useless/ (accessed Apr 29 2010)

[12] Mail Online News, "Britain's 'completely useless' Trident nuclear deterrent will be a £20bn waste of money, say retired generals", http://www.dailymail.co.uk/news/rticle-1119285/Trident-nuclear-defence-completely-useless-says-general.html (accessed Apr 29 2010)

[13] Bruno Tertrais, "French Nuclear Abolition: The Odd Country Out?", http://www.carnegieendowment.org/publications/index.cfm?fa=view&id=23789 (accessed Apr 29 2010)

式。至於衝突與摩擦，應互相採取更進一步的溝通，化解其根本的糾紛與衝突來源，始能獲得長遠之穩定。吳子兵法曰：「天下戰國，五勝者禍，四勝者弊，三勝者霸，二勝者王，一勝者帝。是以數勝得天下者稀，以亡者眾。」古人對於戰爭的迫害引以為鑒，世人更應該思考創造和平之可貴，可以肯定的是，一個完全沒有核戰爆發的世界方為全體人類的共同利益。如甘迺迪所言：「追根究底，我們最基本的共同聯繫是我們都生活在這個小小的星球，我們都呼吸著相同的空氣，我們都珍惜我們孩子的未來，我們都是凡人[14]。」

四、研究建議與展望（台灣）

（一）獨立自主或選邊靠攏？

研究英國與法國國防議題的最大獲益，乃發現兩者對於國防政策與戰略發展皆有其主體性的表述，不失為世界性的強國。即使身為重要的二次大戰戰勝國，也是傳統的世界強權，英國卻也是一個需要依賴美國提供許多軍事援助的國家。歷經兩次大戰之後，英國不但必須接受美國的軍事保護，經濟復甦時也需要美國的經援。由於「北極星」與「三叉戟」系統皆由美國購得，讓外界經常質疑英國核嚇阻的獨立性並不可靠，但英國人仍聲稱其國防發展與核武戰略仍具有高度的自主性。對英國而言，一方面倚靠美國、另一方面維持相當程度上的自

[14] 原文：For in the final analysis, our most basic common link, is that we all inhabit this small planet, we all breathe the same air, we all cherish our children's futures, and we are all mortal.參見：The Quotations Page, "Quotations by Author", http://www.quotationspage.com/quotes/John_F._Kennedy/ (accessed Apr 29 2010)

主性，可視為一種最符合國家整體利益的方式。既不喪失國格和浪費過多的財政，安全議題上又能有所寄託，因此英國的「雙軌」策略可謂一舉兩得。

而法國所遵循的國防獨立傳統，塑造出該國高度自主性的優點，其國防科技不僅符合國家需求，甚至可提供外銷或促進貿易、提升國家商業利益。其品質與功能也非常具有競爭力，法國的軍火出口量經常是美國和俄羅斯商業市場的強力對手[15]。外交事務上，法國在聯合國常任理事國身分的推波助瀾之下，更強調國家力量的發揮，其發言的重要性時常受到其他國家的重視。儘管在近代歷史上，面對北約組織所強調的集體合作關係，法國經常採取極為不信任與強硬的態度，但法國並未走向故步自封之路，反而會以實際行動證明其堅持的合理性，乃至於法國至今仍擁有世界強權之一席。

有關台灣的國防議題應該是落實獨立自主或尋求協助管道，長期以來都是一項爭議十足的議題。不過現實上，台灣無論是追求自主性，抑或與他國建立交流，在政治或技術層面皆有限、且需要美國的援助都是不爭的事實。軍購案也經常造成內部爭論不休的話題，以 8 艘潛艦採購案為例，由於美國提供的開價內容缺乏合理，造成此案從民進黨執政時期至今仍處於毫無進展的擱置，因而引發潛艦國造的聲浪，尤其周邊的亞太國家也正掀起一波潛艦自製的熱潮，著實引起了台灣軍方的重視。以韓國為例，由於 1989 年通過潛艦採購案後，德國授權韓國生產其中 4 艘的 209 級潛艦，近期也有自行打造 6 艘 214 級潛艦的規劃，間接提供韓國自行生產潛艦技術的機會。韓國國防部

[15] 據美國國會的研究報告指出，自 2001 年到 2008 年的統計，法國的軍火總銷售量占世界排名第三，總額度為 312 億 4700 萬美元，僅次於美國與俄羅斯，其他為第四名的英國，及第五名的中國，洽為五個聯合國常任理事國。詳見：Richard F. Grimmett, “Conventional Arms Transfers to Developing Nations, 2001-2008”, Congressional Research Service, September 4, 2009, pp.3-84.

在 2007 年 5 月 16 日，通過了一筆 3 兆 7000 億韓圓的預算開發案，計畫於 2010 年起獨立設計與建造，並從 2018 年至 2021 年，陸續送交 9 艘的新型潛艦[16]。儘管韓國的案例值得台灣借鏡，但國造潛艦的問題充斥了許多複雜性，台灣目前未能有造船商能提出有說服力的造艦計畫外，就連技術來源也尚未獲得穩定的管道，該議案也為台灣尋求國防自主問題時所面臨的一大困境。

無論該議題未來發展為何，從英國與法國各別行使的多邊合作或獨立自主的戰略路線來看。筆者最後所獲得之結論為，國家選擇發展的路線與執行政策的心態，應該朝多元化的方式來進行，無論是與其他國家建立可靠的同盟關係，或是台灣自行選擇突破政治與技術層面障礙，英國與法國的案例都是重要的參考指標。台灣應該先思考符合本身戰略需求的途徑，並設法調整全民意識的心態，以促進國家達成更高的共識，並制定明確的戰略發展方向。如此才能以較經濟實惠的方式，完整爭取到符合國家的安全利益。

由於美國是台灣最重要的國防合作對象，國防發展與技術來源台灣皆需要依靠美國提供，台灣必須認知到自己是個小國，和大國之間的關係應該特別注意。小國必須從大國互動的網路之中，找尋借力使力的槓桿並求生存，而當今美國依舊是世界上最強大的國家，所以繼續深化與穩定台美之間的互信與互賴關係，為台灣當局目前與未來最重要的課題[17]。

---

[16] 王志鵬，《台灣水下艦隊之路》，全球防衛雜誌，(2008 年 6 月)，頁 28。
[17] 翁知銘，《話中有劃——美中戰略經濟對話》，(台北：秀威，2009 年)，頁 216。

（二）提高安全問題之重視

核武自發明至今皆對全球任何國家有深遠的影響，不僅是核武可能造成的全面性汙染這些眾所皆知的傷害，從北韓的例子可知，一旦任何一個國家擁有核武能力，勢必也會造成該地區政治局勢的波動。國際新秩序逐漸形成的過程當中，世界政治與經濟權力重心的重新分配也促使核武問題更加複雜。冷戰之後的新核武國家中，印度與巴基斯坦皆為亞洲國家；持續擁有發展計畫的北韓與伊朗也是亞洲國家；在同時，從日本、四小龍、東南亞國協各國及中國高度的經濟發展，也使得世界經貿繁榮的重要火車頭逐漸以亞洲為中心。當今世界的經濟具有高度互賴的現象，無論歐盟、東協或北美自由貿易區，各地區的經濟依存度與交流也非常廣泛，許多國家之單邊行為對於全體社會的穩定易引起連鎖反應之效果。因此，北韓獲得核武受影響的對象不僅只有美國，任何安全議題所引發的政治骨牌效應皆可能破壞該區域之穩定。

就在美國倡導全球核安議題時，其他國家也恐懼恐怖組織所帶來的核武威脅，「美國科學促進學會」（American Association for the Advancement of Science, AAAS）的坦南鮑姆（Benn Tannenbaum）博士便建議，除了致力防範核武擴散之外，美國應該投入更多的人力及經費，進行追查核子原料之科學研究。一旦搜索到透過不法管道流通之核武零件時，便可以利用科學方式研究該原料的來源處。由於每個國家所具備的核武技術與原料性質不同，可以讓各國追查出該配件是出自於哪個國家或團體，在制裁或指控時變可獲得有利之證據，此乃一種新的嚇阻方式，可讓不肖團體或國家不敢輕易走私核武零件或技術[18]。美國不僅在國防發展用盡心思，投入防止核武擴散也是不遺餘力，更獲得其他國家的重視與肯定，其精神更值得效法。

武器控管受到了國際社會的高度重視，許多國家會以雙邊或多邊合作等協議方式排除國家利益受損的情況發生。然而，台灣在這波宣揚裁軍以及倡導管理的潮流當中，似乎較為缺乏相等的注意力。外部因素包括政治阻力，台灣難以在中國之制肘下，與其他國家達成任何政治協議；內部因素則在於國家集體缺乏認同感，由於核武擴散的問題未曾直接衝擊過台灣本身，周邊的核武威脅源也僅有中國與北韓，但無論敵意程度為何，對台發動核武攻擊的機率也較低。台灣與北韓並未對彼此形成直接的安全威脅；中國也不斷倡導「不首先使用核武」的戰略準則。儘管不能斷言情況不會受到任何改變，但由於長期以來台灣發生核戰的偏低機率，導致全民意識對核武威脅產生疏離感。

多年來未遭遇過戰爭的台灣，在國防意識上已逐漸喪失應有的危機意識。儘管國防部致力於推動全民國防之概念，但社會普遍存在偏狹意識，造成缺乏全體戰略目標及共識之隱憂。歷史經驗及現實環境所形塑的危險因素依舊存在，淡漠的安全意識極有可能傷害團體之利益。如何加強自我防衛的共識，應取決於最基層社會教育體系之培養、破除政治非理性對立之惡習、建立良好的國軍紀律或形象，及多加塑造或強化國內與他國進行多邊交流的趨勢，此乃台灣不得不認真省思的課題。

---

[18] Sharon Bagkley, “Deterring a ‘dirty bomb: Why we need nuclear forensic?’, Newsweek, http:// www.newsweek.com/id/236460 (accessed May 3 2010)

參考資料

一、中文部分

（一）書籍

André Baufre 著，鈕先鍾譯，《戰略緒論》，（台北：麥田，1996）

Corrnelius Ryan 著，黃文範譯，《奪橋遺恨：市場花園作戰》，（台北：麥田，1994）。

Frank Barnaby 著，高嘉玲譯，《怎樣製造一顆核子彈》，（台北：商周，2004）

Henry Kissinger 著，林添貴、顧淑馨譯，《大外交（下）》，（台北：智庫文化，1998）

Otto Berzins 著，林國雄譯，《核子武器》，（台北：台灣中華書局，1972）

王仲春，《核武器、核國家、核戰略》，（北京：時事，2007）

朱浤源，《撰寫博碩士論文時實戰手冊》，（台北：正中，2005）

胡康大，《英國政府與政治》，（台北：揚智，1997）

祝康彥，《核能、生物及化學武器》，（台北：黎明，1986）

翁知銘，《話中有劃——美中戰略經濟對話》，（台北：秀威，2009 年）

陳偉華，《軍事研究方法論》，（台北：國防大學，2003）

彭懷恩主編，泰俊鷹、潘邦順譯，《法國政治體系》，（台北：風雲論壇，2000）

閻學通、孫學峰，《國際關係研究實用方法》，（北京：人民，2007）

鍾堅，《爆心零時——兩岸邁向核武歷程》，（台北：麥田，2004 年）

（二）雜誌或期刊

王志鵬，《台灣水下艦隊之路》，全球防衛雜誌，（2008 年 6 月）
何松奇，〈冷戰後的法國軍事轉型〉，《軍事歷史研究 Military Historical Research》，第 3 期，（2007 年）
范仁志，《歐洲國家的核武戰略》，全球防衛雜誌 260 期，（2006 年 4 月），頁 90-99。
孫曄飛，〈法國核武，唯海「獨尊」〉，《環球軍事》，第 177 期，（2008 年 7 月）
常想、張紳，〈法國的新核武政策與重返北約問題〉《軍事連線》，第 9 期，（2009 年 3 月），頁 98-106
陳拓安，〈曲高和寡，孤芳自賞——法蘭西高空寶石飆風全能戰機〉，《尖端科技》，第 253 期，（2005 年 9 月）
鄭大誠，〈東風起．巨浪升——中國核武發展現況〉，《科學人雜誌》，NO.70（2007 年 12 月），頁 42-46。
鄭大誠，〈英美核武關係〉，《國防雜誌雙月刊》，第 595 期，（空軍司令部：民國 95 年 12 月 1 日，台北），頁 3-32。
鄭大誠，〈英國核武政策〉，《空軍學術雙月刊》，第 21 卷第 1 期，（國防大學：民國 95 年 1 月 1 日，龍潭），頁 6-21。
鄭大誠，〈英國核武戰略——儎具發展演變與美國政策影響〉，《國防雜誌》，第 18 卷第 16 期，（國防大學：民國 92 年 10 月 1 日，龍潭），頁 92-106。

（三）論文

陳世民，《中共核武戰略的形成與轉變 1964-1989 年》，（碩士論文，台灣大學，1992 年）

（四）網路

季平，「自民黨議員願與保守黨共享權力 英聯合政府成形」，中央廣播電台，http://news.rti.org.tw/index_newsContent.aspx?nid=242351&id=1&id2=2

吳寧康，「胡錦濤：中國堅持反對核武擴散」，中央廣播電台，http://news.rti.org.tw/index_newsContent.aspx?id=1&id2=2&nid=239008

章念生，「聚焦核政策和反導係統問題 北約商討新戰略構想」，新華網，http://big5.xinhuanet.com/gate/big5/news.xinhuanet.com/world/2010-04/23/c1250624.htm

鄭大誠，「英國核武更新已箭在弦上」，今日新聞 Now News，http://www.nownews.com/2007/03/14/142-2066260.htm

二、西文部分

（一）Books

Ball, Desmond and Richelson, Jeffery (ed.), "Strategic Nuclear Targeting", (New York: Cornell University Press, 1986)

Baylis, John, *Ambiguity and deterrence: British nuclear strategy, 1945-1964*, (New York: Oxford University Press, 1995)

Baylis, John, *British Defence Policy in a Changing World*, (London: Croom Helm, 1977)

Beach, Hugh and Gurr, Nadine, *Flattering the Passions or, the Bomb and Britain's Bid for a World Role* , (London: I.B. Tauris, 1999)

Bhushan, K., Katyal, G., *Nuclear, Biological and Chemical Warfare*, (New Delhi: S.B. Nagia, 2002)

Braunch, Hans Günter (ed.), *Star Wars and Europeean Defence: Implication for Europe: Peceptions and Aseessments*, Basingstoke: Macmillan, 1987.

Boyer, Yves, Lellouche, Pierre and Poper, John (ed.), *French and British Nuclear Forces in a Era of Uncertainty, Nuclear Weapons in the Changing World: Perspective from Europe, Asia, and North America*, (New York: Plenum Press, 1992)

Bozo, Frédéric, Translated by Emanuel, Susan, *Two Strategies for Europe: De Gaulle, the United States, and the Atlantic Alliance*, (New York: Rowan & Littlefiled Publishers, Inc, 2001)

Byrd, Peter, *British Defence Policy: Thatcher and Beyond*, (Great Britain: Philip Allan, 1991)

Canovale, Marco, *The Control of NATO Nuclear Forces in Europe*, (San Francisco: Westview Press, 1993)

Carroll, Eugene F., *Nuclear Weapons and Deterrence*, (The Nuclear Crisis Reader, New York: A Division of Random Jouse, 1984)

Carter, Ashton B. & Schwartz David N, *Ballistic Missile Defense*, (Washington D.C: The Bookings Institution press 1984)

Cassel, Christine K., McCally, Michael. and Abraham, Henry (ed.), *Nuclear Weapons and Nuclear War: A Source Book for Health Professionals* (New York: Praeger Publishers, 1984)

Chui, Daniel Y., *Between the Lines: Nuclear Weapons and the 2006 QDR*, (Washington D.C: IISS, 2006)

Cirincione, Joseph with Wolfsthal, John B. and Rajkumar, Miriam, *Deadly Arsenals: Tracking Weapons of Mass Destruction*, (Washington D.C.: Carnegie Endowment for International Peace, 2002)

Cirincione, Joseph, *Bomb Scare: The History and Future of Nuclear Weapons*, (New York: Columbia University Press, 2007)

Clarke, Magnus, *The Nuclear Destruction of Britain*, (London: Croom Helm, 1982)

Dockrill, Michael and Young, John W. (ed.), *British Foregn Policy, 1945-56*, (London: ThE Macmillan Press, 1989)

Dockrill, Michael, *British Defence since 1945*, (USA: Basil Blackwell, 1989)

Donalson, Gary, *Modern America: A Documentary History of the Nation Since 1945*, New York: M.E Sharp Inc., 2007.

Duignan, Peter, *NATO: Its Past, Present ,and Future*, (USA: Hoover Institution Press, 2000)

Edwards A.J. C., *Nuclear Weapons, The Balance of Terror, The Quest for Peace*, (New York: State University, 1986)

Einhorn, Robert J., *Controlling Fissile Materials and Ending Nuclear Testing*, (International Conference on Nuclear Disarmament, February 26-27 2008)

Feiveson, Harold (ed.), *The Nuclear Turning Point: A Blueprint for Deep Cuts and De-alertingof Nuclear Weapons*, (Washington, D.C.: The Brookings Institution, 1999)

Finnis, John, Boyle, Joseph, and Grisez, Germain, *Nuclear Deterrence , Morality, and Realism*, (New York: Oxford University Press, 1987)

Flynn, Gregory and Rattinger, Hans, *The Public and Atlantic Defense*, (New Jersey: Rowman & Allanheld, 1985)

Frears, J.F., *France in Giscard Prsidency*, (London: George Allen & Unwin Ltd., 1981)

Freedman, Lawrence, *The Evolution of Nuclear Strategy*, (London: Macmillan, 2003)

Freedman, Lawrence, *The Rational Medium-Sized Deterrecne Forces*, (London: Royal Institute of International Affairs,1980)

Friend, Julius W., *The Long Presidency: France in the Mitterrand Years, 1981-1995*, (Boulder: Westview Press, 1998)

Goldstein, Avery, *Deterrence and Security in the 21st Century: China, Britain, France and Enduring Legacy of Nuclear Revolution*, (Stanford: Stanford

University Press, 2000)

Gordon, Philip H., *A Certain idea of France*, (New Jersey: Princeton University Press, 1993)

Groom, A. J. R., *British Thinking about Nuclear Weapons*, (London: Frances Pinter,1974)

Grove, Eric, *Vanguard to Trident: British Naval Policy Since World War II*, (London: Naval Inst Pr, 1987)

Heuser, Beatrice, *NATO, Britain, France and the FRG: Nuclear Strategies and Forces for Europe 1949-2000*, (London: The Ipswich Book Company Ltd, 1997)

Heurlin, Bertel and Rynning, Sten (ed.), *Missile defence: international, regional and national implications*, New York: Rouledge, 2005.

Holdstock, Douglas and Brnaby, Frank with a Foreword by Rotblat, Joseph, *The British Nuclear Weapons Programme 1952-2002*, London: (Frank Cass Publishers, 2003)

Hopkins, John C. and Wu, Wexing (ed.), *Strategic Views from the Second Tiers: The Nuclear Weapons Policies of France, Britain and China*, (New Brunswick, NJ: Tansaction, 1995)

Howorth, Jolyon and Chilton, Patricia, *Defence and Dissent in Contemporary France*, (New York: St. Martins Press , 2001)

Ifestos, Panayiotis, *Nuclear Strategy and European Security Dilemmas: towards an autonomous European defence system?*, (USA: Avebury, 1988)

International Institute of Strategic Studies, *Nuclear Warfare and Deterrence*, (New York: Routledge, 2006)

International Institute of Strategic Studies, *The Military Balance, 1883-84*, (London: International Institute for Strategic Studies, 1983)

International Institute of Strategic Studies, *The Military Blance 2009*, (London: Routledge, 2008)

Ivo H. Daalder, *The SDI Challenge to Europe*, Massachusettes: Ballinger, 1986.

Jackson, Paul, *Jane's All The World's Aircraft 2004-2005 - 95th Sub edition (June 2004)*, (Coulsdon, Surrey: Jane's Information Group, 2004)

Kaplan, Lawrence S. *NATO and the United States: The Enduring Alliance*, (Boston: Twayne Publishers, 1988)

Kohl, Wilfrid L., *French Nuclear Diplomacy*, (New Jersey: Princeton University Press, 1971)

Kolodziej Edward A., *The Grandeur that was Charles, The Review of Politics*, (New York: Cambridge University Press, 1977)

Krause, Joachim and Wenger, Andreas (ed.), *Nuclear Weapons into 21st Century*, (Berlin: Peter Lang AG, 2001)

Lackey, Douglas P., *Moral principles and nuclear weapons*, (New Jersey: Rowman & Allanheld Publishers, 1984)

Laird, Robbin F., *France, the Soviet Union, and the Nuclear Weapons Issue*, (London: Westview Press, 1985)

Larkin, Bruce D., *Nuclear Design: Great Britain, France, & China in the Global Governance of Nuclear Age* New Jersey: Transaction Publishers, 1997.

Le prestre, Philippe G. (ed.), *French Security Policy in a Disarming World: Domestic Challenges and International Constraints*, (Boulder: Lynne Rienner Publishers, 1989)

Lennox, Duncan, *Jane's Strategic Weapon System - Jane's 48th edition*, (Coulsdon, Surrey: Jane's Information Group, January 2008)

Mackby, Jenifer and Cornish, Paul (ed.), *U.S.-UK Nuclear cooperationafter 50 years*, (Washingtion D.C.: Center for Strategic & International Studies, 2008)

Maclean, Mairi (ed.), *The Mitterrand Years: Legacy and Evaluation*, (London: Macmillan Press Ltd., 1998)

McNaught, L. W., *Nuclear Weapons and their effects*, (London: Brassey's Publishers, 1984)

Menon, Anaud, *France, NATO and The Limits of Independence 1981-97: The*

Menual, Stewart, C*ountdown: Britain's Strategic Nuclear Force*, (London:

Robcrt Halc, 1980)

Moore, John E., *Jane's Fighting Ships, 1983-1984*, (London: Jane's Publishing Co., 1984)

Moore, Richard, *The Royal Navy and Nuclear Weapons*, (London: Frank Cass, 2001)

Moreton, Edwina, *Untying the Nuclear Knot*, (Nuclear War and Nuclear Peace, London: Macmillan, 1983)

Nailor, Peter and Alford, Jonathan, *The Future of Britain's Deterrent Force*, (England: McCorquodale (Newton) Ltd., 1980)

NATO Handbook, *Nuclear Policy*, (Brussel: NATO Office of Information and Press, 2001)

O'Connell, James, *Decision over the future of British Nuclear Weapons*, (London: Seacourt Ltd., December 2006）

Osmańczyk, Edmund Jan and Mango, Anthony, *Encyclopedia of the United Nations and International Agreements: A to F*, New York: Routledge, 2003.

Paterson, Robert H., *Britain's Strategic Nuclear Deterrence: from before V-Bombers to Beyond Trident*, (London: Frank Cass, 1997)

Pedlow, George, *The Evolution of NATO Strategy, 1949-1969*, (Brussels: SHAPE, 1997)

Politics of Ambivalence, New York: Macmillan Press Ltd., 2000）

Quester, George H., *Nuclear First Strike: Consequences of Broken Taboo*, (Baltimore: The Johns Hopkins University Press, 2006)

Reed, Thomas C. and Stillman, Danny B., *The Nuclear Express: A political history of the bomb and its proliferation*, (USA: Zenith Press, 2009)

Robbitt, Philip, Freedman, Lawrence and Traverton, Gregory F. (ed.), *US Nuclear Strategy: a reader*, (New York: New York University Press, 1989)

Ross, George, Hoffman, Stanley and Malzacher, Sylvia, *The Mitterrand and Experiment: Continuity and Change in Modern France*, (New York: Oxford University Press, 1987)

Ruston, Roger, *A Say in the End of World: Morals and British nuclear weapons policy 1941-1987*, (Torondo: Oxford University Press, 1990)

Sauders, Stephen, Jane's Fighting Ships 2008-2009 - 111th edition, Coulsdon, (Surrey: Jane's Information Group, 2008)

Schuwartz, David N., *NATO's Nuclear Dilemma*, (Washington D.C: The Booking Institution, 1983)

Scott C. Truver, "The Strait of Gibraltar and the Mediterranean", (Netherland: Sihthoff & Noordhoff Internatuional Publishers BV, 1980)

Sigal, Leon V., *Nuclear Forces in Europe: enduring dilemmas, present prospects*, (Washington D.C.: The Brookings Institution, 1984)

Sonia, Mazcy and Newmanc Michael (ed.), *Mitterrand's France*, (New York: Croom Helm, 1987)

Speed, Roger, *Strategic Deterrence in the 1980s*, (Stanford: Hoover Institution Press, 1979)

Stocker, Jeremy, *The United Kingdom and Nuclear Deterrence*, (London: Routledge, 2007)

Stockholm International Peace Research Institute, *SIPRI Yearbook 2009: Armaments, Disarmament and International Security*, (New York: Oxford University Press, 2009)

Taylor, John W.R., *Jane's all the world aircraft 1987-88 - 78th year of issue*, (Coulsdon, Surrey: Jane's Information Group, 1987)

Taylor, Michael, *Encyclopedia of Modern Military Aircraft*, (New York: Gallery Books, 1987)

Thody, Philip, *The Fifth French Republic: Presidents, Politics and Personalities*, (London: Routledge, 1998)

Till, Geoffery (ed.), *The Future of British Sea Power*, (London: Macmillan, 1984)

Treacher, Andrian, *French Interventionism*, (England: Ashgate Publishing Limited, 2003)

Wieseltier, Leon, *Nuclear War and Nuclear Peace*, (London: The Macmillan Press Ltd., 1985)

Wynn, Humphrey, *RAF Nuclear Deterrence Forces: their Origins, roles, and development 1946-1969*, (London: HMSO, 1994)

Williamson, Samuel R. and Rearden, Steven L., *The origins of U.S. nuclear strategy, 1945-1953*, (New York: Saint Martin's Press Inc., 1993)

（二）Dissertation

Delbosque, Marilyn. *From Neutrality To War: Russian Revolution Had To Do With (Woodrow) Wilson's Decision Enter To The Great War* (Dr. Dennis J. Dunn, Dr. Theodore T. Hindson.Texas State University, 2009)

Julius A. Riogle, *The Strategic Bombing Campaign Against Germany During World War II*, B.S. East Tenessee State University, 1989, May 2002.

Young, Marcus R. France, *De Gaulle and NATO: The Pardox of French Security Policy* (Dr. Mary Hampton. Air Command and Staff Collage Air University, 2006）

（三）Reports and Periodical

Algridge, Bob, "Trident Submarines: American and British", *Pacific Life Research Center, PLRC,* Rvised 7 February 1999.

Alford, Johnathan, "The Place of British and French nuclear weapons in arms control", *International Affairs,* Vol. 59, No. 4 (Autumn, 1983)

Arkin, William M. and Kristensen, Hans, "The Post Cold War SIOP and Nuclear Warfare Planning: A Glossary, Abbreviations, and Acronyms", Natural *Resources Defense Council*, 2005.

Barnaby, Franck C., "How Sates Can Go "Nuclear?", *Annals of the American Academy of Political and Social Science, Vol. 430, Nuclear Proliferation: Prospects, Problems, and Proposals* (Mar., 1977)

Barnaby, Frank, "Nuclear Terrorism: The Risks and Realities in Britain", Oxford *Research Group*, 2003.

Berry, Ken, "Draft Treaty on Non-First Use of Nuclear Weapons", *ICNND Research Coordinator*, June 2009

Black, Jeremy, "Debating Britain and Europe, 1688-1815", *British Scholar*, Vol. I, Issue 1, September 2008

Blechman, Barry (ed.), Unlocking the Road to Zero: Perspectives of Advanced Nuclear Nations, *The Henry L. Stimson Center*, February 2009.

Boniface, Pascal, "French Nuclear Weapon Policy After the Cold War", *The Atlantic Council of The United States*, August 1998.

Born, Hans, "National Governance of Nuclear Weapons: Opportunities and Constraints", *Geneva Centre for the Democratic Control of Armed Forces (DCAF), Policy Paper – №15*.

Bozo, Fédéris, "France and NATO under Sarkozy: End of French Eception?" *Foudation pour l'Innovation Politique*, March 2008.

Bradford Disarmament Research Centre, "Facts about Trident", *Univisity of Bradford*, 2008.

Brakman, Steven, Garretsen, Harry and Schramm, Mark, "The Strategic Bombing of German Cities During World War II and Its Impacts od Citiy Growth", *CESIFO Working Paper No. 808*, Novermber 2002.

Burwell, Frances G., Gompert, David C., Lebl, Leslie S., Lodal, Jan M. and Slocombe, Walter B., "Transatlantic Transformation: Building An NATO-EU Security Architecture", *The Atlantic Council of the United States Policy Paper*, 2006

Butcher, Martin, "Redoutable on Nuclear Policies and NATO Strategic Concept Review", *House of Commons, London*, January 12 2010.

Butcher, Martin, Nassauer, Otfried, Padberg, Tanya and Plesch, Dan, "Questions of Command and Control: NATO, nuclear sharing and the NPT, *Project of European Nuclear Non-proliferation*, 2000.

Butler, Declan, "France seeks to clean up nuclear image", Nature *380*, no. 6569, 7 March 1996.

Butler, Nicola and Bromley, Mark, "The UK's Trident System in the 21st Century", *British American Security Information Council*, November 2001.

Cameron, Alastair, Edited by Crow, Alexis, "France's NATO Reintegration: Fresh Views with the Sarkozy Presidency?", *RUSI Occasional Paper*, Frbruary 2009.

Campaign for Nuclear Disarmament, "The Cost of British Nuclear Weapons", *CND Briefing: The cost of British nuclear weapons*, March 2007.

Carnesale, Albert and Glaser, Charles, "ICBM Vulnerability: The Cures are Worse Than the Disease", *International Security, Vol. 7, No. 1* (Summer, 1982)

Chatel, Luc, "La France dans l'OTAN", *Le secrétaire d'Etat chargé de l'Industrie et de la Consommation, Porte-Parole du Gouvernemen*t, N°94 - 12 mars 2009.

Chu, David S.C. and Davison, Richard H., "The US Sea-Based Strategic Force", *before the Committee on Armed Services Subcommittee on Research and Development United States Senate*, April 2, 1980.

Cirincione, Joseph with Wolfsthal, Jon B.and Rajkumar, Miriam, "Deadly Arsenal: Tracking Weapons of Mass Destruction", *Carnegie Endowment for International Peace*, 2002

Collin, Jean-Marie, "Sarkozy and French nuclear deterrence", *British American Security Information Council Getting to Zero Paper*, NO.2 (Jul 15 2008)

Conference, 11-14 February 2009.

Cook's comment, Memoranda submitted by the Foreign and Commonwealth Office, 28 June 2000, Q.207.

Cooley Thomas F. and Ohanian, Lee E., "Postwar British Economic Growth and Legacy of Keynes", *The Journal of Political Economy*, Vol.105, No.3, (Jun. 1997)

Cooley Thomas F. and Ohanian, Lee E.,"Postwar British Economic Growth and Legacy of Keynes", *The Journal of Political Economy*, Vol.105, No.3, (Jun. 1997)

Cornish, Paul and Dorman, Andrew, "Blair's wars and Brown's budgets: from Strategic Defence Review to strategic decay in less than a decade", *International Affairs* 85: 2 (2009)

Coşkun, Bazen Balamir, "Does Strategic Culture Matters? Old Europe, New Europe, and Transatlantic Security", *Perceptions*, Summer-Autumn 2007.

Daalder, Ivo and Goldgeier, James, "Global NATO", *Foreign Affairs*, Vol. 85, No. 5, September/ October 2006.

Dawson, Raymond H., "What Kind of NATO Nuclear Force? ", Annals of the American Academy of Political and Social Science, Vol. 351, The Changing Cold War, Jan. 1964,

de Hass, Marcel, "An Analysis of Soviet, CIS, and Russian Military Doctrines 1990-2000", *The Journal of Slavic Military Studies*, Vol. 14, No. 4, December 2001.

Debouzy, Olivier, *A European Vocation for The French Nuclear Deterrence?*, Western European Nuclear Force: a British, a French, a American View, (Santa Monica: RAND, 1995)

Delbosque, Marilyn, "From Neutrality To War: Russian Revolution Had To Do With (Woodrow) Wilson's Decision Enter To The Great War", *Texas State University*.

Departement of Army Historical Summary, FY1969, "Sentinel-Safeguard ", Washington D.C: U.S Army Center of Military History, 1973.

Durr Jr., Charles W., "Nuclear Deterrence in the Third Millennium", *Strategy Research Project*, 9 April 2002.

eJournal USA, "A World Free of Nuclear Weapons", *U.S. Department of State / February 2010 / Volume 15 / Number 2.*

Etzioni, Amitai, "Pe-emptive Nuclear Terrorism in a New Global World", *UK: The Foreign Policy Centre*, 2004

Feiveson, Harold F. and Hogendoorn, Ernst Jan, "No First Use of Nuclear Weapons", *The Non Proliferation Review*, Summer 2008.

Gallis, Paul, "NATO's Decision-Making Procedure", *Congressional Research Service*, May 5 2003.

Giles, George, "The Evolution of British Nuclear Strategy, Doctrine, and Force Posture", *Minimum Nuclear Deterrence Research*, USA: SAIC Strategic Groups, May 15 2003.

Giles, Greg, Cohen, Candice, Rezzano, Christy and Whitaker, Sara, "Future Global Nuclear Threats ", *SAIC Strategic Group*, 4 June 2001.

Grimmett, Richard F., "Conventional Arms Transfers to Developing Nations, 2001-2008", *Congressional Research Service*, September 4, 2009.

Golino, Louis, "Britain and France Face the New European Architecture", *European Community's Internal and External Agendas,* May 24 1991.

Grove, Steven, "The "New START" Treaty: Did the Russians Have Their Fingers Crossed?", *The Heritage Foundation*, No. 2861, April 14, 2010.

Guthe, Kurt, "The Nuclear Posture Review: How is the "New Triad" New?", *Center for Strategic and Budgetary Assessment*, 2002.

Henri-Soutou, George, "Three Rifts, Two Reconciliaiotns: Franco-American Relations During The Fifth Republic", *European University Institute Working Paper, Robert Schuman Center for Advanced Studies NO.2004/24*.

Herpen, Marcel H. Van, "Why France rejoin NATO: Wooing Britain?", *Cicero Foundation Great Debate Paper No. 09/1*, 2009.

Hidreth, Steven A., "Ballistic Missile Defense: A Historical Overview", *Congressnal Research Service*, July 9 2007.

Hoffman, Stanley, "De Gaulle, Europe, and Atlantic Alliance", *International Organization*, Vol. 18, No. 1 (Winter, 1964)

Holdstock, Douglas (ed.), "Britain's New Nuclear Weapons: Illegal, Indiscriminate, and Catastrophic for Health", *Medact: Challenge barrier to healths*.

Imai, Ryukichi, "Weapons of Massive Destruction: Major Wars, Regional Conficts, and Terrorism", *Asia-Pacific Review*, Vol. 9, No. 1, 2002.

Ingram, Paul, "Decision over the future of British Nuclear Deterrence", *BASIC*, December 2006.

Irondelle, Bastien, "Rethinking the Nuclear taboo: The French perspective", *CCW Research Fellow*.

Johnson, Rebecca, Butler, Nicola, Pullinger, Stephen, "Worse than Irrelevant: British Nuclear Weapons in the 21st Century", *Acronym Institute for Disarmament Policy*, 2006.

Joint Working Group of AAAS, the American Physical Society, and the Center for Strategic and International Studies, "Nulcear Weapons in 21st century U.S National Security", *CSIS*, December 2008.

Jones, P. G. E. F., Overview of History of UK Strategic Weapons, *unpublished paper, written date unknown.*

Jones, Sian, "NATO and Nuclear Weapons: A Challenge across Europe", *The Broken Rifle*, February 2009, No. 81.

Katsioulis, Christos & Pilger, Christoph, "Nuclear Weapons in NATO's New Strategic Concept: A Chance to Take Non-Proliferation Seriously", *International Policy Analysis*, May 2008.

Kohl, Wilfrid L., "The French Nuclear Deterrence, "The Atlantic Community" *Reappraise", The Academy of Political Science, Vol. 29,* No. 2, 1968.

Kristensen, Hans M., "U.S Nuclear Weapons in Europe", *Natural Resources Defense Council, 2005.*

Kristensen, Hans M., Norris, Robert S. and Oelrich, Ivan, "From Counterforce to Minimum Deterrence: A New Nuclear Policy to Path Toward Eliminating Nuclear Weapons", *Federation of American Scientists & National Resources Defense Council Occasional Paper No.7*, April 2009.

Ladwig,Walter C., "The Future of British Nuclear Deterrence: A assessment of Decision Factors", *Center for Contemporary Conflict*, January 2007.

Lafont Rapnouil, Manuel and Smith, Julianne, “NATO and France”, *CSIS*, 2006.

Lantis, Jeffery S., “Strategic Culture and Tailroed Deterrence: Bridging the Gap between Theory and Practice”, *Contempory Security Policy Vol. 30 No. 3*, December 2009.

Larsen, Jaffery A., ”The Future of U.S Non-Strategic Weapons and Implications for NATO: Drifting Toward the Foresseable Future”, *A report prepared in accordance with requirements of 2005-06 NATO manfred Wörner Fellowships for NATO Public Diplomacy Division*, 31 October 2006.

Le Gloannec, Anne-Marie, “The EU and Nato’s New Strategic Comcept”, *CERI*, mai 2010.

Major, Claudia, “The French White Paper on Defence and National Security”, *Center for Security Studies*,Vol.3 No.48, December 2008.

Martinsen, Per M., “The European and Defence Policy (ESDP) – A Strategic Culture in the Making?”, *Paper prepared for ECPR Conference Section 17 Europe and Global Security Marburg*, 18-21 September 2003.

Maulny, Jean-Pierre, Edited by Crow, Alexis, “France’s NATO Reintegration: Fresh Views with the Sarkozy Presidency?”, *Royal United Services Institute, Occasional Paper*, February, 2009.

Medalia, Jonathan, “France”, Nuclear Weapons R&D Organization in Nine Nations , *Congressional Research Service*, March 16 2009.

Mendl, Wolf, “The Background of French Nuclear Policy”, *International Affairs*, Vol. 41, No. 1 (Jan., 1965)

Mian, Zia, Meerburg, Arend, and Von Hippel, Frank, “Scope and Verification of a Fissile Materail (Cut) Treaty”, *Interational Panel on Fissile Materails Conference on Disarmament*, Geneva, 21August 2009.

Michael Nivens, Ryan, “The Evolution of Franco-American Relations in The Twentieth Century”, *Maryville College*, Fall 2009.

Milne T., Beach H., Finney J. L., Pease R. S., Rotblat J., "An End to UK Nuclear Weapons", *British Pugwash Group*, 2002.

Mix, Derek, "United Kingdom", Nuclear Weapons R&D Organization in Nine Nations , *Congressional Research Service*, March 16 2009.

Moore, Richard, "The Real Meaning of the Words: a Pedantic Glossary of British Nuclear Weapons", *UK Nuclear History Working Paper number: 1* , Mounbettan Centre of international studies.

Müller-Brandeck-Bocquet, Gisela, "France's New NATO Policy: Leveraging a Realignment of the Alliance?", *Strategic Studies Quarterly*, Winter 2009

Nassauer, Otfried, "The NPT and Alliance Nuclear Policy", *Non-Proliferation and NATO Nuclear Policy, Seminar Report, the Netherlands Parliamentarians for Global Action, Hague*, 3 November 2000.

Nelson, Robert, "Nuclear Weapon: How they works", *Union Concerned Scientists*, July 2007.

New START Treaty U.S Senate Breifing Book, *A Joint Product of United States Departments of States and Defense,* April 2010.

Nicolas K. J. Witney, *The British Nuclear Deterrence After the Cold War*, (Washington D.C: RAND, 1995)

Norris, Robert S. and Kristensen, Hans M., " French nuclear forces, 2001", *Bulletin of the Atomic Scientists: Nuclear Notebook*, Vol. 64, No.4, July/August 2001.

Norris, Robert S. and Kristensen, Hans M., " French nuclear forces, 2008", *Bulletin of the Atomic Scientists: Nuclear Notebook*, Vol. 64, No.4, September/October 2008.

Norris, Robert S. and Kristensen, Hans M., "British nuclear force, 2005", *Bulletin of the Atomic Scientists: Nuclear Notebook*, Vol.6, No.6, November/December 2005.

Parmedo, Philip F., "The debate on the Force de Frappe takes shapes", *Bulletin of the Atomic Scientists*, June 1964.

Patrick M. Cronin and Audrey Kurth Cronin,"Challenging Deterrence: Strategic Stability in the 21st Century", A Special Joint Report of International Institute for Strategic Studies and Oxford Unversity Changing Character of War Prgramme, February 2007.

Patterson, William R., "The Hungarian Revolution", *ODU Model United Nations*

Perkovich, George, "The Obama Nuclear Agenda One Year After Prague", *Carnegie Endowment for International Peace*, March 31 2010.

Quinlan, Michael, "The British Experience", *The Future of UK Nuclear Weapons: Shaping the Debate, International Affairs 82*, no. 4 (July 2006).

Riecke, Henning, "Nuclear Disarmament and the 2010 NPT Review Conference: The Position of Major European Players", *European Foreign and Security Policy Programme*, Ap:2008nr4/11.

Rogers, Paul, "The Nuclear Connection", *Bulletin of American Scientists: A New European Defense*, September 1988.

Rotblat, Joseph, "The Future of British Bomb", *WMD Awareness Programme*, 2006.

Stantchev, Branislav L., "National Security Strategu: Flexible Response, 1961-1968", *San Diego: University of California , Department of Political Science*, December 25 2009.

Sokolski, Henry D., "Getting MAD: Nuclear Assured Destruction, Its Origins and Practice", *Army War College (U.S.). Strategic Studies Institute, Nonproliferation Policy Education Center*, November 2004.

Stewart, William A., "Counterforce, Damage-Limiting, and Deterrence", *RAND*, July 1967.

Stocker, Jeremy, "Missile Dfence – Then and Now", *The Officer Magazine 35*, November/ December 2004.

Stocker, Jeremy and Wiencek, David (ed.), *Missile Defence in a New Strategic Enviroment: Policy, Architecture, and International Industrial*

Co-opertion After the ABM Treaty, UK: Stephen Austin & Sons Ltd., 2003

Swedish Physicians against nuclear Weapons, "Learn About Nuclear Weapons 2008", *Swedish Peace and ArbitrationSociety*.

Sweet, William, "Nuclear Notebook", *The Bulletin of American Scientists*, September 1993.

Taylor, Clair, "Future of British Nuclear Deterrence: A Congress Report", *International Affairs and Defence Section*.

Tertrais, Bruno, "A Comparison Between US, UK and French Nuclear Policies and Doctrines", Centre National de la Reserche Scinetique, February 2007.

Tertrais, Bruno, "Nuclear Policy; France stands alone", *Bulletin of American Scientists*, July/August 2004.

Tertrais, Bruno, "The Last to Disarm? The Future of France's Nuclear Weapons", London: Routledge, *Nonproliferation Review*, Vol. 14, No. 2, July 2007.

Tertrais, Bruno, *The French Nuclear Deterrence After The Cold War*, Washington D.C: RAND, 1998.

The International Institute of Strategic Studies, "New START provides for significant arms cuts", *IISS Strategic Comments*, Volume 16, Comment 13 – April 2010.

Thielmann, Greg and Fellow, Senior, "New START Verification: Fitting the Means to the End", *Analysis on Effective Policy Responses to Weapons-Related: Security Threats, February*, 22 2010.

Thomsen, Vibeka Brask, "France: Disarming or Upgrading?", *European Security Review*, No.41, November 2008.

Thomsen, Vibeke B., "President Obama: A Leader for European Nuclear Disarmament?", *European Security Review*, Number 46, October 2009

Van Herpen, Harcel H.," Chirac's Gaullism: Why France has become the driving force behind an autonomous European Defence policy ", *The*

Romanian Journal of European Affairs, vol.4, No. 1, May 2004.

Vanpen, Marchel H., "Sarkozy, France, and NATO: Will Sarkozy's Rapprochement to NATO be Sustainable? ", *The National Interest*, No. 95, May/June 2008.

Walker, William, "President-elect Obama and Nuclear Disarmament: Between Elimination and Restrain", *Security Studies Center*, Winter 2009.

Wall, Irwin M., "The French-American War Over Iraq", *The Brown Journal of World Affairs, New York University: Center for European Studies*, Winter/Spring 2004, Volume X, Issue 2.

Wendt, James C., "British and French Strategic Forces: Response Options to Soviet Ballistic Missile Defense", *RAND*, March 1986rs, Vol. 42, No. 3 (Jul., 1966)

Wetterqvist, Fredrik, "French security and defence policy: current developments and future prospects", *National Defence Research Institute Department of Dfence Analysis.*

Withington, Thomas, "French's Naval Nuclear Deterrence – Modernisation nears completion", *Naval Force*, V/2008.

Woolf, Amy F., "Non Strategic Nuclear Weapons", *CRS Report for Congress*, January 14 2010.

Yost, David S., "France's Evolving Nuclear Strategy", *Survival vol. 47 no.3*, Autumn 2005.

Yost, David S., *France's Deterrent Posture and Security in Europe Part I: Capabilities and Doctrine*, London: International Institute of Strategic Studies, 1984.

Yost, David S., *France's Deterrent Posture and Security in Europe Part II: Capabilities and Doctrine*, London: International Institute of Strategic Studies, 1984.

Youngs, Tim and Taylor, Claire, "Trident and the future of British Nuclear Deterrence", *International Affairs and Defence Section*, 5 July 2005.

（四）Documents

Answer by Minister of State, FCO, Peter Hain, Parliamentary Debates, House of Commons, Vol. 349, London: HMSO, 3 May 2000, 84WH.

AWE Annual Report 2008-09, UK: Atomic Weapon Establishment, 2008.

Communication pour la Table Ronde, "L'énonciation des normes internationals", Congrès de l'Association française de science politique, Lyon 14-16 septembre 2005.

Daniel Y. Chui, "Between the Lines: Nuclear Weapons and the 2006 QDR", Washington D.C. IISS, 2006.

Defence White Paper, London: HMSO, 2004.

House of Commons Defence Committee, "The Future of UK's Strategic Nuclear Deterrence: The Strategic Context: Government Response to the Committee's Eight Report of Session 2005-06, HC 1558, London: The Stationery Office Limited, 24 July 2006.

DEFE 7/1111 Note enclosed with Melville to Chilver, 24 May 1957.

House of Commons Defence Committee, "The Future of UK's Strategic Nuclear Deterrence: The Strategic Context: Government Response to the Committee's Eight Report of Session 2005-06, HC 1558, London: The Stationery Office Limited, 24 July 2006.

Livre Blanc sur la Défense 1994, collection des rapports officiels, La Doucumentation Française, Paris: 1994.

Livre Blanc sur la Défense et la Sécurité Nationale 2008, Paris: Odile Jacob/La Documentation Française, june 2008

Loi de programmation militaire 2003-2008, DICoD: Opale/Istra, Octobre 2008.

Ministy of Defece, "Missile Defece: a public discussion paper", December 2002.

National Security Strategy of United Kingdom: Security in an independent world, Cm7291, March 2008.

NATO document – NATO Nuclear Forces, "NATO's Nuclear Forces in the New Security Enviroment", 03 Jun 2004.

Secretary of State for Defence by Command of Her Majesty, Deterrence and Disarment, Defence", Strategic Defence Review, Cmnd 3999, London: HMSO, 1998.

Statement On Defence 1955, Cmnd 9391, London: HMSO, February 1955

Statement on the Defence Estimate 1969, Cmnd 3927, London: HMSO, Fabruary 1969.

Strategic Ddefence Review Supporting Essay, London: HMSO, 1998.

The Future of United Kingdom's Nuclear Deterrence, Cm 6994, London: HMSO, 2006.

The French White Paper on Defence and National Security, Paris: Odile Jacob/La Documentation Française, june 2008.

（五）Internet

About.com. http://www.about.com/AirForcetechnology. http://www.airforce-technology.com/airforce-technology.com

Air Vectors: Dassault Combat Jets. http://www.vectorsite.net/idx_cdso.html

BASIC Research Report. http://www.basicint.org/pubs/Research/2004PMC.htm

BBC News. http://news.bbc.co.uk/

Brookings. http://www.brookings.edu/

Carnegie Endowment for International Peace. http://carnegieendowment.org/

Centre de document et de recherché sur la paix et les conflicts. http://obsarm.org/index.htm

Council of Foreign Relations. http://www.cfr.org/

DefenseNews. http://www.defensenews.com/

Encyclopedia-Online Dictionary. http://www.encyclopedia.com/

Energy Daily, http://www.energy-daily.com/

Federal American Scientist. http://www.fas.org/

France 24 International News. http://www.france24.com/en/

French Weapon Database – French Nuclear Delivery Systems. http://www.cdi.org/issues/nukef&f/database/frnukes.html

Global Security. http://www.globalsecurity.org

guardian.co.uk. http://www.guardian.co.uk/

Host Site Homepage Directory. http://nuclearweaponarchive.org/Home. html

Los Alamos: Britain and the Bomb. http://stewy6.tripod.com/atomic/britain.htm

Mail Online. http://www.dailymail.co.uk/home/index.html

Martin J. Sherwin, " The Atomic Bomb and the Origins of the Cold War", http://coursesa.matrix.msu.edu/~hst203/readings/sherwin.html

Naval-technology.com. http://www.naval-technology.com

New American Foundation. http://www.newamerica.net/

Newsweek. http://www.newsweek.com/

Nuclear Threat Initiative. http://www.nti.org/index.php

Oh my News International Global Watch. http://english.ohmynews.com/

People's Daily Online, http://english.peopledaily.com.cn/

Royal United Services Institute. http://www.rusi.org

Spiegle Online International. http://www.spiegel.de/

Stockholm International Peace Research Institute (SIPRI). http://first.sipri.org/

Telegraph.co.uk. http://www.telegraph.co.uk/

The Center for Arms Control and Non-Proliferation. http://www.armscontrolcenter. org/

The Nuclear Weapons Archive – A Guide to Nuclear Weapons. http://nuclearweaponarchive.org/

The Quotations Page. http://www.quotationspage.com/

The Vancouversun. http://www.com/news/France+will+rejoin+NATO+command+Sarkozy/1378274/story.html

ThinkProgress. http://wonkroom.thinkprogress.org/

UK Joint Delegation to NATO. http://uknato.fco.gov.uk/

United States Navy. http://www.navy.mil/swf/index.asp

WMD Awareness Programme. http://www.wmdawareness.org.uk/

World Military Forum- Lastest Military News. http://www.armybase.us/

Xinhua News. http://news.xinhuanet.com/english/

附件

附件一：各核武國家原子彈與氫彈首次試爆紀錄表

國家	核分裂彈試爆年	核融合彈試爆年
美國	1945	1952
蘇聯	1949	1954
英國	1952	1957
法國	1960	1968
中共	1964	1967
印度	1974	-
南非	1979	-
巴基斯坦	1998	-
北韓	2006	-

資料來源：范仁志，《歐洲國家的核武戰略》，全球防衛雜誌 260 期，(2006 年 4 月)，頁 94。 Nuclear Threat Initiative, http://www.nti.org/index.php. 作者自行編譯

附件二：各核武國家簽署「禁止核武擴散條約」（NPT）和「全面禁止核武試爆」（CTBT）條約時間表

國家	NPT 簽署年	CTBT 簽署年
美國	1968	1996（簽署但未批准）
蘇聯	1968	1996
英國	1968	1996
法國	1992	1996
中共	1992	1996（簽署但未批准）
印度	-	-
巴基斯坦	-	-
北韓	1985 加入、2003 年退出	-

資料來源：Nuclear Threat Initiative, http://www.nti.org/index.php. and Federal American Scientist. http://www.fas.org/. 作者自行編譯

附件三：2008-2009 年北約會員國的預算支出貢獻表

（百分比計算）

會員國	文職預算	軍事預算	安全投資計畫
比利時	2.3550	2.6702	2.6702
保加利亞	0.3188	0.3188	0.3188
加拿大	5.7671	5.0000	5.0000
捷克	0.8829	0.8829	0.8829
丹麥	1.3246	1.8184	1.8184
愛沙尼亞	0.1021	0.1021	0.1021
法國	13.0265	12.4547	12.4547
德國	15.2809	16.6856	16.6856
希臘	0.6500	0.6500	1.1029
匈牙利	0.6700	0.6700	0.6700
冰島	0.0657	0.0550	0.0250
義大利	7.5000	7.8609	8.2550
拉脫維亞	0.1341	0.1341	0.1341
立陶宛	0.2046	0.2046	0.2046
盧森堡	0.1250	0.1587	0.1587
荷蘭	3.1965	3.3833	3.3833
挪威	1.2821	1.6190	1.6190
波蘭	2.3782	2.3782	2.3782
葡萄牙	0.8000	0.6500	0.6500
羅馬尼亞	1.0090	1.0090	1.0090

斯洛伐克	0.4219	0.4219	0.4219
斯洛文尼亞	0.2459	0.2459	0.2459
西班牙	4.3097	4.2297	4.2297
土耳其	2.0000	1.8000	1.8000
英國	14.1394	12.0542	12.0542
美國	21.8100	22.5428	21.7258
總計	100.0000	100.0000	100.0000

資料來源：arl Ek, "NATO Common Fund Burdensharing : Background and Current Issues", Congressional Research Service, January 27 2009, p.8.

附件四：擁核國家彈頭數量曲線圖（1945-2005 年）

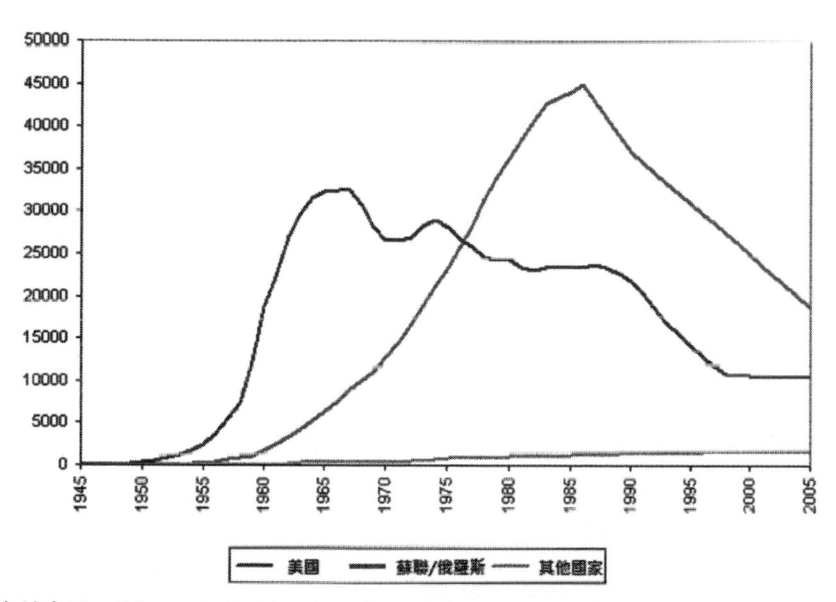

資料來源：Johnston's Archive, http://www.johnstonsarchive.net/index.html.

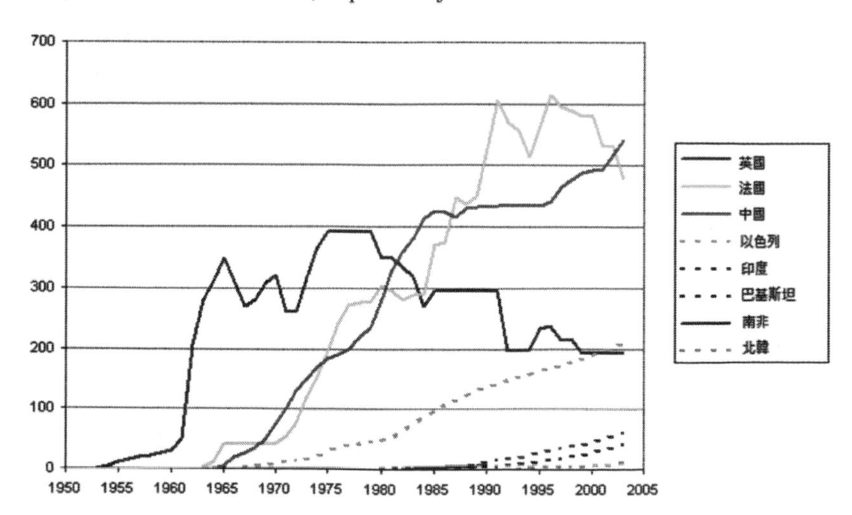

資料來源：Johnston's Archive, http://www.johnstonsarchive.net/index.html.

社會科學類　PF0067

比較英國與法國核武戰略

作　　者 / 郭奕圻
責任編輯 / 邵亢虎
圖文排版 / 鄭佳雯
封面設計 / 王嵩賀

發 行 人 / 宋政坤
法律顧問 / 毛國樑　律師
出版發行 / 秀威資訊科技股份有限公司
114 台北市內湖區瑞光路 76 巷 65 號 1 樓
電話：+886-2-2796-3638　傳真：+886-2-2796-1377
http://www.showwe.com.tw
劃撥帳號 / 19563868　戶名：秀威資訊科技股份有限公司
讀者服務信箱：service@showwe.com.tw
展售門市 / 國家書店（松江門市）
104 台北市中山區松江路 209 號 1 樓
電話：+886-2-2518-0207　傳真：+886-2-2518-0778
網路訂購 / 秀威網路書店：http://store.showwe.tw
國家網路書店：http://www.govbooks.com.tw

2011 年 9 月 BOD 一版
2017 年 10 月二刷
2020 年 5 月 三刷
定價：440 元

國家圖書館出版品預行編目

比較英國與法國核武戰略 / 郭奕圻著.-- 一版. -- 臺北
市 : 秀威資訊科技, 2011.09
面 ; 公分. -- (社會科學類 ; PF0067)
ISBN 978-986-221-811-2(平裝)

1. 核子戰略 2. 英國 3. 法國

592.4 100014609

讀者回函卡

感謝您購買本書，為提升服務品質，請填妥以下資料，將讀者回函卡直接寄回或傳真本公司，收到您的寶貴意見後，我們會收藏記錄及檢討，謝謝！

如您需要了解本公司最新出版書目、購書優惠或企劃活動，歡迎您上網查詢或下載相關資料：http:// www.showwe.com.tw

您購買的書名：________________________________

出生日期：________年________月________日

學歷：□高中（含）以下　□大專　□研究所（含）以上

職業：□製造業　□金融業　□資訊業　□軍警　□傳播業　□自由業

□服務業　□公務員　□教職　□學生　□家管　□其它_____

購書地點：□網路書店　□實體書店　□書展　□郵購　□贈閱　□其他

您從何得知本書的消息？

□網路書店　□實體書店　□網路搜尋　□電子報　□書訊　□雜誌

□傳播媒體　□親友推薦　□網站推薦　□部落格　□其他__________

您對本書的評價：（請填代號　1.非常滿意　2.滿意　3.尚可　4.再改進）

封面設計____　版面編排____　內容____　文／譯筆____　價格____

讀完書後您覺得：

□很有收穫　□有收穫　□收穫不多　□沒收穫

對我們的建議：________________________________

____

____

____

請貼
郵票

11466
台北市內湖區瑞光路 76 巷 65 號 1 樓
秀威資訊科技股份有限公司 收
BOD 數位出版事業部

（請沿線對折寄回，謝謝！）

姓　　名：＿＿＿＿＿＿＿＿　年齡：＿＿＿＿　性別：□女　□男

郵遞區號：□□□□□

地　　址：＿＿＿＿＿＿＿＿＿＿＿＿＿＿＿＿＿＿＿＿

聯絡電話：(日) ＿＿＿＿＿＿＿＿＿＿　(夜) ＿＿＿＿＿＿＿＿＿＿

E-mail：＿＿＿＿＿＿＿＿＿＿＿＿＿＿＿＿＿＿＿＿